白井暁彦 & AICU media 編集部 著

AI画像メイキング解説
フィナス／らけしで

はじめに

本書「画像生成 AI Stable Diffusion スタートガイド」を手にとっていただき、ありがとうございます！この書籍は、画像生成 AI に興味がある人に向けた生成 AI「Stable Diffusion」をツールとしてゼロから学ぶ書籍です。Stability AI が中心になって 2022 年 8 月にオープンに公開した「Stable Diffusion」は、誰でも無償で利用でき、機械学習による推論で、文字通り「ありとあらゆる画像」を生成することができます。世界中の画像と美学を学習した人類の叡智ともいえるかもしれない存在です。一方で、使い方を誤れば、十分な表現には及ばず、また人々に損害を与える悪の技術にもなりえるかもしれません。

本書は Stability AI の公式パートナー企業でもある AICU Inc. クリエイター陣が、この「Stable Diffusion」とそのオープンに開発された関連技術を使うための基本的なテクニックを解説していきます。デジタルイラストレーションをより高品質・高速に製作するためのツールとして AI 技術を理解し使いこなすために、できるだけ丁寧に基本的なスキルを「学びながら獲得できるように」設計・開発されています。ブラックボックスを減らし、「コツ」を短い時間で手順書として手渡しで伝える「便利な本」として活用できます。ぜひどんどん付箋を貼って、書き込みをして、同僚の皆さんと共有してください。

もちろん中学生や高校生といったこれから本分野を専門的に学びたい方々や、ホビーとして「綺麗な絵を生成したい」「老後の趣味にしたい」といった純粋な美的探究心・知的探究心を持つホビーストの方々も歓迎です。そのような「週末 AI 作家」のみなさんにむけても読みやすく刺激的な内容になっているはずです。そしてマルチな才能を持つビジネスパーソンにとっては、世界観を伝え、インパクトを与えるプレゼンテーションのキービジュアルの生成、社員や上司、経営者の皆さんに向けたメッセージ性のあるイラスト表現、自社や自治体のオリジナルキャラクターが活躍する漫画の製作やそのコンセプトアートづくりといった使い方も拡がっています。

そう、本書を読み終わったとき、あなたは「生成 AI でつくる人」になっているはずです。
一緒に、生成 AI の世界へ旅立ちましょう！

本書のポリシー

本書を開発しているAICU Inc.はStable Diffusionを開発したStability AIの公式パートナーです。様々なプロフェッショナル分野にむけたStable Diffusionの導入、活用テクニックを開発・発信、ワークショップ、ブログ等で展開している経験が生かされています。
画像生成モデル「Stable Diffusion」には様々なバージョンが存在します。本書では「Stable Diffusion XL」(SDXL)と「AUTOMATIC1111/Stable Diffusion WebUI」(v1.8.0)によるデジタルイラストレーション制作を中心に解説します。

本書はGPUやPython、機械学習関連のテクノロジーに詳しい方々に向けた書籍ではなく、さらに高価な機材投資を前提とするのではなく、「より基本的な知識・スキル・表現技術を、より長く活用できる観点で手に取れるテクニックとして学ぶ」を大切にしており、執筆チームは実用的かつ安定して得られる結果を評価し、間違いやすいところや絵作りの品質を上げていくための「コツ」をしっかりと押さえた書籍化をポリシーとしています。

そのため本書では、入門者やカジュアルなユーザーでも活用しやすい標準的な環境としてSDXLとGoogle Colaboratory(Colab)を使ったGPU不要の環境で解説を中心に行います。Googleアカウントさえあれば誰でも使える環境と、AICU社が開発・翻訳した便利なスクリプトによって、前提知識や環境構築スキルを最小限に、快適な画像生成AIを体験することができます。またプログラミングなどの知識がまったくない方でも、自分でスクリプトを改変して自身の快適な環境を作るといった知識も獲得できます。

本書は2024年3月時点での情報をベースに執筆されています。また著作権や関連法令については日本の文化庁資料「AIと著作権」を基準にしています。画像生成AIを使うクリエイターとして遵守すべき法令や「他者に迷惑をかけない」という倫理面、リスク管理や説明責任についてもコラムや解説として扱っていきます。

本書の内容について、本書の書籍としての正確性についてはAICU Inc.著者チームが出版社とともに誠心誠意、内容の正確性維持や動作確認を行っていますが、読者に向けた説明や紙面の都合上、表現の成約、将来の改変、外部環境の変化についての保証はできません。本書で紹介するソースコード等については発行後のサポートを考慮して、GitHub (github.com/aicuai/)において公開し、不具合があったときには更新等を行う予定です。また最新の情報はAICU media (note.com/aicu)やメンバーシップ向けの情報としてサポートを行っております。ご購読、フィードバックをいただけますと幸いです。

CONTENTS

Chapter 1 画像生成 AI について知ろう 9

1-1 AI で画像を生成してみよう …… 10
COLUMN 使用する Google アカウントに注意しよう …… 14
1-2 画像生成 AI の誕生と変遷 …… 19
1-3 2024 年での「AI の定義」を考えてみよう …… 24
COLUMN 変わりゆく社会と AI の関係性 …… 25
1-4 ニューラルネットワークについて知っておこう …… 26
1-5 拡散モデルによる画像生成の原理を知っておこう …… 31

Chapter 2 環境構築をしてはじめよう 37

2-1 Stable Diffusion を使う環境を用意しよう …… 38
2-2 Google Colab での環境構築 …… 40
COLUMN 利用しているプログラムについて …… 43
COLUMN Google Colab のエラーに対応しよう …… 45
COLUMN Google Colab の計算資源を有効に管理しよう …… 47
2-3 Stability Matrix をローカル環境で構築する …… 49
COLUMN パッケージ選択ではエスケープしないように注意しよう …… 57
2-4 簡単な言葉で画像を生成する …… 58
COLUMN 画像の保存場所を変更しよう …… 62
COLUMN コミュニティで質問してみる …… 63
2-5 モデルをダウンロードする …… 64
COLUMN StableDiffusion シリーズとは …… 65
2-6 VAE をダウンロードする …… 72

Chapter 3 プロンプトから画像を生成してみよう 75

3-1 プロンプトで意のままの画像を作り出す …… 76
COLUMN CLIP のゼロショット転移性 …… 78
3-2 ネガティブプロンプトを構築する …… 81
COLUMN embedding とは …… 82
3-3 思い通りの画像を生成する …… 84
3-4 画像の解像度を上げよう …… 89
3-5 様々なパラメータを調整しよう …… 92
3-6 様々なプロンプトを試してみよう …… 103
COLUMN デフォルメキャラ風の画像を生成してみよう …… 106

Chapter 4 画像を使って画像を生成してみよう 107

4-1 img2img でできることを知ろう …… 108
COLUMN 色の変化を抑える設定をしておこう …… 111
4-2 Sketch を使って画像を生成しよう …… 112
COLUMN 下書きから画像を生成してみよう …… 114
4-3 Inpaint で画像を編集してみよう …… 115
4-4 Inpaint を応用して画像を修正する …… 118
COLUMN Mask blur を調整して自然に見せる …… 118
4-5 Outpainting で画像を拡張する …… 120
4-6 img2img で画像の解像度を上げる …… 122
4-7 拡張機能でアップスケーリングをしてみよう …… 124
COLUMN 拡張機能とは …… 124

Chapter 5 ControlNetを使ってみよう 129

5-1 ControlNetについて知っておこう …… 130
COLUMN オープンソースライセンスの確認 …… 131
5-2 ControlNetをダウンロード・準備する …… 132
5-3 ControlNetを使って画像を生成する …… 136
COLUMN 複数のControlNetを使用する …… 141
5-4 プリプロセッサの働きを理解しよう …… 142
COLUMN Openposeをもっと使いこなそう …… 144

Chapter 6 LoRAを作って使ってみよう 147

6-1 追加学習でできることを知ろう …… 148
COLUMN これからのLoRAの活用方法 …… 149
6-2 LoRAを使用して画像を生成しよう …… 150
6-3 自分の画風LoRAをつくる …… 153
COLUMN LoRAの学習データで気を付けるべきこと …… 154
COLUMN 学習率について知っておこう …… 167
6-4 様々な種類のLoRAをつくってみよう …… 168
6-5 学習内容を評価してみよう …… 171

Chapter 7 画像生成AIをもっと活用しよう 175

Interview Guest フィナス ……… 176
Interview Guest らけしで ……… 188

画像生成AIの活用と注意点 ……… 201
AUTOMATIC1111/WebUI おすすめ拡張機能 ……… 213
関連用語 ……… 216

本書に関するお問い合わせ

この度は小社書籍をご購入いただき誠にありがとうございます。小社では本書の内容に関するご質問を受け付けております。本書を読み進めていただきます中でご不明な箇所がございましたらお問い合わせください。なお、お問い合わせに関しましては下記のガイドラインを設けております。恐れ入りますが、ご質問の際は最初に下記ガイドラインをご確認ください。

ご質問の前に

小社 Webサイトで「正誤表」をご確認ください。最新の正誤情報をサポートページに掲載しております。

▶ 本書サポートページ URL

URL https://isbn2.sbcr.jp/24569/

上記ページの「正誤情報」のリンクをクリックしてください。なお、正誤情報がない場合、リンクをクリックすることはできません。

ご質問の際の注意点

- ご質問はメール、または郵便など、必ず文書にてお願いいたします。お電話では承っておりません。
- ご質問は本書の記述に関することのみとさせていただいております。従いまして、○○ページの○○行目というように記述箇所をはっきりお書き添えください。記述箇所が明記されていない場合、ご質問を承れないことがございます。
- 小社出版物の著作権は著者に帰属いたします。従いまして、ご質問に関する回答も基本的に著者に確認の上回答いたしております。これに伴い返信は数日ないしそれ以上かかる場合がございます。あらかじめご了承ください。

ご質問送付先

ご質問については下記のいずれかの方法をご利用ください。

> Webページより

上記のサポートページ内にある「お問い合わせ」をクリックすると、メールフォームが開きます。要綱に従って質問内容を記入の上、送信ボタンを押してください。

> 郵送

郵送の場合は下記までお願いいたします。

〒105-0001
東京都港区虎ノ門2-2-1
SBクリエイティブ　読者サポート係

Chapter

1

画像生成 AI について知ろう

まずは画像生成 AI を体験しながら、AI（人工知能）について学んでいきます。またこれから扱う Stable Diffusion の構造や仕組みについても概要を知っておきましょう。

Section 1-1

AI で画像を生成してみよう

手始めに「Niji・Journey」と「Fooocus」を使って簡単な画像生成を体験してもらいます。また、Google Colab の基本的な使い方もマスターしておきましょう。

AI 画像生成で遊んでみよう— Niji・Journey

AI 画像生成について学ぶ前に、まずは AI 画像生成で遊んでみましょう。もしあなたがテキスト画像生成を一度も経験したことがない場合、最初におすすめするのは「Niji・Journey」です。

Niji・Journey
https://nijijourney.com/ja/

Niji・Journey は 2022 年 7 月にリリースされ AI 画像生成サービスとして一世風靡した「Midjourney」（ミッドジャーニー）を、Spellbrush 社がアニメやイラストレーション調の画像生成に特化させたサービスで、有料サブスクリプションとして互換性があります。この 2 つのサービスはチャットサービス「Discord」（https://discord.com/）経由で利用する設計になっており、PC/ スマートフォン環境でのアプリ「Discord」を使って利用します。さらに 2023 年 10 月には Niji・Journey 単体でのスマホアプリ版がリリースされており、2024 年 3 月現在無料で 20 枚まで画像を生成することができます。ここではこのスマホアプリ版を使って画像を生成してみましょう。

App Store/niji・journey
https://apps.apple.com/us/app/niji-journey/id6446376937

Google Play/ にじジャーニー
https://play.google.com/store/apps/details?id=com.spellbrush.nijijourney&pli=1

Niji・Journey：Android 版・iPhone 版で画像を生成しよう

まずはストアから、アプリケーションをダウンロードします。はじめに言語設定を行い、サービス利用規約に同意する必要があります。はじめて利用する場合はアプリのチュートリアルに沿って使い方を確認してもよいでしょう。

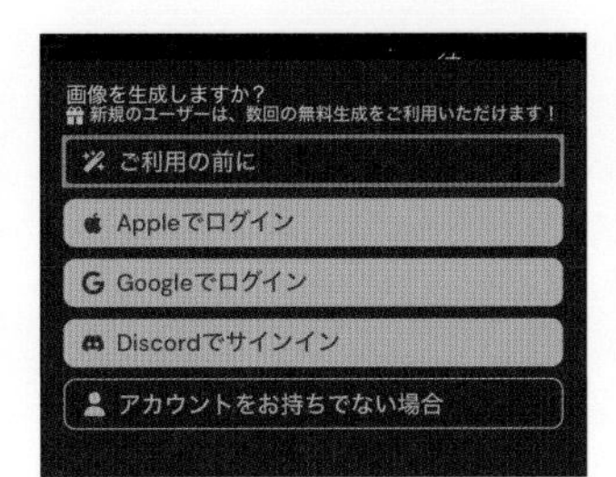

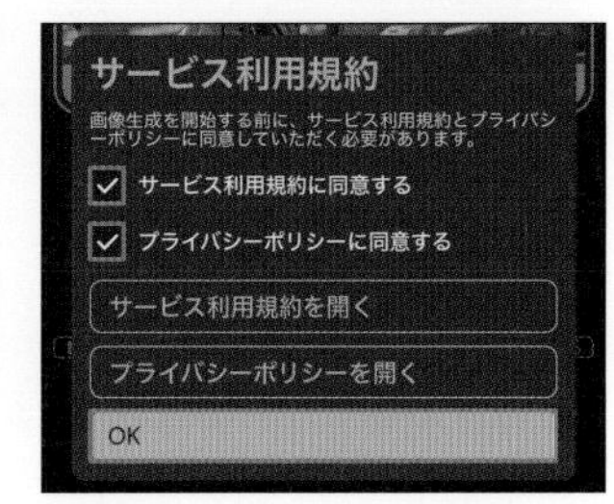

▲ アカウントを持っていなくても、サービス利用規約に同意することでそのまま体験できます。

基本的なアプリの使い方を説明すると、生成したい画像について説明する［プロンプト］❶を入力して［生成］❷ボタンをタップ、ビュー画面に 4 枚の画像❸が生成されるので、その中からお気に入りの画像をタップして選択します。

タップした画像ではさらに追加のメニューが選択できます。画像を参考にして画像を生成する［イメージプロンプト］❹や、［保存］❺で端末にダウンロード、［画像のシェア］❻では SNS などに投稿することもできます。さらに画像をアップスケール（高解像度化）や、[Subtle]（細部調整）、[Region]（領域）、［ズーム］、［パン］などのボタンで編集しながら生成する機能も備わっています。

このように美麗な作品が簡単に生成できてしまうNiji・Journeyですが、無料体験が終わってしまうと最も手軽なプランでも月額10ドル（1500円ぐらい）かかります。年払いにすると月額8ドル（1200円ぐらい）です。Niji・Journeyは生成した画像について商用利用も可能なライセンスを設定しているため、そのサブスクリプションを利用する価値はあるかもしれません。

AI画像生成で遊んでみよう ―Fooocus日本語アニメ特化版を準備する

Niji・JourneyのようにAI画像生成サービスを利用することで、専門的な知識がなくても画像を生成することができるのですが、本書を手に取ったみなさんはきっとそれだけで満足しないことでしょう。次に紹介する「Fooocus」は、Midjourney や Niji・Journeyと同じくらい簡単な操作で、かつ無料で高品質なテキスト画像生成を体験できます。

「Fooocus」(フォーカス)はスタンフォード大学のLvminさん(Lvmin Zhang)が中心になってオープンに開発されている、Webブラウザで利用できるユーザーインターフェース(WebUI)です。オープンソースで開発されており、GitHub(ギットハブ)経由でプログラムを入手できます。さらに演算環境を自分で準備すれば無料で何度でも利用できます。

このFooocusの内部では本書で扱うStable Diffusion XL (SDXL)を使用しており、シンプルなテキストでも非常に高品質な結果を得ることができます。まさにMidjourneyやNiji・Journeyを専有して使うような環境が用意されています。

これから体験してもらうのは筆者であるAICU社が開発したオープンソースライセンスである「Fooocus 日本語アニメ特化版」です。配布されている「Fooocus」を原作そのままに、Googleが提供するプログラミング学習環境「Google Colaboratory」(通称 Colab: コラボ)を使って、初めて使用する人でも分かるように日本語のUIで動くようにした環境となっています。

まずはブラウザ(Google Chromeを推奨)を起動し、Googleアカウントにログインします。

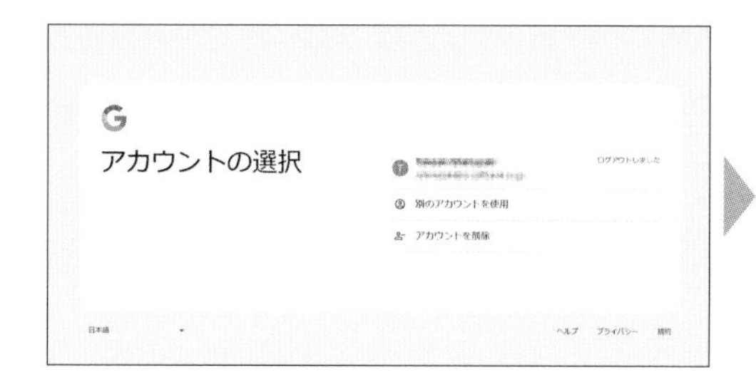

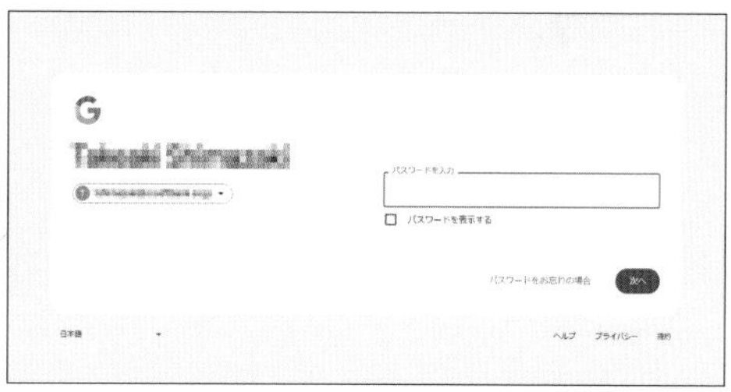

COLUMN 使用するGoogleアカウントに注意しよう

本書で提供するColabノートブックを利用するアカウントとしては、機関アカウント(Google Workspace)を利用することも可能ですが、管理者がGoogle DriveとGoogle Colabの使用を許可している必要があります。この先の作業では、大量のファイルのダウンロードを行うこともあるので要らぬトラブルを避けるためにも、まずは個人アカウントを利用することをおすすめします。また、Colabは 無償版とPro版、エンタープライズ版などがありますが、ここでは無償版を使って起動してみましょう。本書ではこの後はColab Proを使用していくことに加え、プログラミング学習にも役立つので基本的な使い方をこの機会にマスターしましょう。

続いて以下のURLにアクセスしてAICU社のGitHubを表示しましょう。画面上の[Open in Colab] ❶のボタンをクリックします。

Fooocus 日本語アニメ特化版
https://j.aicu.ai/FoooC

▲ スマートフォンやタブレットでも使用できますが、その場合でもブラウザで操作するようにして下さい。

その後、ログインしているGoogleドライブ上でColabノートブックが表示されるので[ドライブにコピー] ❷をクリックしてノートブックを保存しましょう。

保存が完了すると自動で新しいウィンドウが開き、自分の Google Workspace でノートブックのコピーを使って作業できるようになります。ノートブックを下へスクロールして [Fooocus JP + Google Drive output] の◎ [セルを実行] ❸をクリックします。

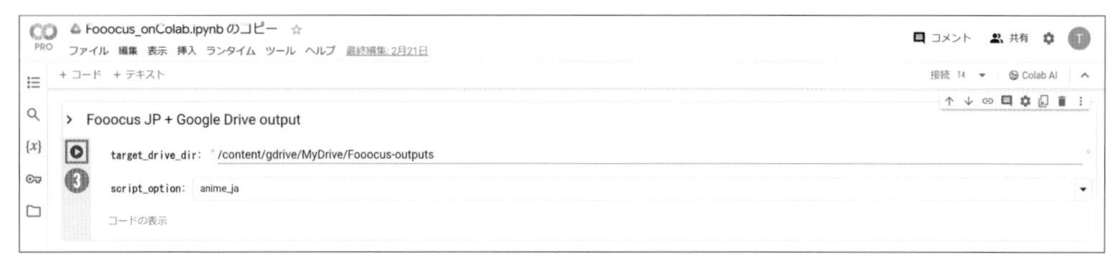

▲ 図のようにプログラムが 1 まとまりになっている構造をコードセルと呼びます。アニメ風ではなく実写風の画像を生成したい場合は [script_option: default] を選択して下さい。

Google ドライブのファイルへのアクセス許可を求められるので、[Google ドライブに接続] ❹をクリックしてプログラムの実行を待ちましょう。

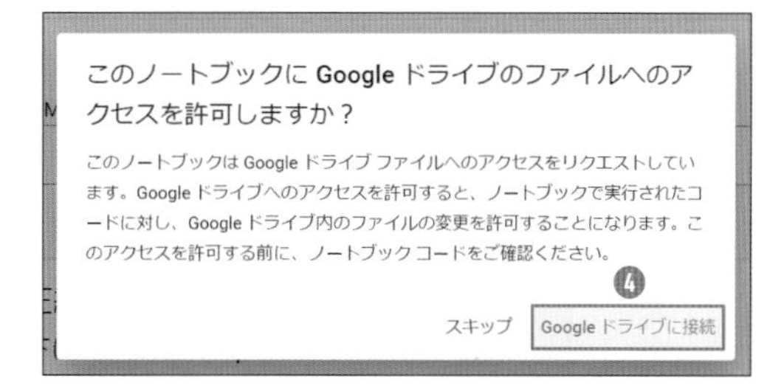

プログラムが実行されてコードが表示されるので、[https://....gradio.com] の URL ❺が表示されるまで少し待ちます。URL ❺が表示されたら、クリックして別タブで Fooocus の WebUI を利用することができます。この URL は最大 72 時間有効で、スマホや別の PC 等でも利用できます。

▲ 途中で切断されたり止まったり、エラーが出た場合は Colab ノートブックのページで◎ [実行を中断] をクリックして、その後でもう一度◎を押してください。

AI 画像生成で遊んでみよう
― Fooocus 日本語アニメ特化版で生成する

Fooocus の使い方は非常にシンプルなものです。WebUI を開いたらまずは [生成！] ❶のボタンの左に [1girl] と入力して、[生成！] ❶をクリックして数秒待ってみてください。２枚の女性の画像が生成されます。

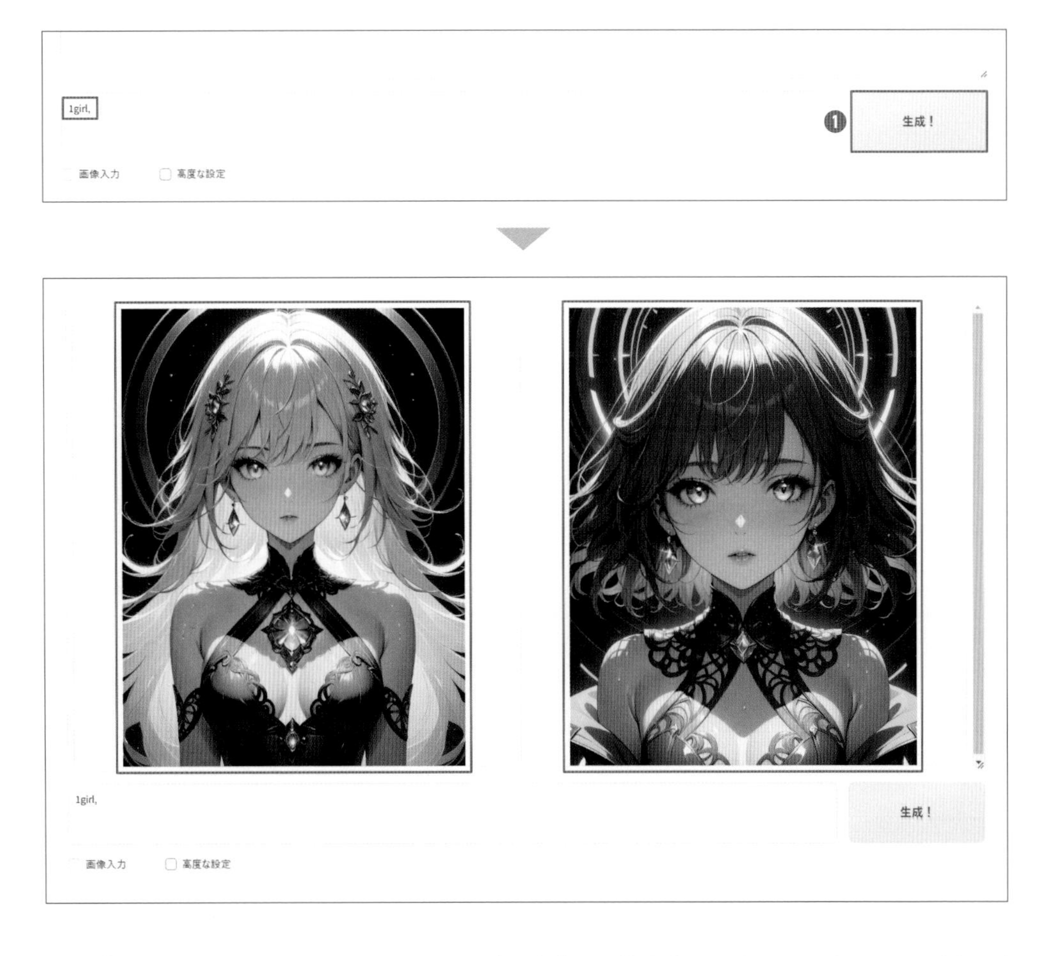

次に❷にプロンプトを英語で入れてもう一度 [生成！] ❶をクリックしてみましょう。例えば Prompt smilling, 1girl, bluesky, looking at viewer として [生成！] ❶をクリックします。するとプロンプトを反映した新たな画像が生成されます。

❷ smilling, 1girl, bluesky, looking at viewer
❶ 生成！
画像入力
高度な設定

ここから先はぜひプロンプトや WebUI をいろいろ探りながら使用してみてください。[高度な設定] ❸ をチェックすると、画面右側に拡張設定が表示され様々な設定を変更できます。さっそく条件を設定しながらの画像生成にチャレンジしてみましょう。

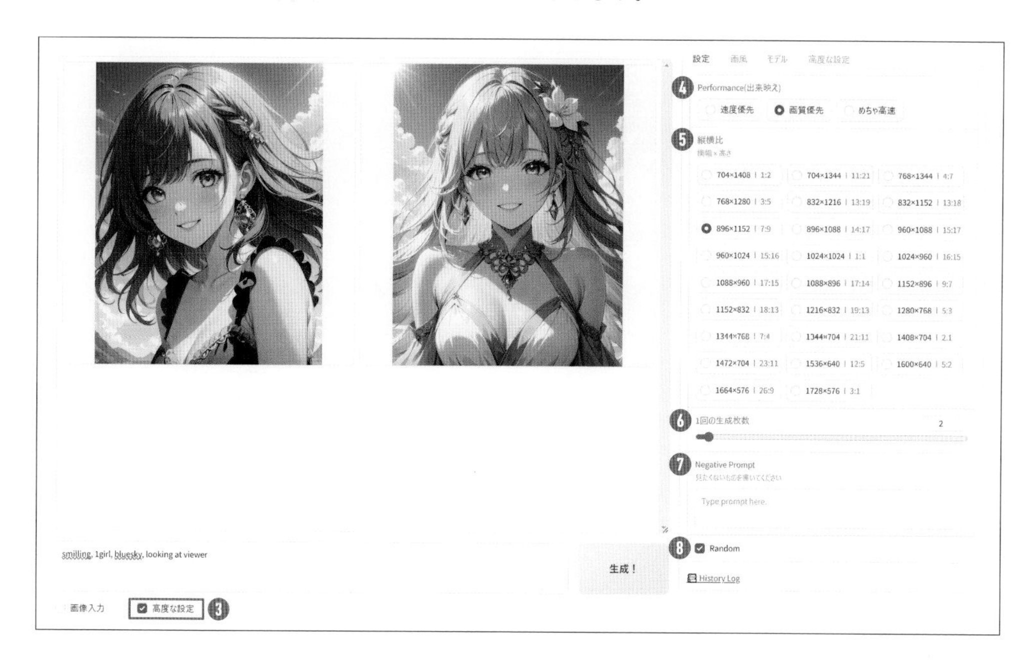

パフォーマンス ❹ は [速度優先]、[画質優先]、[めちゃ高速] から選んで、画質と生成速度を変えることができます。縦横比 ❺ では、たとえば横長にするなら [1408x704 | 2:1] を選びましょう。1 回の生成枚数 ❻ はデフォルトでは [2] になっています。[1] にすると 1 枚ずつ生成され、[10] にすると時間はかかりますが 10 枚連続再生を行うことができます。ネガティブプロンプト ❼ は「見たくないもの」をプロンプトで表現します。ランダム ❽ のチェックボックスは外すと同じ系の画像が出やすくなります。

続いて拡張設定の [画風] タブ ❾ で画風を選びます。Fooocus の特徴として複数の特色あるスタイルを混ぜることができます。各スタイルにマウスポインタをもっていくと猫のプレビューが表示されるので、それをヒントにチェックボックスの ON/OFF を切り替えて自分が生成したい画風を探っていくことができます。

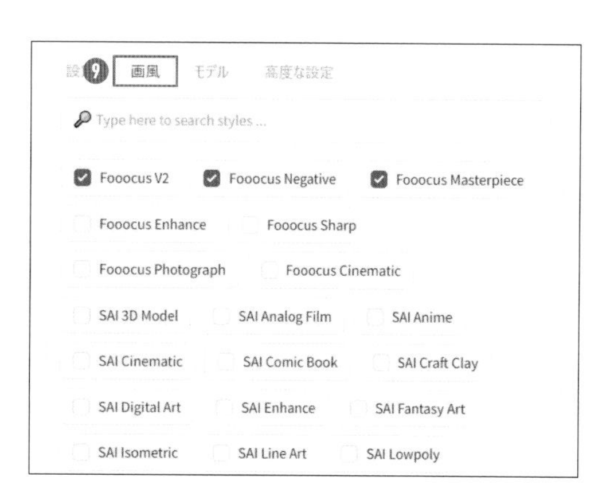

上から順番に [SAI Origami]、[SAI Pixel Art]、[SAI Line Art]、[Artstyle Abstract Expressionism] のみを選んで生成してみました。複数のチェックボックスを入れることでスタイルを混ぜることもできますが、まずは単独のスタイルで試してみることをお勧めします。

このように内部の技術やパラメータチューニングに詳しくなくても、高品質なテキスト画像生成を行うことはできます。ですが人によっては自分の作りたい画像がなかなか生成できなかった方もいらっしゃるかもしれません。そこでここからは、画像生成 AI をより思い通りに使うために AI 技術の成り立ちや画像生成の仕組みを詳しく見ていきましょう。

Section 1-2

画像生成 AI の誕生と変遷

まずは画像生成 AI を中心に、どのような歴史的背景と研究の潮流から今日に繋がる AI の発展が起こってきたかをざっくりと学んでいきましょう。

AI 画像生成の歴史は、研究者とコンピュータによる画像つまりコンピュータグラフィックス(CG)の歴史とともにあります。まずは、大きなイベントや私たちの社会の変化を振り返ってその発展の流れを見てみましょう。ところどころに耳にしたことのある話題もあると思いますので、それらの知識と結び付けながら理解を深めて下さい。

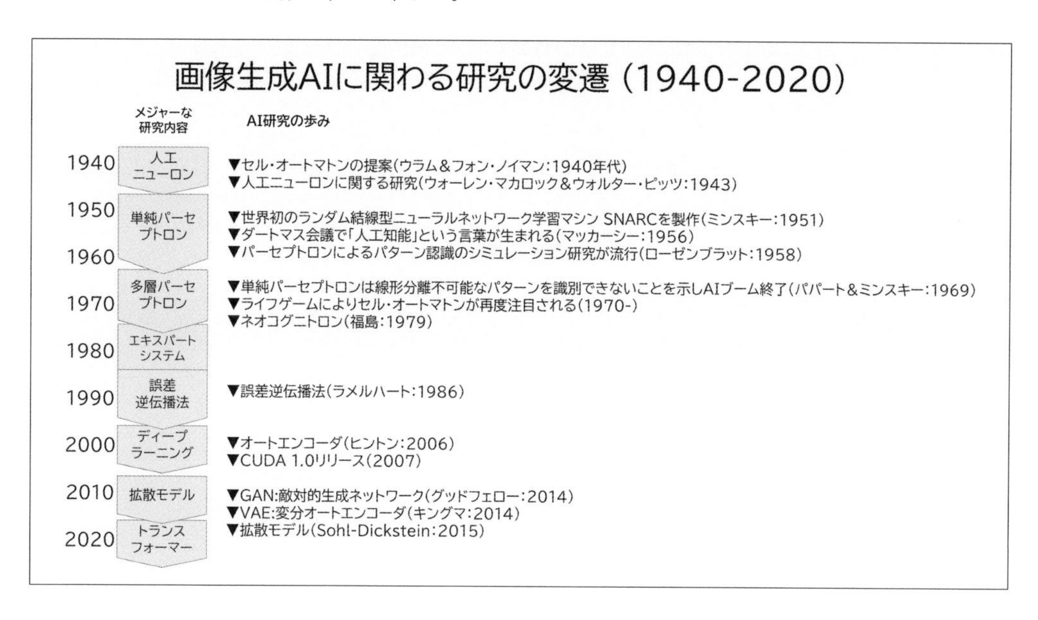

1940 年代に数学者や神経生理学者により人工ニューロンやセル・オートマトンといった生物を模倣する数学的モデルが提案されました。この時点ではまだこのモデルを計算するコンピュータはないため使われていたのはアナログ電子回路による計算機です。この頃の計算機としてのアプローチでは、画像を表示するためのディスプレイ技術も計算機（コンピューティング）技術の研究の一部でした。

1950 年ごろになって、文字をプリンタに打ち出す技術と並列して、ブラウン管にドットやベクトルといった点や線を描画する技術に進化し、単純な図形やパターンの生成が可能になります。この技術が基盤となって、現代の TV やスマホのディスプレイにも使われている「ピクセル（画素）」があり、PNG ファイルなどの画像ファイルにレッド／グリーン／ブルー（RGB）の情報を保存することでインターネットや印刷物で画像をデータとして流通できるようになります。

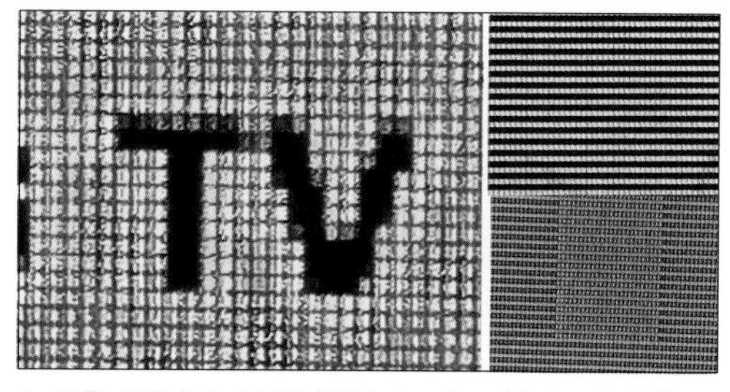

▲ 画像を構成する画素「ピクセル(pixel)」という言葉は、NASA のジェット推進研究所（JPL）の研究者が名付けました

続く 1950 〜 1970 年代は「第 1 次人工知能」の起こりの時代です。計算機による脳や神経の仕組み「人工ニューロン」のシミュレーションや、回路による実装が盛んに行われるようになります。中でも、大きなできごとは現在の機械学習のベースになる「パーセプトロン」を用いたパターン認識のシミュレーションが行われたことです。

また、このころには研究者が「人工知能」(Artificial Intelligence; AI) という言葉を定義します。さらに SF 作家のアシモフによる「I, Robot」や手塚治虫による「鉄腕アトム」が発表され、世間一般にも人工知能という概念が広まっていきます。産業としてはトランジスタと集積回路の研究開発が盛んな時代で、テレビ放送が白黒からカラーになり、多様なディスプレイ装置が提案され、映像芸術やそのメディア技術も合わせて進化していきます。

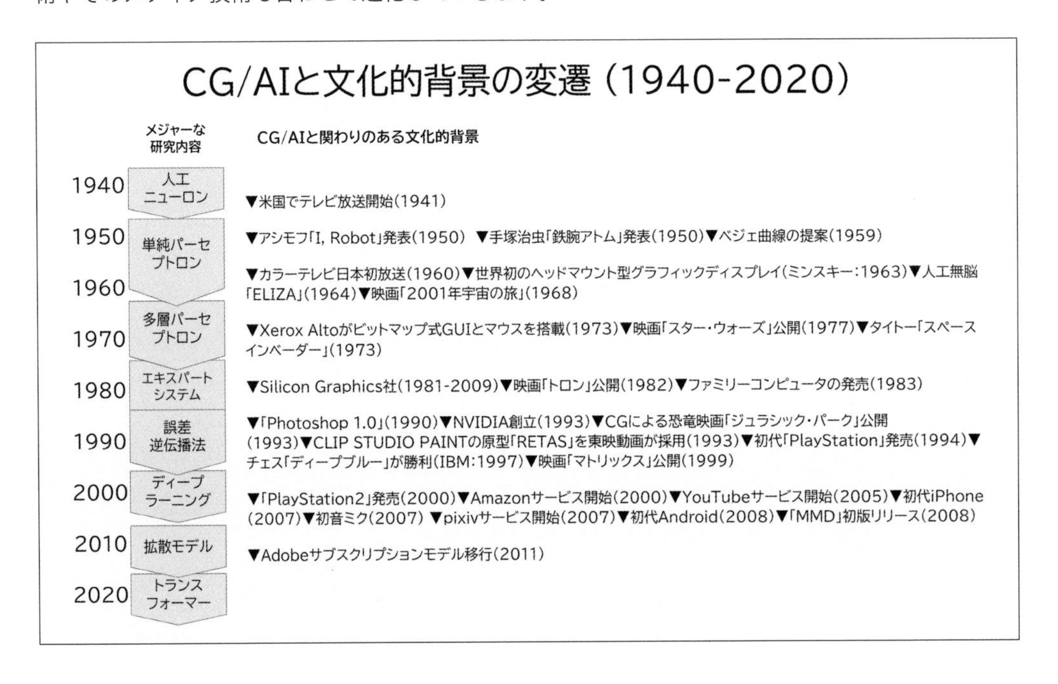

1970 年代になるとついにコンピュータがパーソナル化します。Xerox 社「Alto」はグラフィカルなユーザインタフェース (GUI) とマウスを搭載し、その後の MacOS や Windows のベースを作りました。街のゲームセンターにはタイトー「スペースインベーダー」が稼働し、家庭では「TV ゲーム」としてブラウン管テレビと半導体が多様なグラフィックを描き始めます。

1980 年代には Intel 社が現在の CPU とほぼ同じ構造を持った第 4 世代コンピュータを開発し、これが爆発的に普及します。人工知能の研究ではロボットや画像処理、制御システムの専門家が中心となって、ニューラルネットワークを発展させていき、多層パーセプトロン、誤差逆伝播法 (バックプロパゲーション) が提案され、現在の深層学習 (ディープラーニング) のベースが生まれます。産業面では「エキスパートシステム」という知識ベースの AI が「第 2 次人工知能」ブームを起こし、多額の投資が行われていました。

文化面では 1977 年の映画「スターウォーズ」に引き続き「トロン」の公開、そして米国の映画業界に近い研究者が「Photoshop」を開発し、Adobe 社がグラフィックス市場向けのアプリケーションツールとして 1990 年に販売を開始します。また、任天堂が「ファミリーコンピュータ」を発売し、ゲームグラフィックはコンテンツ、表現とともに大きな市場に成長しました。

続いて1990年代はグラフィックスの研究と市場拡大が進んだ時代です。映画「ジュラシック・パーク」や「マトリックス」などCGをフル活用した大作映画の公開、MacやWindowsといったグラフィカルなOSの普及、そしてパソコンとソフトウェアツールの時代です。CLIP STUDIO PAINTの原型「RETAS」を東映アニメーションが採用し、スキャナやスタイラスペンをつかったデジタル作画がプロの中でも使われるようになります。また、1997年にIBMによるチェス専用のスーパーコンピューター「ディープブルー」がチェスの世界王者カスパロフ氏に勝利したことは、大きな注目を集めました。

さらに2000年代になると3DCGとインターネットの時代が到来します。PlayStation2の発売、GPUの普及などに並んで、ユーザがコンテンツを作る(UGC)サービスが一般化します。YouTube、ニコニコ動画、pixivがサービスを開始し、「初音ミク」や、3Dキャラクターモデルを踊らせる「MMD」(Miku Miku Dance)がリリースされます。続く2010年代はスマートフォンの普及拡大の時代です。驚くべきことに誰もが手元に1940年代とは比べ物にならない性能の計算機を持つようになります。そしてゲーム開発のためのUnityやUnreal Engineといったツールが大きく市場を拡大していき、ゲームグラフィックスをゼロからプログラミングによって開発することは限定的になってきました。

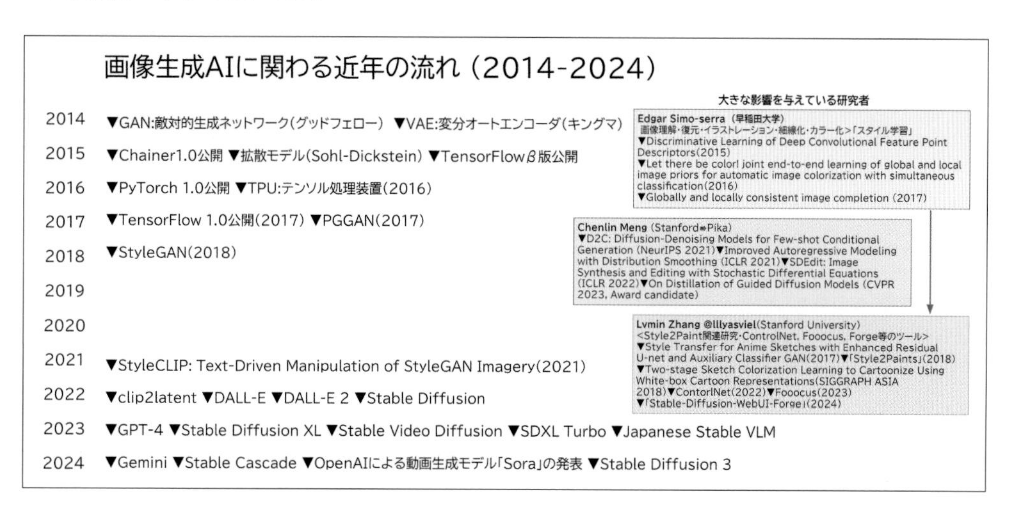

また、人工知能の研究においても転機が現れます。膨大なインターネット上の文書や画像をスクレイピング(Web scraping)して集合知として学習させる手法が一般化します。2000年にサービス開始したAmazonは商品やコンテンツのおすすめを表示する「リコメンドシステム」をショッピングサイトに活用します。この技術は協調フィルタリングという統計に基づくシンプルなアルゴリズムで多様なECサイトに利用されていきました。また18世紀の数学者、トーマス・ベイズの確率論を使った電子メールのスパムフィルタが提案され、多くのメールシステムにオープンソースを通じて普及しました。このように多くの人々の意識に「機械学習による集合知とパーソナライズ化」が理解されるようになってきます。

さらにコンピュータ自体もグラフィックス技術で進化します。従来は CPU の処理速度を上げるには動作周波数（クロック）を上げるか並列化するしか方法が有りませんでしたが、すでにその回路集積度は限界に達していました。そこでピクセル処理や 3DCG のためのベクトル演算が得意なビデオカードに搭載された GPU に演算させるゲームが増え、PC ゲームやゲーム機の主流の装置構成になっていきます。GPU を各社ハードウェア間で共通したソフトウェアで利用可能にする DirectX や OpenGL 等の低レイヤー CG ライブラリやシェダー言語もゲーム 3DCG 処理の高速化に一役買っていました。さらに GPU を科学演算に使う「GPGPU」という研究手法が提案されました。GPU はシンプルな演算ユニットを多数搭載しているため、並列性や演算密度の高い処理を行なう場合に有利です。その後、2007 年に NVIDIA が「CUDA」としてライブラリ化し、現在も一般的に使用されています。画像生成 AI 分野では欠かすことができない個人レベルでも使える「演算基盤」はこの時に生まれたのです。

一方で、この時代までのグラフィックスの研究は「印象派画家のような画像」を作り出すことやマンガやアニメのような画風を生み出すトゥーンシェーディングや表現のためのシェーダー技術や、ジェネラティブアートやプロシージャル技術といった創発的なアルゴリズムを使った表現、自動で絵を描くロボットなど、人々にとって価値判断が難しく「ゴールのない課題」が多く扱われてきました。

これに大きな変革があったのは機械学習（Mache Lerning、ML）、特に画像のパターン認識の研究者が CG 分野に合流してきた点です。大量のインターネット上に置かれている画像を学習することにより、本来ゴールがなかった表現分野の課題が「教師あり機械学習の課題」としてデータセット（サンプルデータとして学習効果を測る入力データ）や評価手法が構築され、その学習を繰り返し評価し、モデルを構築し、推論によって画像を生成できる事例が出てきます。具体的には、画像上にある物体の認識、手書き文字の認識、人物の姿勢評価、笑顔や年齢の評価、画像の特徴評価、白黒画像の全自動カラー化、ラフスケッチの自動線画化、ノイズ除去、欠落画像の補完、超解像化……といった研究です。その後、「画風」つまりスタイル学習に機械学習の手法が使われ始めた 2014 年ごろ、変分オートエンコーダ（VAE）と敵対的生成ネットワーク（GAN）が提案されます（後述）。この頃から「生成できるニューラルネットワーク」はさらに大きな進化をします。

そしてここからはご存知の読者も多いかと思いますが、2010 年代後半からは生成系 AI の基礎となるモデルが主役となっていきます。2017 年に Google によって「Transformer」が論文「Attention is all you need」とともに提案されます。これは自然言語処理、特に世界中の多様な言語間の翻訳のタスクで生まれた、現在の大規模言語モデルの中核をなす研究であり「アテンションさえあればいい」という非常にシンプルな発想に基づくものです。アテンションとは、自然言語処理の場合は単語と単語間での共通概念を数値データの中から予測に役立つ箇所を重み付けして注目する方法で、「日本語は主語→述語」や「英語は主語（S）→動詞（V）→目的語（O）」といった「言語間の文法」を学ぶのではなく、個々の単語（もしくはそれより小さな分解では「文字」）の関係をひたすら学んでいきます。非常に大規模な演算空間と、途方も無い演算回数が必要ですが、一度トレーニングしてしまえば、事前学習の成果が活かせるので、小規模なコンピュータ環境でも活用できます。さらにここ数年の研究により、Transformer はそれまでのニューラルネットワークの様々なタスクに加えて、文章の要約、音声、音楽、画像のスタイル、動画など幅広い推論タスクに利用可能であることがわかっています。

画像生成に目を向けると、2021年にテキスト画像生成モデル（text to image generation model）と呼ばれる、「DALL-E」がOpenAIによって提案され、2022年にDALL-E 2が限定的に公開されます。続いてDiscord上でテキスト画像生成が利用できる「Midjourney」が公開され、そして遂に2022年8月に本書で中心的に扱う「Stable Diffusion」が一般のPCのGPUで動作するサイズ、しかも無料で誰でもダウンロードできる状態で公開され、世界中で画像生成AIツールを作って公開する人々が現れます。その後は皆さんの記憶に新しいところでしょう。

2023年に入るとその動きはさらに加速します。OpenAIがGPT-4を公開し、OpenAIと提携関係にあるMicrosoftが検索エンジン「Bing」にGPTや画像生成のできるDALL-E3を搭載します。「Stable Diffusion」を中心的に公開したStability AI社はその後、「Stable Diffusion 2」、光や空間の表現ができる「Stable Diffusion XL」、動画を生成できる「Stable Video Diffusion」、超高速で高品質画像を生成できる「SDXL Turbo」、日本語で画像を解釈できる「Japanese Stable VLM」などを次々にオープンに公開しました。

本書が公開される2024年初頭に入っても、アメリカ西海岸のビッグテックを中心に勢いは止まりません。Googleから「Gemini」が公開され、OpenAIやMicrosoftとの対抗サービスの公開に積極的です。Stability AIも全く新しい画像生成モデル「Stable Cascade」や「Stable Diffusion 3」、「Stable Diffusion 3.5」を続々とリリースしています。さらにOpenAIによる動画生成モデル「Sora」が発表されました。これは単なる動画ではなく「世界シミュレータ」として動作する最先端の大規模生成モデルです。もちろんこの間に多くのスタートアップ企業が画像生成技術、動画生成技術やサービスを発表しています。

以上のように画像生成AIの誕生と変遷を綴ってみましたが、いかがでしょうか。みなさんの興味や関心が、「SFや空想」だけではなく、「技術や研究」に密接に関係していて、それが「魔法」でも「謎のブラックボックス」でもなく「画像生成AI」というオープンに手に取れるツールの形で学ぶことができるようになったのです。皆さんが歴史の転換点にいることが認識できたと思います。

Section
1-3

2024年での「AIの定義」を考えてみよう

本書を執筆している2024年時点の「AI」とは、果たしてどのような概念と定義ができるでしょうか。過去の「人工知能」と呼ばれた存在と比較して考えてみましょう。

かつて日本も国を挙げて人工知能を開発していた時代がありました。この時代のAIは、人間の論理的思考プロセスを模倣しようとする「ルールベースのシステム」と呼ぶことができます。技術としては知識表現、論理的推論に重点を置いていました。これは、コンピューターに「もし〜だったら、〜する」というルールをたくさん教えて、そのルールを使って答えを見つける方法で、AIシステムは明示的なルールと論理に基づいて知識を処理します。

これは「演繹的推論」や「トップダウンアプローチ」とも呼ばれており、ルールベースの典型的な手法です。「ロボットによる自動化」が目的の分野であれば有効なタスクもありますが、「好きな絵を描きたい、表現したい」といった、「すべての人に適用可能な明確なルールやゴールの設定」がないタスクは難しいです。具体的には「多様な表現ができる美しい画像の生成」や「人間と協働して創作をする」といったタスクは、正解も明確でないため難しい課題といえます。

一方で、現代のAIは「ルールベース」ではなく主に機械学習(ML)とディープラーニング(DL)の技術によって構築されています。これらの技術は、大量のデータからパターンを学習して予測や推論、決定を行う「ボトムアップアプローチ」や、「帰納的推論」と表現することもできます。これはゴールの設定が難しい多様な状態がありえるタスク、例えば画像認識、自然言語処理、ゲームプレイなど、多くの分野で人間を凌駕するような成果を上げています。これらの技術では、コンピューターにたくさんの情報やデータを見せて、そこからコンピュータが得意な「繰り返し機械として学習する」ことによってモデルを獲得し、新しいことを予測したり、問題を解決したりすることができるようになりました。

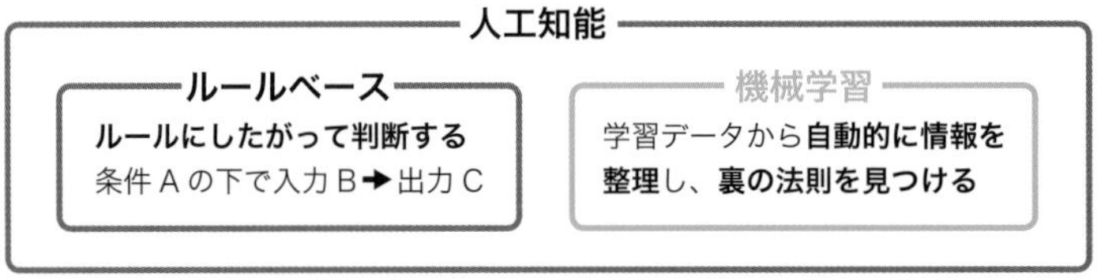

▲ ディープラーニングG検定(ジェネラリスト)最強の合格テキスト[第2版]、ヤン ジャクリン、上野勉 / SBクリエイティブ より引用

2024年の一般的なAIサービスやAIモデルとして利用できるようになった、「ChatGPT」や、「Stable Diffusion」の内部でも使われている、「Transformer」はたくさんの本や文章を利用して、人間や動物、物事に関する一般的な事実の膨大なパターンを学習し、モデルを獲得し、推論します。これには莫大な計算能力とデータ量、期待されるアプリケーションや社会との関係についても「過去のAI」とは明らかに異なる環境です。

ルールベース時代は、現在ほど高速で大容量の計算リソースは利用できませんでした。また、インターネット登場以前ではAIシステムを訓練するための大規模なデータセットも限られていました。そのため、計算的に複雑でない、より抽象的な問題解決手法が好まれました。一方で現代のAIの発展は、GPUの使用などによる格段に増加した計算能力と、インターネットを通じて利用可能な膨大なデータセットに支えられています。この進化により、複雑で多様なモデルの訓練が可能になり、以前は解決不可能だった未知の問題に取り組むことができるようになりました。

またアプリケーションも、もともと得意であった言語翻訳や法律などの専門家向けシステムから、監視カメラにおける分析、自動運転車、リアルタイムの多言語翻訳、高度な音声認識、個人化された推薦システムなど、日常生活に密接に関わる多様なアプリケーションが開発されています。さらに画像生成や文書生成は、従来は「価値がないもの」もしくは「難度が高すぎて、ゴール設定が難しいもの」と捉えられてきましたが、人間の創造性を支えるような推論を達成できる大規模な推論モデルが文書生成や画像生成の分野で登場するようになってきました。ChatGPTや本書で解説するStable Diffusionがその代表です。そしてこれらが現在「AI」もしくは「生成AI」として認識されている存在であり、今後2024年や本書を境に、より人々の活動を拡張するものとして定義できるでしょう。

続いて、これらの技術の基盤、大容量の計算リソースと大規模なデータセットを利用した「機械学習」(ML)、その基本である「ニューラルネットワーク」(NN)の基礎知識と、最先端の「ディープラーニング」(DL)に至る流れについて学んでいきましょう。

COLUMN 変わりゆく社会とAIの関係性

AIの進歩だけでなく「社会とAIの関係性」も、生成AIの登場により大きな変化が起こっています。従来の著作権の考え方に「機械学習」や「推論による生成」を含めるかどうか、その責任の所在や、学習対象に自分自身の著作物を含めるかどうか、そのロイヤリティ(報酬)のありかたについても世界各国で激しいディスカッションが繰り返されています。本書で中心的に扱っているStable Diffusionも初期のバージョンから最新の世代に進化する過程において、社会への適応や合意形成のためにさまざまなアップデートが施されています。日本政府では、文化庁が中心になって文化審議会「著作権分科会」がこの問題を扱っています。著作権法自体も最近は毎年のように改正されています。

文化庁 | 著作権 - 最近の法改正
https://www.bunka.go.jp/seisaku/chosakuken/hokaisei/

Section 1-4

ニューラルネットワークについて知っておこう

現在の AI 技術にはニューラルネットワークとそれを利用した機械学習が欠かせないものとなっています。ここではより深掘りしてそれらの解説を行っていきます。

過去の AI と比較することで、現在の AI の特徴が高速で大容量の計算リソースと大規模なデータセットを利用した機械学習の技術に基づいた物だということを理解できたと思います。ここでは、この技術のキーとなる「ニューラルネットワーク」の基礎知識と、最先端の「ディープラーニング」に至る流れについて理解していきましょう。

ニューラルネットワークとは

現代の AI の中心となっているニューラルネットワークは、コンピューターが学習して予測や判断を行えるようにする技術の一つです。人間の脳が情報を処理する仕組みにヒントを得て、それを再現するかのような数学的なモデルで作られています。脳の神経細胞（ニューロン）が信号をやり取りするように、ニューラルネットワークもたくさんの「ノード」（または「ニューロン」）がつながって信号を送り合います。

人間を含めた生物の脳には「ニューロン」という神経細胞がとても細かく張りめぐらされており、これらがお互いに情報をやりとりしています。人間ひとりのニューロンやシナプスを全部つなげると、100 万 km になるといわれています。ニューロンは、他のニューロンから情報を受け取ったり、処理したり、そしてまた他のニューロンに情報（電気信号→神経伝達物質）を送ったりする役割があり、この情報のやりとりをする接合部を「シナプス」と呼びます。ここでの情報の伝え方（左図中の左から右の方向）が強くなったり弱くなったりすること、つまり「シナプスの結合強度」が、外的な刺激に反応して変化する現象こそが生物における柔軟な記憶や学習のメカニズムといえます。

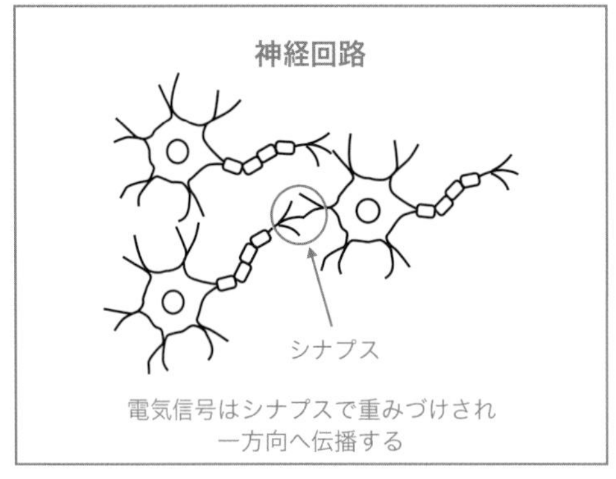

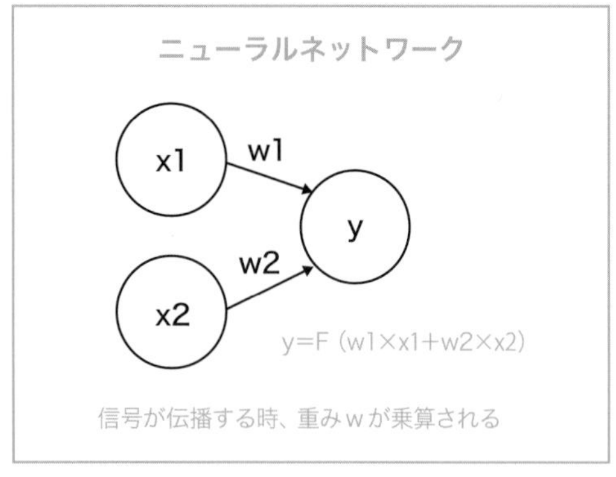

▲ zero one Learning Blog（https://zero2one.jp/ai-word/neural-network/）より引用

これを模倣する「人工ニューラルネットワーク」では、この人間の脳のニューロンやシナプスを、コンピューター上で再現しています。コンピューターの中では、「ノード」と呼ばれる単位がニューロンの役割をしていて、これらが「重み」(weights) でつながっており、「バイアス」(bias) は入力が 0 の時、出力にどれだけ値を上乗せするかを意味します。この大量の「重みとバイアス」のセットこそがそのネットワークの「モデル」であり、この調整を入力刺激と出力結果を評価していくことでモデルを学習させることになります。

バックプロパゲーション(逆伝播法)による学習

その訓練と調整の方法のひとつとして「バックプロパゲーション」(逆伝播法) があります。これはネットワークが正しい答えを出せるように「重み (weights)」と「バイアス (bias)」を調整するプロセスです。ニューラルネットワークが出した答えと正しい答えとの間の誤差を計算し、その誤差を減らす方向にネットワーク全体の重みを少しずつ変更していきます。ネットワークに対して「損失関数 (loss function)」という、“出力層の値がどれだけ正しいか”を表す関数を定めます。

バックプロパゲーションには以下の 4 プロセスがあります。
(1) 前向き伝播 (Forward Propagation)：ネットワークに入力を与え、各層を通じて計算を進め、最終的な出力 (予測値) を得ます。この時点では、ネットワークの重みはランダムな値か、前の学習からの値が使われています。
(2) 誤差の計算：ネットワークの出力 (予測値) と実際の正解 (ターゲット) との差を計算します。この差を「誤差」と呼びます。誤差を評価するために、損失関数を使い、予測がどれだけ正解から外れているかを数値で表します。
(3) 逆伝播 (Back Propagation)：計算された誤差を、出力層から入力層に向かって逆方向に伝播させていきます。各層の重みに対する誤差の「責任」を計算し、どのように重みを調整すれば誤差が減少するかを求めます。
(4) 重みの更新：誤差が最小になるように、ネットワークの重みを更新します。このとき、勾配降下法などの最適化手法が使われます。学習率というパラメータが重みの更新量を決定します。学習率が大きすぎると学習が不安定になり、小さすぎると学習に時間がかかります。

この結果として、重み (W) は各入力信号の寄与率を示します。これにより、ある入力がニューロンの出力にどれだけ影響を与えるかが決まります。入力信号が重要であるほど、その入力に関連する重みは大きくなります。つまり、重みは入力信号の重要性や影響力を調整する役割を持ちます。そしてバイアス (B) はニューロンの活性化のしきい値に相当します。バイアスによって、ニューロンがどの程度の入力があれば出力を行うか (活性化するか) が調整されます。バイアスがあることで、入力の合計がゼロに近くても、あるいは非常に小さくても、ニューロンが活性化するモデルとなります。

ニューラルネットワークの多層構造

上記は単純なニューロンの働きですが、一般的にニューラルネットワークは多層構造をもち、役割によって大きく３つに分けられます。１つ目の入力層（Input Layer）はデータを受け取る部分です。例えば、画像認識の場合は画像のピクセル値が入力となります。２つ目の隠れ層（Hidden Layers）は一つ以上存在し、複雑な計算や特徴の抽出を行います。入力層からのデータを加工して、出力層に送る役割を持ちます。３つ目の出力層（Output Layer）は最終的な結果や予測を出力します。例えば、犬と猫を分類する場合、出力層が犬か猫かの予測結果を示します。さらに隠れ層が多くある（深い）ネットワークの学習を「ディープラーニング」と呼び、より複雑な特徴やパターンの学習が可能です。

ディープラーニングの手法は数多く提案されていますが、その一例として、手書き文字の画像を認識することができる「畳み込みニューラルネットワーク」（Convolutional Neural Network; CNN）での実際の処理の流れを見ていきましょう。これはネットワークの左側に文字の書いてある入力画像を入れると、多数ラベル付けされた候補の中から画像に書いてある文字を判定して出力するような多層ニューラルネットワークです。

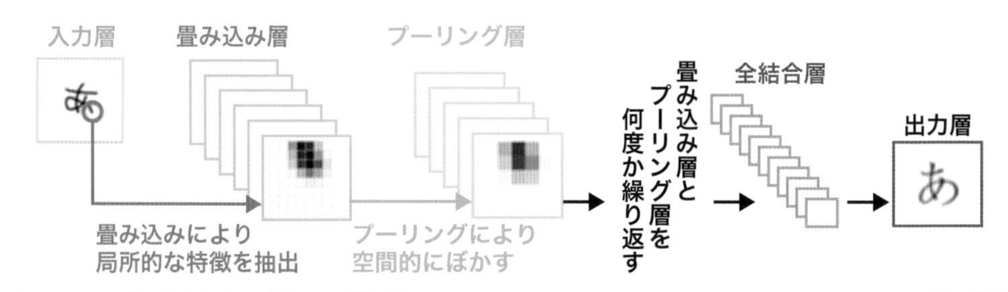

▲ ITmedia 5分で分かるディープラーニング（DL）（https://atmarkit.itmedia.co.jp/ait/articles/2104/26/news031.html）より引用

このニューラルネットワークで行われる畳み込み（Convolution）は、数学的には２つの関数を組み合わせて新しい関数を生成する操作です。このプロセスは、信号処理、画像処理、統計学、そしてAI画像生成など関連する多くの分野で広く利用されています。コントラストを強調したり、エッジ検出をするカーネル（またはフィルター）と呼ばれる格子状の数値データと、カーネルと同サイズの部分画像（ウィンドウと呼ぶ）の数値データについて、その積の和を計算することで、１つの数値に変換する処理です。この変換処理を、ウィンドウを少しずつずらして処理を行うことで、小さい格子状の数値データに変換することができます。これは「テンソル」という画像の特徴そのものを表現できる数値として扱うことができます。

▲ Photoshopの［フィルター］→［その他］→［カスタム］でカーネルを作ってみることができます。

手書き文字認識の例に戻ると、元々「32x32のサイズを持った画像」を「28x28x20枚の畳み込み層」に通します。この畳み込み層は入力層と呼ばれ、フィルタ（カーネル）が繰り返し窓のように画像上を移動しながら全ピクセルを処理していきます。ピクセル要素ごとの積を計算し、その結果の合計値（積和）を出力します。続けてフィルタを一定のピクセル数だけスライドさせて（ストライド）、入力データ全体にわたってこのプロセスを繰り返します。すると、元の入力データに対するフィルタの応答を表すテンソル「特徴マップ」（または活性化マップ）が生成されます。特徴マップは入力データにおけるフィルタに対応する特徴の「空間的分布」、つまり手書き文字認識の場合は「どこにどのような線が存在するか」を多様な手描き画像の入力に対して特徴を評価することができます。

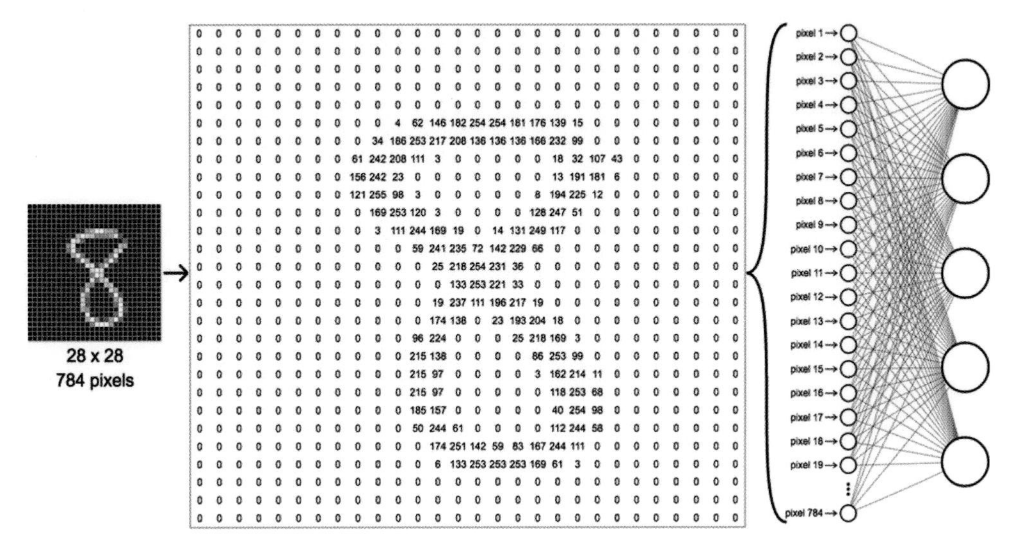

▲ Machine Learning for Art（https://ml4a.github.io/ml4a/jp/neural_networks/）より引用

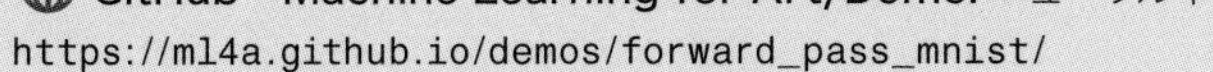
GitHub - Machine Learning for Art/Demo: ニューラルネットワーク
https://ml4a.github.io/demos/forward_pass_mnist/

このとき畳み込み層で「特徴抽出」、つまり特定の特徴（エッジ、テクスチャ、色など）が入力データのどの部分に存在するかの検出を行うのに対し、続く「プーリング層」は、畳み込み層によって抽出された「特徴マップのサイズを縮小すること」が主な目的です。この層では、特徴マップを小さな領域に分割し、各領域から最大値（最大プーリング）や平均値（平均プーリング）を選択します。ちょうど画像をぼかすようなイメージです。これにより、出力される特徴マップのサイズが小さくなり、計算量が減少します。また、プーリングによって、小さな位置変化に対する「不変性」がモデルに付与されます。これは、手描き画像内の線が少し移動したり、回転したりしても、同じように認識できるようにする役割があります。

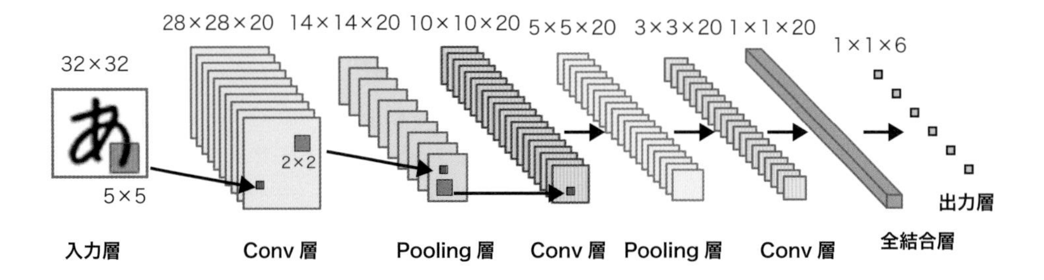

▲ 手描き画像の評価におけるCNNの構成例。DeepAge「定番のConvolutional Neural Networkをゼロから理解する」(https://deepage.net/deep_learning/2016/11/07/convolutional_neural_network.html)より引用

このようにして「特徴の次元削減」と「不変性の獲得」を繰り返し適用した後、最終的な特徴マップは「全結合層」(Fully Connected Layer)に渡されます。全結合層では、これまでに抽出された特徴をもとに、画像がどのクラス(≒種類)に属するかを判定できます。今回の例の手書き文字認識ならラベル付けされた「あ」や「め」といった文字に、画像分類であれば「犬」、「猫」、「ヒト」などを識別することができます。この層では、各入力をすべての出力に結びつける重みの値を手に入れられるので、それぞれのクラスが「どれぐらい近いか」を類似度として表現することもできます。これにより抽出された特徴を最終的な分類や回帰といった処理を行い精度や安定性を上げることができます。

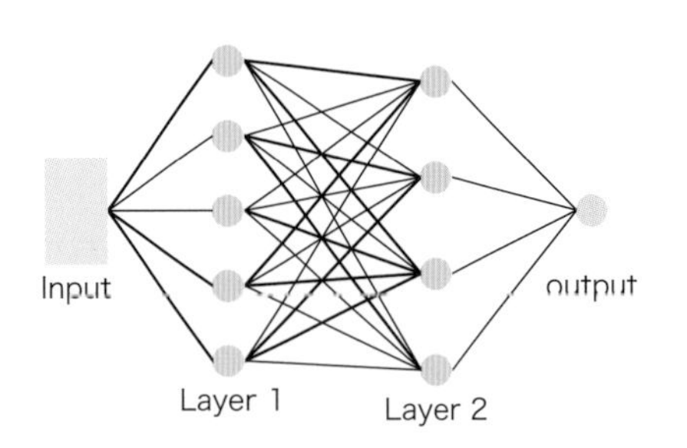

全結合層の例
(パターン認識モデル VGG-16)

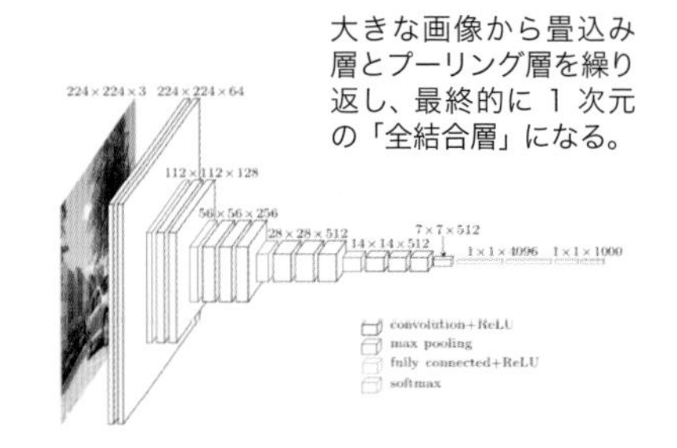

Fig.1 : VGG-16 neural network archtecture.

▲ "Accelerating Deep Neural Networks on Low Power Heterogeneous Architectures"(https://www.researchgate.net/publication/327070011_Accelerating_Deep_Neural_Networks_on_Low_Power_Heterogeneous_Architectures)より引用

また、これらのニューラルネットワークを複数つなぐこともできます。例えば「画像分類」というタスクに対して、一般的な動物の画像(犬、猫、キリン、ヒト…)を与え、「ヒト」の顔を認識したときに強い反応をするニューラルネットワークに、さらに「笑顔」「怒った顔」といった「性別指定」「年齢推定」「表情分類」といったネットワークを接続することで、まるで人間の感情を読み取るような画像認識ネットワークを構築することができます。

そして、このようなニューラルネットワークの多層構造が、これから使っていくStable Diffusionの中でも使われており、役割が異なる3つの大きな構造を組み合わせて、「テキストから画像を生成する」というタスクを行っています。しかし分類タスクの例だけでは、まだ画像を生成できる仕組みがわかりませんね。次は、潜在拡散モデルについて解説していきます。

Section 1-5

拡散モデルによる画像生成の原理を知っておこう

いよいよこのセクションではこれまでの解説を踏まえて、Stable Diffusion がどのように画像を生成しているのか解説していきます。

Stable Diffusion は皆さんもご存知のように与えられたテキスト（プロンプト）から画像を生成することができます。その仕組みはテキストを解析し、それが示す画像の特徴を有する潜在空間からノイズを除去して高解像度化することで画像を作っています。

こちらは Stabile Diffusion による画像生成の仕組みを入門者向けにできるだけシンプルに解説した図です。図中の矢印は入力した情報がどのような工程を経て画像になるかを示しています。ここではざっくりとどういう過程を経てテキストが画像になるかを掴んでおきましょう。

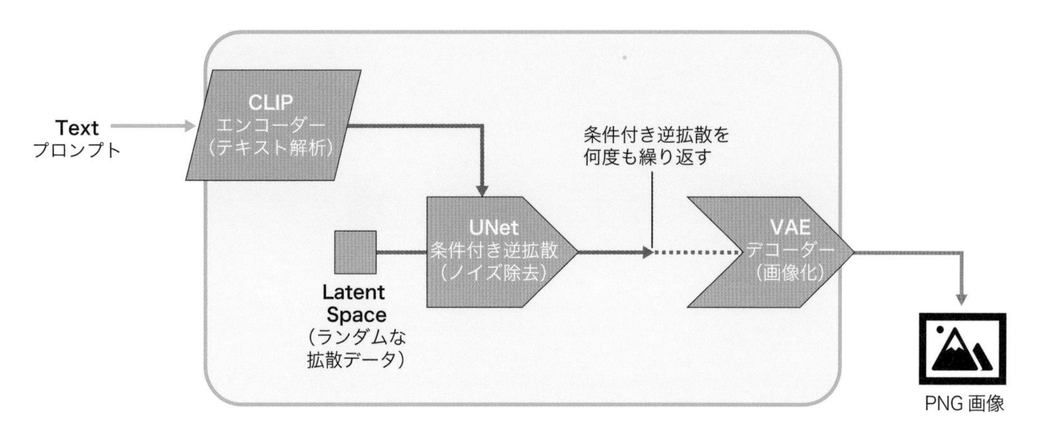

スタートはテキスト（プロンプトとネガティブプロンプト）が左上にある CLIP という構造から入力されます。CLIP の先は「UNet」という大規模なニューラルネットワークの群れに繋がっています。ここでは CLIP から与えられた「プロンプト」と「画像の関係」の条件をもとにした「条件付き逆拡散」が行われます。この逆拡散プロセスでは、「無の画像」（を潜在空間に変換したもの）に対して、最終結果が与えられた条件に合うものになるように繰り返し拡散ノイズを除去していきます。これにより与えられた条件に合った「画像」（を潜在空間に変換したもの）に復元されていきます。そして最後に「VAE」を通して、潜在空間から画像への変換（デコード）が行われ、人間の目で見てわかる「生成画像」となります。

これらのタスクは大きく３つのニューラルネットワークでできた構造に分かれて行われており、それぞれ「CLIP」、「UNet」、「VAE」にわけて理解することができます。ここからはより詳しくそれぞれの構造とその役割について順を追って見ていきましょう。

言語を解析するCLIPの仕組み

本書で中心的に紹介する「SDXL」はOpenAIが開発する「CLIP-ViT/L」とオープンな実装である「OpenCLIP-ViT/G」とそのデータセットとしてLAIONがつかわれてます。

CLIP（Contrastive Language-Image Pretraining：対照的な画像と言語の事前学習を行ったオートエンコーダー）とは、言語モデルや翻訳のためにOpenAIが2021年2月に公開した言語と画像のマルチモーダルモデルです。Stable Diffusion ではプロンプトを解析するために、そのうちのテキストエンコーダー部分が使われています。

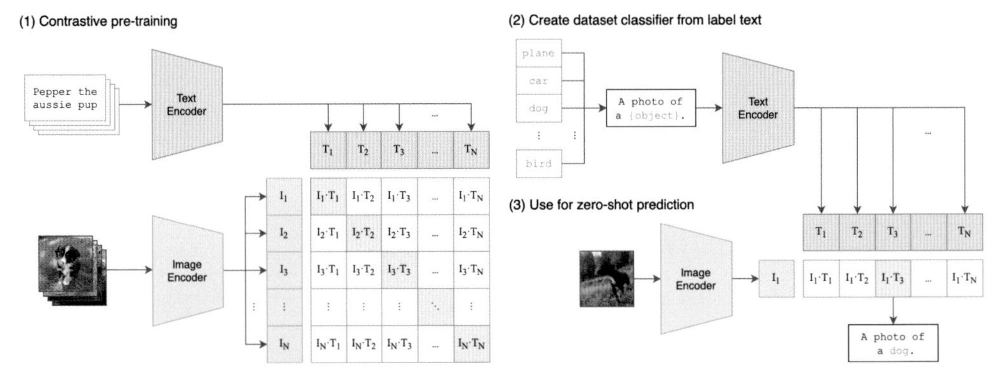

▲ GitHub openai/CLIP（https://github.com/openai/CLIP）より引用

基本的な画像生成のスタートはユーザーが入力するテキスト（プロンプト）から始まります。まずは入力されたテキストからどんな特徴を持った画像をつくればいいのかを解析します。さらに、この後の工程で扱いやすいように、解析した情報はニューラルネットワークで共通して取り扱える低次元のデータである、特徴データ「潜在空間」に変換しておきます。そしてCLIPはこの「潜在空間」を繰り返し次のステップへと与え続けることで画像生成の方向性をコントロールしているのです。

なぜCLIPが言語の解析ができるのかというと、画像と言語を共通の低次元のデータである「潜在空間」を通じて変換するタスクで訓練したことで、テキストと画像間のそれぞれの意味や関係性を理解しているためです。プロンプトを解析する部分で使われているの構造の正体はテキストエンコーダーと呼ばれるテキストをトークン（テキストのまとまり）に分解する符号化処理を行うニューラルネットワークです。ここで分解されるトークンは単語単位だったり、文字レベルだったり様々な状態です。

生成タスクをこなすUNetの仕組み

続いての構造UNetは巨大なニューラルネットワークで、ノイズデータにあるわずかな特徴と時間軸を頼りに余分なノイズを予測して取り除くことで特徴データ「潜在空間」を生成することができます。

UNetに使われている「拡散モデル」は特徴データ「潜在空間」にノイズを与えて時間軸に沿って拡散していくプロセスを学習しており、その逆として拡散状態のデータと時間の情報から付加されているノイズを推測して、それを取り除くことで特徴データを復元することができます。たとえばこちらは、元の画像(右下)にPhotoshopを使って25%ずつガウスノイズを加えた様子です。

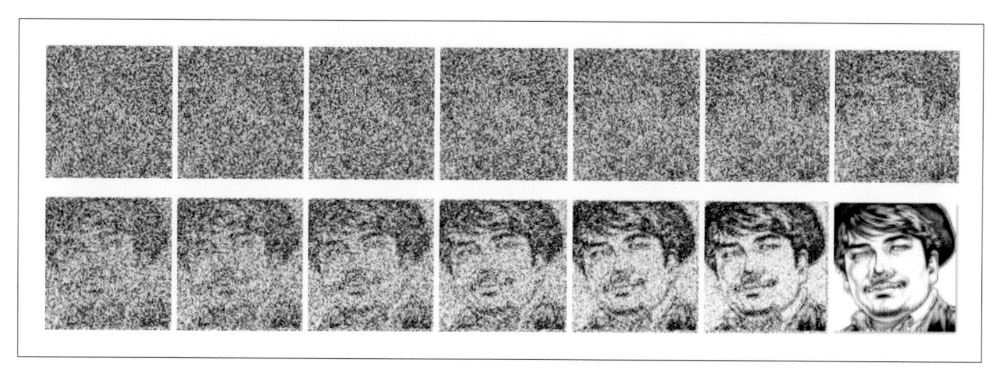

▲ 元の画像(右下)にPhotoshopを使って25%ずつガウスノイズを加えた様子。左上から右下への逆拡散を考える

右下の画像にノイズを加えていくと、最初のうちはうっすらと元の画像がみえますが、徐々に拡散してしまい、左上のように元の様子がまったく見分けられない状態になります。この拡散プロセスの時間進行は、人間にとって「なんとなく予想ができる」と思いませんか? UNetにはこの工程の「逆伝搬」を機械学習によって学ばせています。ガウスノイズは時間的に連続で理想的な拡散をするという現象を利用して、逆に図左上のノイズしかない状態(シード;seed)からスタートして「ガウスノイズを除去する学習」を適用し、ノイズを除去(デノイジング;denoising)していく過程にCLIPからの「条件付け」を行います。

この学習をもっと詳しく見ていくと、拡散前と拡散後を比較して学習するので、学習時点では拡散状態からの復元のタスクです。しかし、見方を変えると拡散状態からのデータ復元の訓練を十分に行ったニューラルネットワークは、入力として完全にランダムな拡散データと時間の情報が与えられたときに、そこから何らかの特徴を持ったデータを作ることができるとも考えられます。これが生成タスクと言われる理由です。

ただし、このままでは入力時のランダムなデータをもとに生成するだけになってしまうので、Stable DiffusionのUNetではノイズを予測して取り除いている途中で、CLIPで解析したテキスト指示を条件として与えます。このもととなったU-NETはCTなどの医療画像で領域を判定するネットワークです。Stable Diffusionで使われているUNetは内部に「ResBlock」というResidual(残留)と拡散モデルにおける時間を扱うブロックと、「AttnBlock」というCLIPからの条件をアテンションとするブロックで構成されています。CLIPはこの「AttnBlock」ブロックを使ってプロンプトに対して条件の埋め込みを行っています。これにより特徴のないランダムな拡散状態のデータから意図的にテキストで指示した特徴が含まれるデータを生成することができるのです。

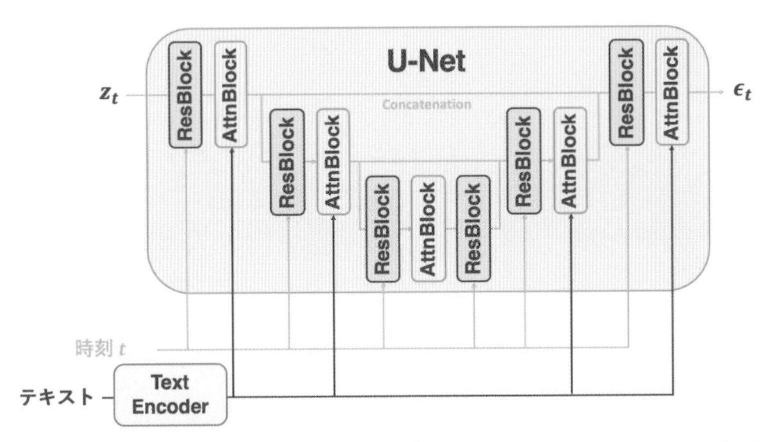

▲ 世界に衝撃を与えた画像生成 AI「Stable Diffusion」を徹底解説！（https://qiita.com/omiita/items/ecf8d60466c50ae8295b）より引用

画像に変換する VAE の仕組み

最後に UNet でシミュレートした特徴データ「潜在空間」を人が見て扱えるように画像データに変換して出力します。このタスクには VAE のデコーダーが使われます。

VAE のデコーダーを含む VAE は CLIP 同様オートエンコーダーに分類されます。その中でも VAE は画像から特徴データを抽出して、その特徴データを分析してもとの画像に戻すタスクで訓練されています。この後半半分のデコーダー部分だけを利用すると、特徴データ「潜在空間」から画像へと変換することができます。画像を入力し、エンコーダーで一度「潜在空間」へと解析され、それがデコーダーによって画像に戻るという、情報量の圧縮とも言える工程の右半分だけ取りだした状態が VAE のデコーダーです。

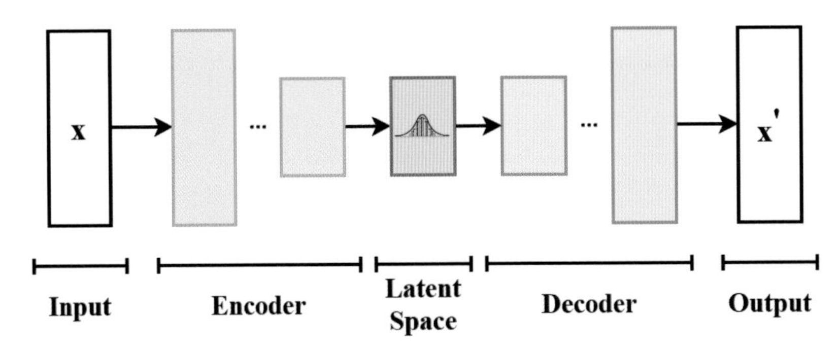

▲ Variational autoencoder（https://en.wikipedia.org/wiki/Variational_autoencoder）より引用

以上のそれぞれ別のタスクで事前学習を行った 3 つの構造を合わせると、圧縮された「潜在空間」を介して、入力テキストを解析してその特徴を埋め込んだ画像データを生成できる構造ができ上がります。ただしこのままでは、それぞれの構造を繋いでいる特徴データに統一性がないため、まだ人間が意図した画像を生成することはできません。

この構造に入力データを「画像を示す複数のテキスト（プロンプト）」、出力の教師データを「入力テキスト（プロンプト）が示す特徴を持った画像」のペアとして、大量のデータで繰り返し訓練させることで、人間の使う言語を解析し、そこから画像を作り出すというタスクをこなせるようにしたものがテキスト画像生成の基本設計です。なんとなく理解できたでしょうか。

これからのStable Diffusionの発展

実際のところ、2022年8月にオープンに公開されたStable Diffusionは世界中で大きな反響を生みました。本書ではここから先、Stable Diffusion 1.5（SD1.5）や、その後継であるStable Diffusion 2.1（SD2.1）、さらにその最先端モデルであり、光と影の空間表現に強いと言われる「Stable Diffusion XL」（SDXL）について中心的に扱っていきます。また、SDXLではVAEに加えてRefiner（リファイナー）という画質改善機構が追加され、さらにベースモデルに2つのテキストエンコーダ（OpenCLIP-ViT/G と CLIP-ViT/L）が組み込まれたことにより、より多様な「潜在空間」への埋め込みが可能になりました。これは実質的に同時に2つのプロンプトを使用することを意味します。このようにStable Diffusionはさらに進化していくことが予想されます。

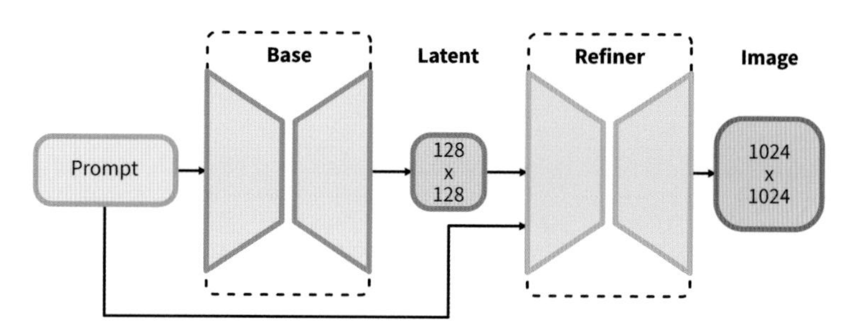

▲ stabilityai/stable-diffusion-xl-refiner-1.0（https://huggingface.co/stabilityai/stable-diffusion-xl-refiner-1.0）より引用

実際に、超高速な生成ができる「Stable Diffusion XL Turbo」や、U-Netを使わない「Stable Cascade」、動画が生成できる「Stable Video Diffusion」、さらに文字も高品質に生成できる「Stable Difusion 3.5」もオープンソースでリリースされてます。ここに至るまでの研究は「SDEdit」というガイド付き画像合成の研究がオープンに共有されたからこそ急速に普及発展していますし、世界中の研究者・開発者、例えば、OpenAIの「Sora」のような動画生成ができるモデルの開発者なども、これらのオープンなモデルを見てさらに進化や比較に組み込んでいます。私たちも新しい技術にただ驚いているばかりでは、おいていかれるだけになってしまいますね。ぜひ、その技術に触れてみるようにしましょう。

大変長くなりましたが、Chapter1ではテキスト画像生成を体験しながら、その背景にあるテクノロジーの長くて奥深い歴史と、本書が中心的に扱うStable Diffusionの内部について、できるだけシンプルな解説を行いました。これでStable Diffusionがどのような歴史から生まれ、どのように画像を生成しているのかが徐々に分かってきたはずです。続くChapter2では実際にここで紹介してきた3つの構造をクラウド環境やお手持ちのコンピュータ上に構築していきます。さらにこの本1冊を通じて技術の基本や仕組み、画像生成のテクニックを丁寧に学び「生成AI時代につくる人」になっていきましょう！

Chapter

2

環境構築をしてはじめよう

Stable Diffusion を自身の PC やタブレット、スマートフォンから操作ができるようにまずは基本的なプログラムのインストールと初期設定を行っていきます。クラウドコンピューティングにも挑戦しましょう。

Section
2-1

Stable Diffusion を使う環境を用意しよう

まずはこれから Stable Diffusion を使う環境を決めていきましょう。ツールを快適に使用するために自身の PC 環境や使用したいデバイスから最適な環境を絞り込んでいきましょう。

»» いざ AI による画像生成にチャレンジしよう

Chapter1 で説明したように Stable Diffusion が画像を生成するには高度な計算能力が必要です。現在、この役割は CPU (Central Processing Unit) や GPU (Graphics Processing Unit) と呼ばれる演算処理装置が担っています。特に高速な計算を得意とする GPU は AI の学習や推論によく使われています。

一般に現状の生成 AI と呼ばれる各モデルを利用するには高度な演算処理装置を準備する必要があります。満足に動かせる GPU を搭載した PC を購入しようとすると最低でも 20 万円以上はかかるとみてよいでしょう。一方で、Stable Diffusion も高性能な PC を持っている人しか使えないのかというと、必ずしもそうではありません。

これを解決してくれるのが、クラウドコンピューティングという技術です。インターネット通信を利用して外部の計算装置や記憶装置をまるで自分の PC のように扱うことができます。このサービスにより、本来必要な初期投資をほとんどなくすことができるうえ、今では月額数千円程度で利用することができます。

これらを利用することで、既に AI を動かせる環境が整っている方々に加えて、試しに使ってみたい方々や PC 以外のデバイスで使用したいというケースにも対応できるように、本書籍では Google Colaboratory (以下 Colab) というクラウドコンピューティングサービスを利用した画像生成環境の導入とサポートを準備しました。

本書では最後まで、現在の生成 AI のハードルである「コスト」と「数学とプログラミング知識」にできるだけ左右されないような内容にまとめています。ぜひ最後までハンズオンで取り組んで画像生成 AI について理解を深めて下さい。

自分に最適な導入環境を見つけ出そう

では実際に次の Section からすぐに環境構築作業ができるように、自身のニーズや状況に合わせた最適な環境を見つけてみましょう。以下の図に、自身の条件を当てはめながら進んでいくと、本書で提供する Stability Matrix 環境もしくは Google Colab 環境のどちらかにたどり着きます。また、Google Colab 環境は Google アカウントと少額の月額費用から利用できますので、迷ったらそちらを選択することをおすすめします。

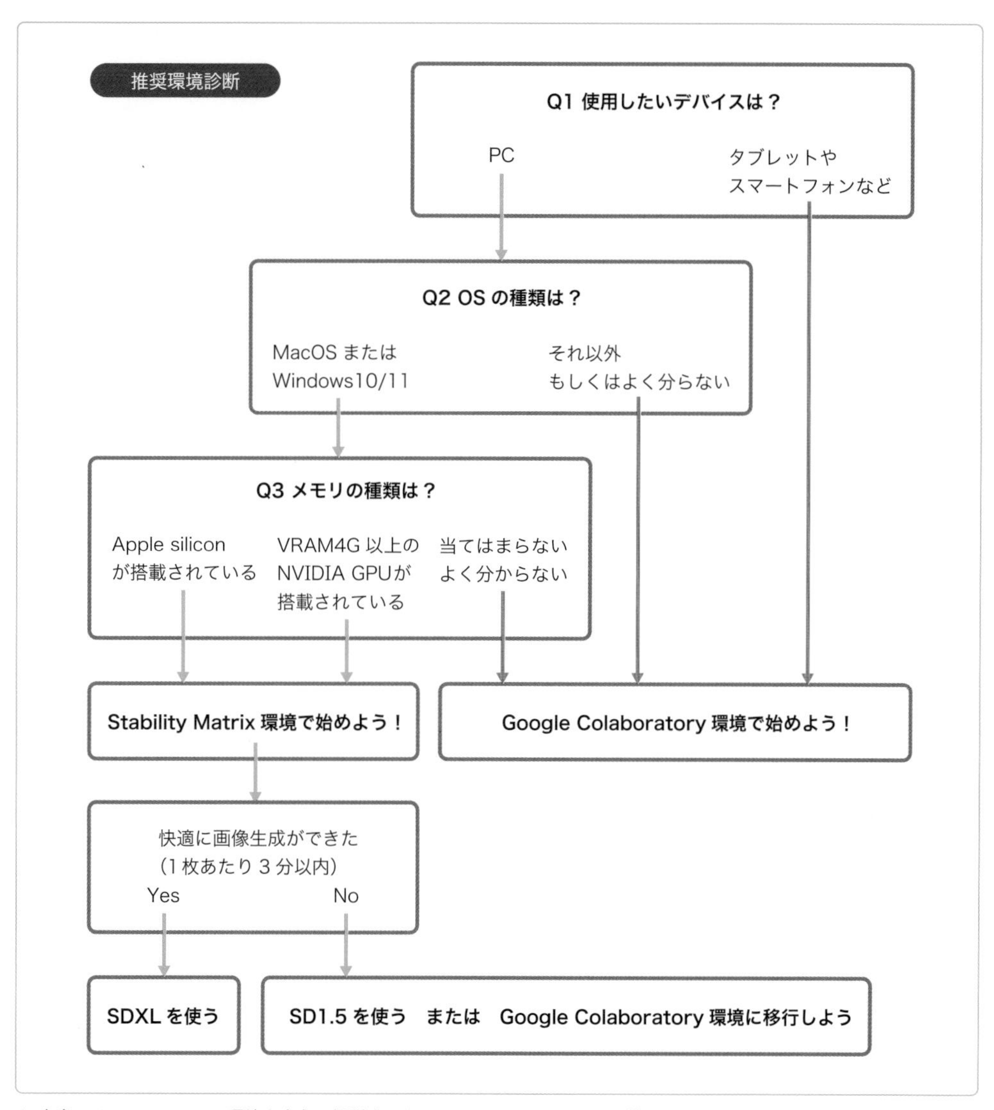

▲ 本書では Google Colab 環境を中心に解説するため、AUTOMATIC1111 以外の WebUI は扱いませんが、Stability Matrix 環境では Fooocus、Forge、ComfyUI などの異なる WebUI を選択することができます。その場合の使用方法は本書の解説とは異なります。共通の用語も多いため上図の環境での画像生成に慣れてきたら、それぞれの UI に触れてみて自分にとって最適な環境を選択することをおすすめします。

Section
2-2

Google Colab での環境構築

Google Colabratory を使って Stable Diffusion を利用する環境を構築する方法を解説します。パワフルな Python 環境を手軽に使える Colab の使い方も学んでいきましょう。

AUTOMATIC1111/stable-diffusion-webui とは

「AUTOMATIC1111/stable-diffusion-webui」（以下、「A1111」）は、世界中で幅広いユーザに使われている「Stable Diffusion」で画像生成するための WebUI（Web ブラウザで利用できるインターフェース）です。オープンソースで開発されており、誰でも無償で利用することができます。

GitHub - AUTOMATIC1111/stable-diffusion-webui
https://github.com/AUTOMATIC1111/stable-diffusion-webui

⟫ Google Colab の有料プランを契約する

Google Colab は正式名称「Google Colaboratory」という Google Research が提供するサービスで、Google Drive が使える Google アカウントがあれば基本無料で使えるサービスです。Colab では、誰でもブラウザ上で整備された Python 環境でプログラムを記述、実行できるため、機械学習、データ分析、教育での活用に特に適しています。自身の PC 環境が対応していない場合やより快適に画像生成を行いたい場合は、この環境を使って Stable Diffusion を利用しましょう。

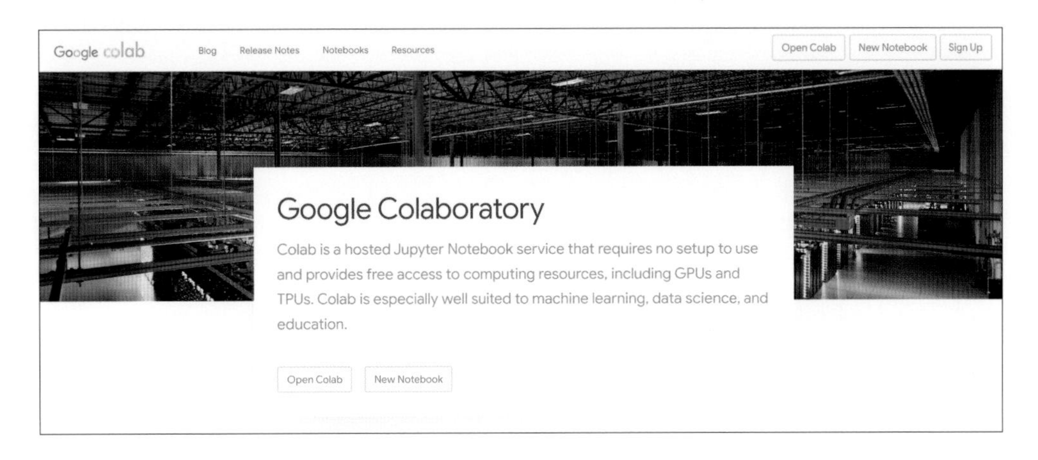

なお現在の Google Colab は無料アカウントに対する Stable Diffusion WebUI の実行を許可していないため有料プランである「Colab Pro」を利用してください。無料のライセンスと異なり、より強力な計算環境にアップグレードすることができます。また、1 ヶ月あたり 1,179 円（2024 年 3 月時点）で利用することができるため、AI モデルをテストしようと考えた際にいきなり高額な GPU 搭載 PC を買い求めるのではなく、まずはこちらで試してみることをおすすめします。

まずは画像生成を実行したい Google アカウントにログインします。実行するアカウントは職場や学校のアカウントではなく個人のアカウントを使用するようにしましょう。次にスムーズに操作を行うためあらかじめ有料プランの契約をしておきましょう。[Google Colaboratory] を検索して開きます。

Google Colaboratory / 最適な Colab のプランを選択する
https://colab.research.google.com/signup/pricing?hl=ja

自分に合ったプランを選択して、決算手段を登録したら契約完了です。

》》Google Colab で Stable Diffusion を実行する

続いて AICU の GitHub ページを開きます。

[Preview] ウインドウの [Open in Colab] ❶ というリンクをクリックしてコラボノートブックを開きます。

COLUMN 利用しているプログラムについて

今回利用するプログラムの原作は TheLastBen さんの「fast-stable-diffusion」になります。

GitHub - TheLastBen/fast-stable-diffusion
https://github.com/TheLastBen/fast-stable-diffusion

AICU 社はこの「fast-stable-diffusion」を AI 画像生成初心者に向けてよりわかりやすく改造しており、本書で紹介する Google Colab 環境の解説はこのプログラムを利用して進めます。フィードバックはこの GitHub の Issues か、X(Twitter)@AICUai までいただければ幸いです。

AICU 社の GitHub のページから Colab ノートブックページに移動したら、自分のドライブで作業するために、まず [ファイル] から [ドライブにコピー] します。右上の [新しいランタイムに接続する] ❷をクリックします。

クリックすると新たなランタイム接続がつくられ、[接続先] が表示されます。続いて [編集] → [ノートブックの設定] ❸をクリックして現在の設定を確認します。

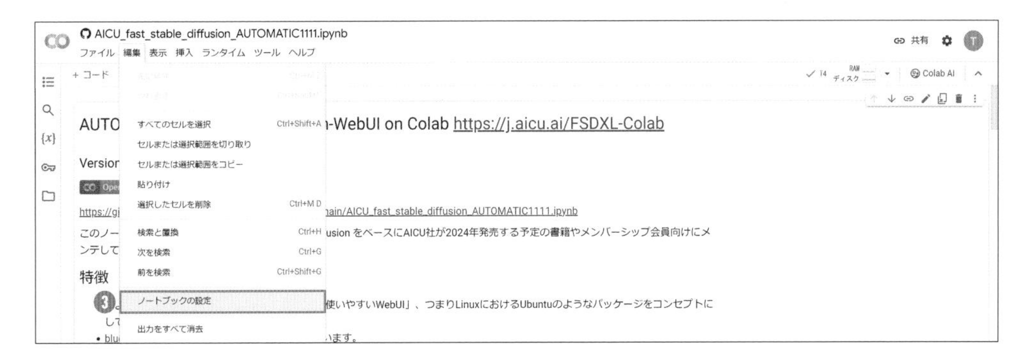

ここでは [ランタイムのタイプ : Python3] ❹、[ハードウェア アクセラレーター : T4 GPU] ❺を選択して [保存] をクリックします。これでノートブックを実行する設定は完了です。

▲ ここでは実行するノートブックの環境の設定を行っています。ここではテストとして使用するだけなので [T4 GPU] で十分です。

コードセルを実行する

次にノートブックを実行していきます。まずは環境を構築するためのデータをダウンロードしましょう。ノートブックを下にスクロールしていき、[Connect Google Drive] の▶ [セルを実行] ❻をクリックします。クリックすると「コードセル」と呼ばれる Google Colab 用の Python で記述された 1 まとまりのプログラムが実行されます。

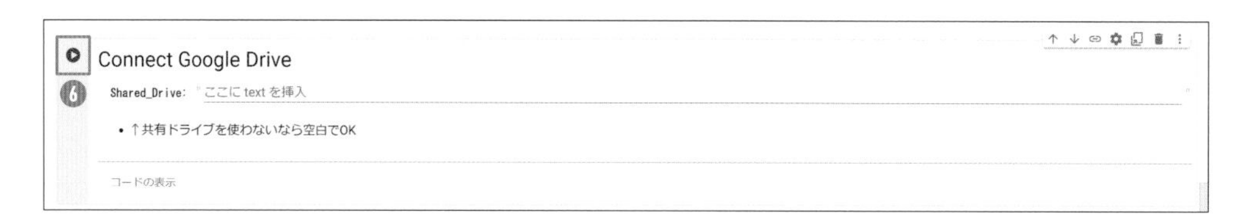

セルを実行するとまず、「このノートブックは Google が作成したものではありません」という警告が表示されます。この警告は今回のプログラムのように外部に保存されているノートブックを使用する際に表示されます。ここでは [このまま実行] ❼をクリックして先に進みます。

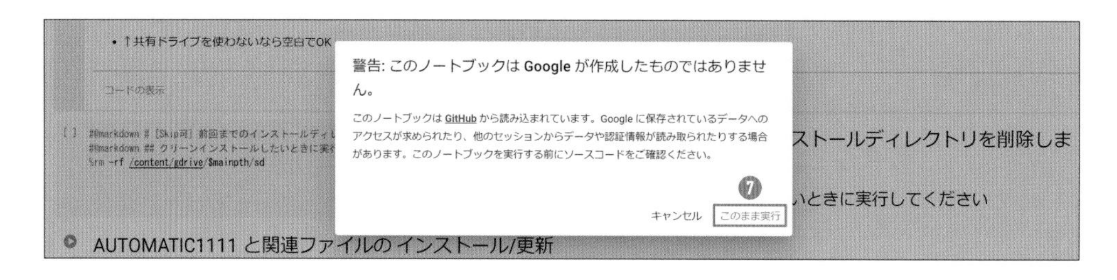

続いて、「このノートブックに Google ドライブのファイルへのアクセスを許可しますか？」という確認のメッセージが表示されます。[Google ドライブに接続] ❽ を選択し、更に新しいウインドウで [アカウントの選択] を行います。自分が画像生成の作業を行いたい Google アカウントを選択して接続許可しましょう。

コードセルを実行し正常に完了すると、▶アイコンの横にチェックマークと実行時間が表示されます。ここまでの設定が完了すると左側のフォルダの中に [gdrive] フォルダ ❾ が作成されます。

▲ この作業は生成した画像や消えてほしくないファイルを Google Drive に保存するために必要です。

また、[gdrive] 以外のフォルダはノートブックを動かしている状態での仮想状態ため、Google Colab セッション終了時に消えてしまうので注意しましょう。[gdrive] フォルダの存在を確認したら、続くコードセルも上から順番に実行していきます。終了したセルはアイコンが緑のチェックボックスに変化するので、それを確認してから次のコードセルを実行しましょう。もし何らかの理由でエラーが発生した場合はエラー内容が表示されるのでそれを確認して対応する必要があります。

COLUMN　Google Colab のエラーに対応しよう

Google Colab でコードセルを実行した際にエラーが発生すると、▶ [セルを実行] のボタンが赤く表示されて、同時にそのセルに表示されているコードの最後に赤い文字でエラーの内容が出力されるので、それをよく読んで対応してみましょう。

そのエラー内容を検索したり、自分で解決できない場合にコミュニティーで質問する際には、コピー&ペーストするだけでエラー内容を共有することができるので解決できる可能性がずっと高まります。

また、「普段と違うエラーが表示された」ときや「よくわからないが何かがおかしい」場合は、まずは一度ノートブックのランタイム接続を切って再び最初からコードセルの実行を進めることで解決することもあります。何度も試して同じエラーが出るようだったら、その内容が明確な原因と判断できるので、そこから対処するのでも遅くはありません。

このノートブックでは以下の順番でコードセルを実行し、環境を設定します。

①Google ドライブの接続（既に実行済み）

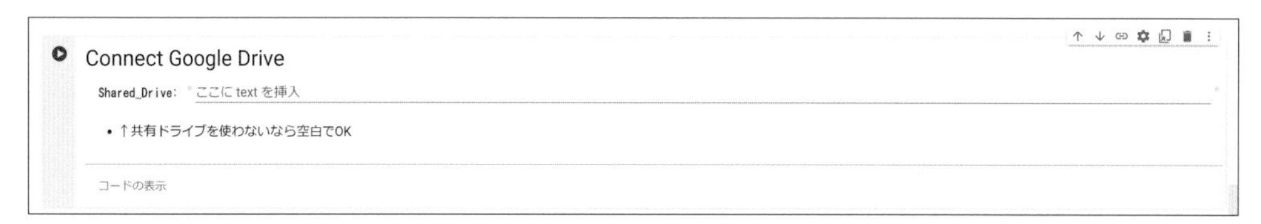

②AUTOMATIC1111/Stable Diffusion WebUI のインストール

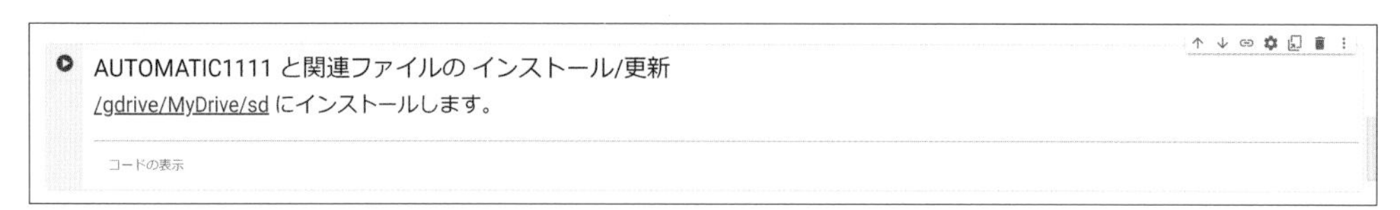

③必要な開発環境等のファイルのインストール

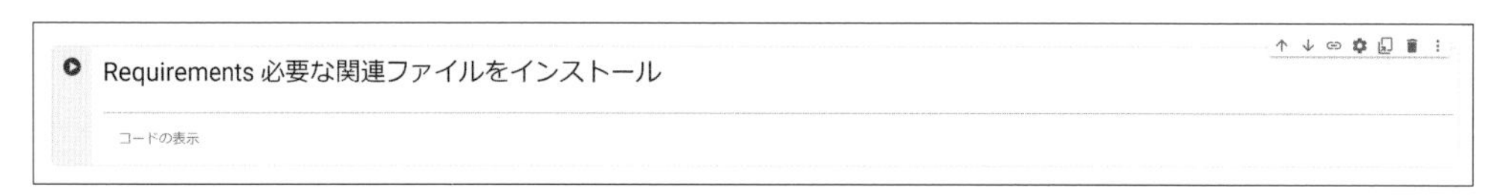

④モデル（画像生成 AI の核になる巨大なファイル）をダウンロード

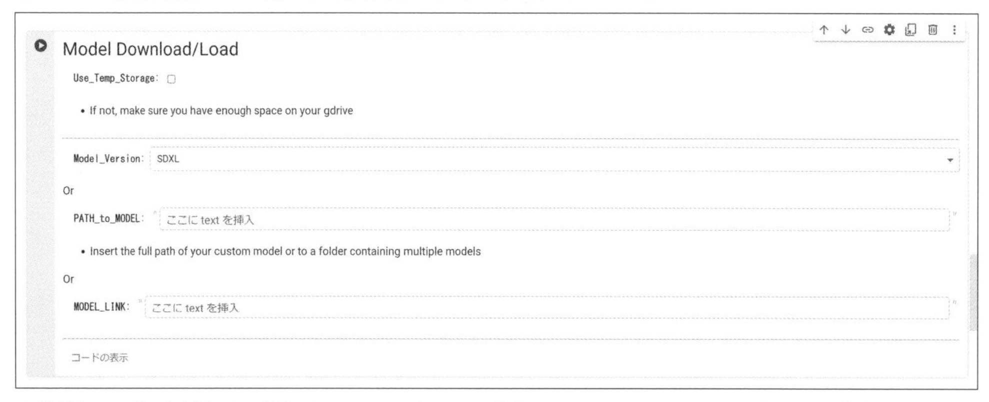

▲ 使用するモデルを変更したい場合は、このコードセルの３段目 [MODEL_LINK] のテキストボックスに使用したいモデルファイルのリンクを入力してからコードセルを実行します。これによりインターネット上に公開されているモデルを利用することができます。

ここまで問題なく進んだら [Start Stable-Diffusion] のセルを実行 ⑩ します。セルに [Running on public URL: https:// ●●●●● .gradio.live] ⑪ という URL が表示されたらクリックし、ブラウザの別タブで開きます。

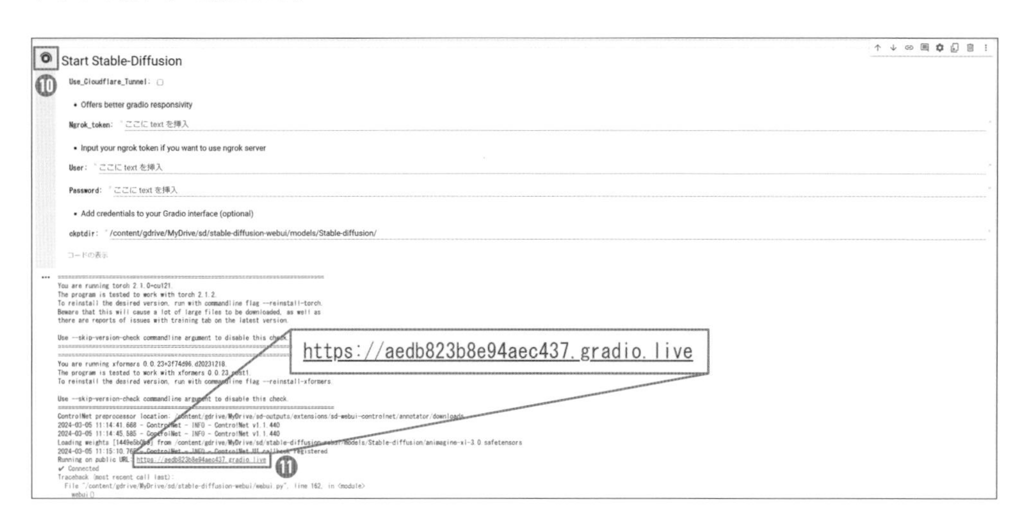

COLUMN　Google Colab の計算資源を有効に管理しよう

Google Colab をしばらく放置しておくとセッション（CPU や GPU の使用）は自動的に終了しますが、しばらく使わない場合はコードセルの実行を止めて、[ランタイム] → [ランタイムを接続解除して削除] を選択しましょう。これにより余計な計算機リソースを消費することを防ぐことができます。特に有料プランの Google Colab Pro を使っているときなどは有効なテクニックです。

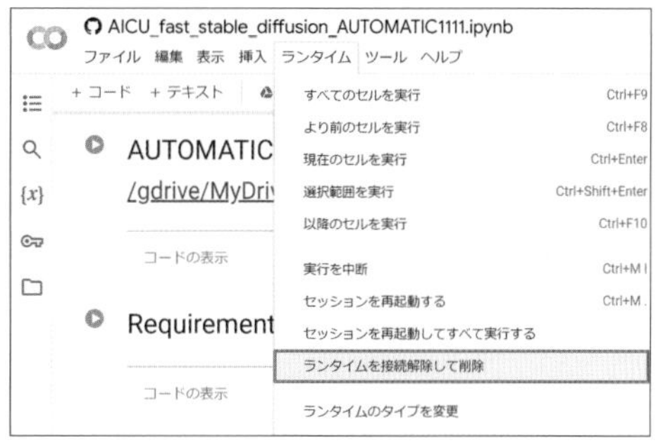

また、Colab Pro プランだと月間 100 コンピューティングユニットを定期購入して使用しているためコンピューティングユニット (CU) には限りがあります。例えば、T4 GPU の場合は 1 時間あたりおよそ 1.96CU 消費しますので、連続使用したり、複数のセッションを起動したままにすると 1 日で使い切ってしまいます。使用しない時はセッションを終了させましょう。セットアップした AUTOMATIC1111/Stable Diffusion WebUI のデータはそのまま Google Drive に残っています。今回の手段でいつでもダウンロードできるファイルが多く、30GB ほどあるので、ディスク容量節約のために削除して構いません。削除してよいファイルは [/content/gdrive/MyDrive/sd] つまり、Google Drive のマイドライブの直下にある [sd] というフォルダ以下になります。Google Drive 上で誤ったファイルを削除してしまっても 30 日間はゴミ箱から復元することができます。

このセクションの冒頭で示したWebUIの画面が表示されればGoogle Colabでの「AUTOMATIC1111/Stable Diffusion WebUI」の起動が完了です。プログラムがうまく動くか確認するために、[Generate] ⓬ボタンをクリックして画像を出力してみましょう。[生成プレビュー] ⓭に画像が表示されればプログラムは正常に動いているので導入は完了です。

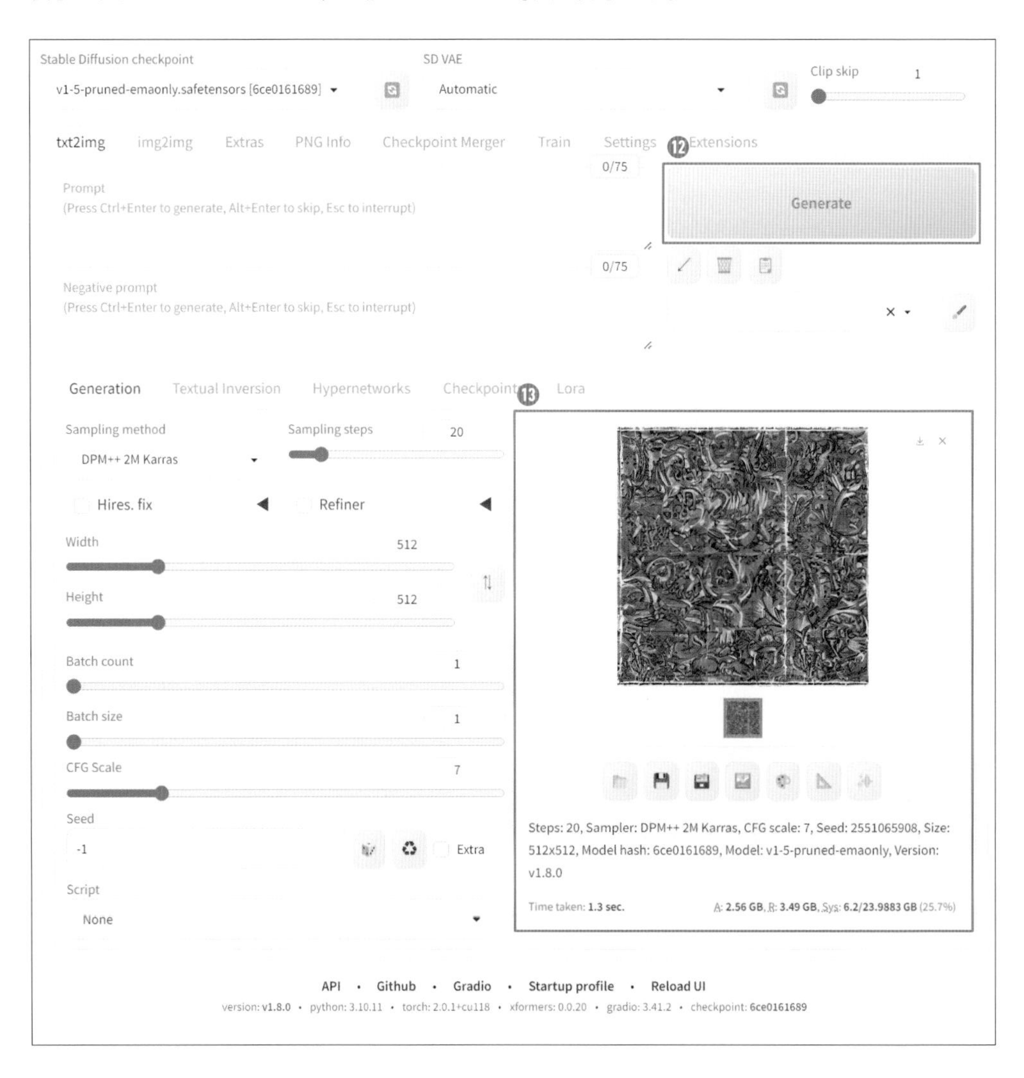

また、画像生成を行うとColabのコードセルや[生成プレビュー] ⓭には生成された画像とそのパラメーターが確認できるほか、発生したエラーの情報も表示されるため何かトラブルが発生した際には確認するようにしましょう。

Section 2-3

Stability Matrix をローカル環境で構築する

GPU 搭載の PC や Apple Silicon 世代の Mac に Stability Matrix と呼ばれるソフトウェアをダウンロードして画像生成ができる環境を構築していきます。

Stability Matrix とは

Stability Matrix とは、Automatic1111、Comfy UI など Stable Diffusion をベースとした多くのツールをサポートしているプラットフォームです。インストールが簡単で、Git や Python などの専門的な知識を必要とせずに画像生成を行う環境を設定することができるソフトウェアです。

Stability Matrix をインストールする

まずは GitHub から Stability Matrix のインストーラーをダウンロードします。

GitHub - LykosAI/StabilityMatrix:
Multi-Platform Package Manager for Stable Diffusion
https://github.com/LykosAI/StabilityMatrix

概要説明の下にあるダウンロードボタン❶から使用している OS を選択し、ダウンロードを開始します。

ダウンロードした Zip フォルダを展開し、[StabilityMatrix.exe] というファイルをダブルクリックします。インストーラーを起動すると Windows の場合は、画像のような警告が表示されます。[詳細情報] ❷を開き、内容を確認して [実行] ❸で次に進みましょう。

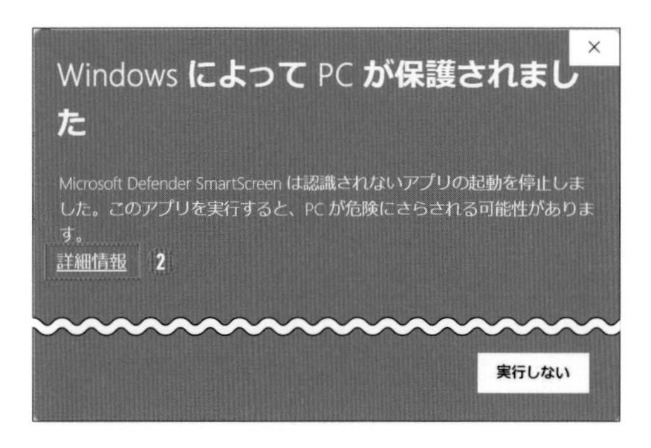

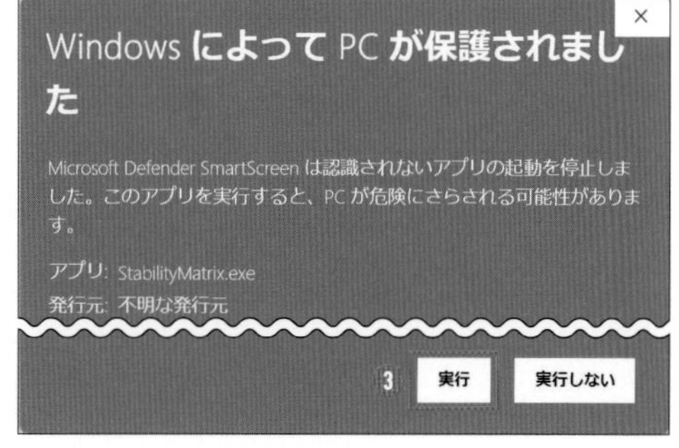

Stability Matrix が起動します。[次の約款を読み、同意します] ❹にチェックを入れて [続ける] ❺で次に進みます。

▲ [使用許諾契約書] をクリックすると使用許諾契約書を確認することができます。

Stability Matrix の設定を行う

次に Stability Matrix の初回設定を行います。まずは Stability Matrix で画像生成を行うために必要なファイルをどこに保存するかを設定します。[データフォルダ] ❶でフォルダを選択するか、[Portable モード] ❷にチェックを入れます。保存先が決まったら [続ける] ❸をクリックして次に進みます。これで Stability Matrix のラウンチャーインストールが完了しました。

▲ [Portable モード] を設定するとファイルが自動的に StabilityMatrix-win-x64（MacOS の場合は Applications）のフォルダ直下に作られます。Stability Matrix のデータを保存しておくフォルダはモデルのダウンロード時や生成した画像の確認時など、今後頻繁に開くことになります。後から分かりやすいように、Portable モードにしておくことをおすすめします。

AUTOMATIC1111 パッケージをインストールする

本書籍で解説する AUTOMATIC1111 パッケージをインストールします。ウィンドウのリストから、[Stable Diffusion WebUI By AUTOMATIC1111] ❶をクリックして選択します。ここでは Stability Matrix が対応している最新版がインストールされます。

続いて、[奨励 Model] が表示されます。ここには Civitai で人気のあるモデルが表示されています。ここでモデルを選択し [Download] をクリックするとそのデータもダウンロードされますが、一旦ここでは [閉じる] をクリックして先に進みます。インストールが始まるのでそのまま完了まで待機します。

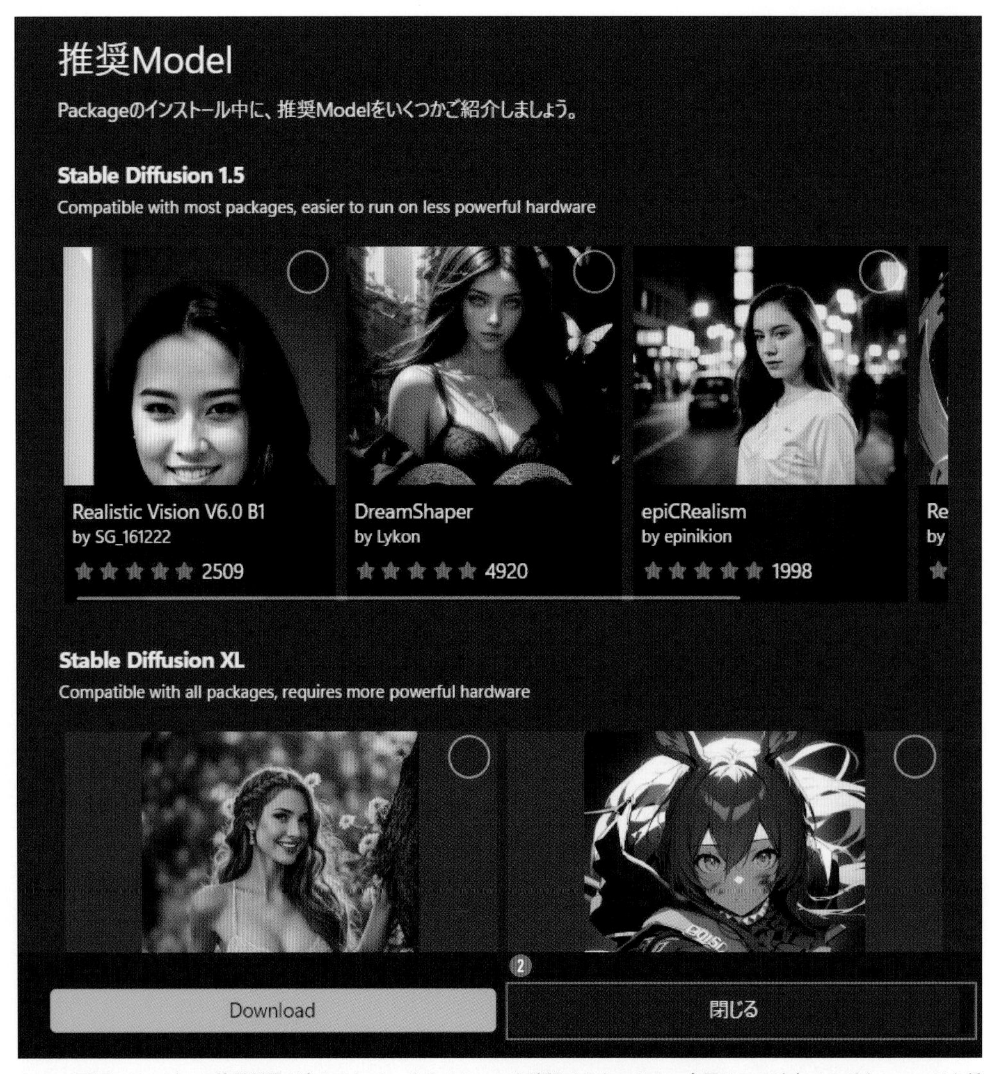

▲ この画面ではモデルの使用制限が定められているライセンスを確認できないため、今回はこの時点でのダウンロードを奨励しません。ライセンスの説明を含めたモデルのダウンロードについては p.67 から解説します。

インストールが完了すると [Packages] タブ画面に移動し、[Stable Diffusion WebUI（バージョン情報）] が表示されます。この画面ではこれから起動するパッケージを選択し、[Launch] ボタンをクリックして起動できます。

▲ 一旦ここでは起動せずに先に環境に合わせた設定を行いましょう。

自身の環境に合わせたオプションを設定する

Stable Diffusion は画像生成する際に非常に大きなメモリ容量を要求します。そのため通常の設定のままだとメモリ容量が不足し画像が生成できないことがあります。様々な方法で必要なメモリ容量を減らすためのオプションが開発されており、ここでは事前に 2 つの設定について確認しておきましょう。設定は自動で検出されチェックボックスで選択するだけなのですぐに利用することができます。

lowvram

処理のスピードを落とすことで低 VRAM 環境での動作を可能にするオプションです。

Command Line Arguments and Settings · AUTOMATIC1111/stable-diffusion-webui Wiki · GitHub
https://github.com/AUTOMATIC1111/stable-diffusion-webui/wiki/Command-Line-Arguments-and-Settings

xformers

NVIDIA GPU での処理を最適化するオプションです。デフォルトではオンになっているので、NVDIA GPU を使っていない場合はオフにする必要があります。

Xformers · AUTOMATIC1111/stable-diffusion-webui Wiki · GitHub
https://github.com/AUTOMATIC1111/stable-diffusion-webui/wiki/Xformers

[Packages] タブで [Stable Diffusion WebUI] ❶ の [Launch Options] ❷ をクリックして開きます。

[Launch Options] が開いたら、[VRAM] で [--lowvram] ❸にチェックを入れます。また、NVIDIA GPU を使用していない場合は [xformars] で [--xformars] ❹のチェックを外します。さらに [Extra Launch Arguments] ❺に [--enable-insecure-extension-access] と入力します。設定を変更した場合は、メニュー左下の [保存] ❻をクリックして、設定の変更を反映させます。これで設定が完了しました。

AUTOMATIC1111 を起動する

続いて AUTOMATIC1111 を起動します。[Launch] タブのプルダウンで [Stable Diffusion WebUI] が選択されていることを確認し、[Launch] ❶をクリックします。プログラムが起動し、初回起動の場合は必要なファイルが自動でダウンロードされます。

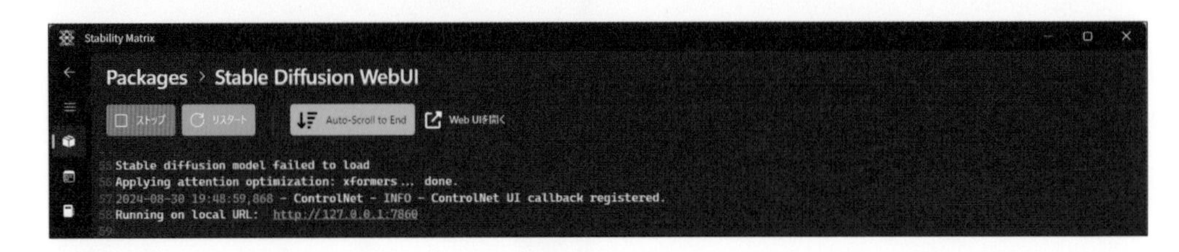

ファイルのダウンロードが全て終わると、自動でブラウザが起動し、AUTOMATIC1111 WebUIが立ち上がります。

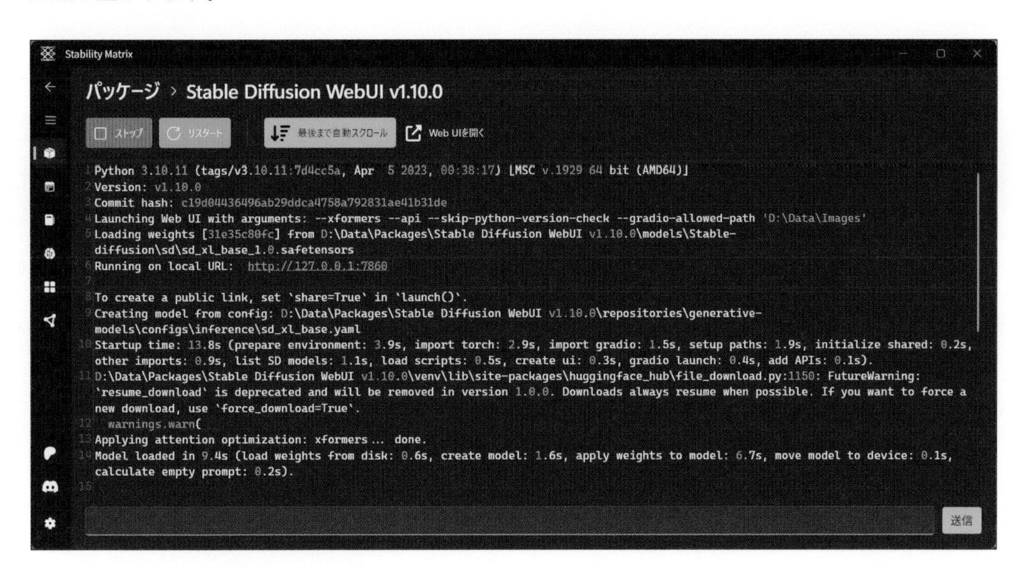

プログラムがうまく動くか確認するために、[Generate] ❸ボタンをクリックして画像を出力してみましょう。[生成プレビュー] ❹に画像が表示されればプログラムは正常に動いているので導入は完了です。

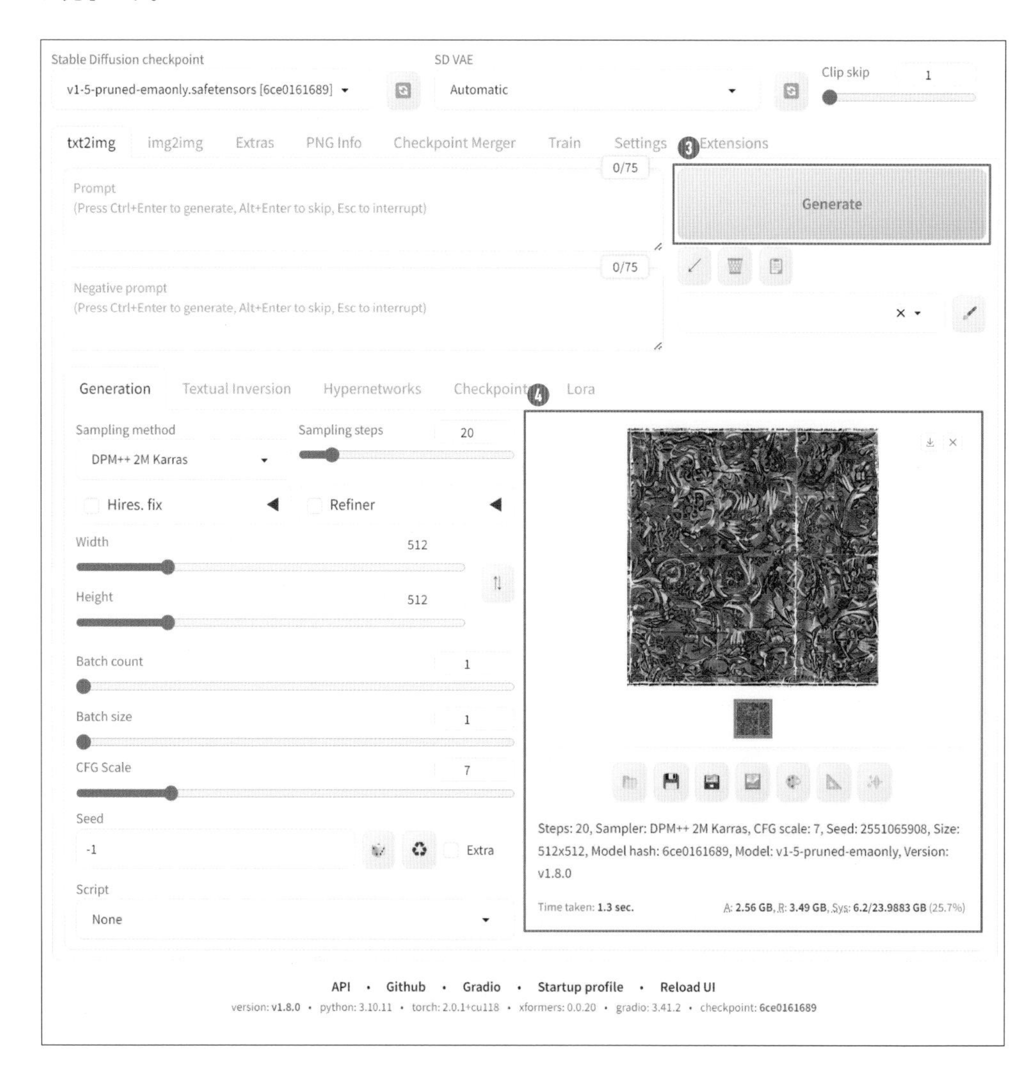

⟫ Stability Matrix のエラーを確認しよう

Stability Matrix でのエラーは英語とコマンドラインで表示されるので敬遠されがちですが、実際には自力で一から環境構築を進めるのに比べて理解しやすい形式になっています。インストール時のエラーについて、多くの場合は「もう一度試せばよい」ということも多いので、諦めずに繰り返しインストールと、エラーコードを翻訳や検索をしてみると理解に繋がって無駄な時間を過ごすことがないでしょう。

WebUI 起動後のエラーメッセージの多くは、Colab の時と同じく Gradio の Web インタフェースの右下に表示されています。

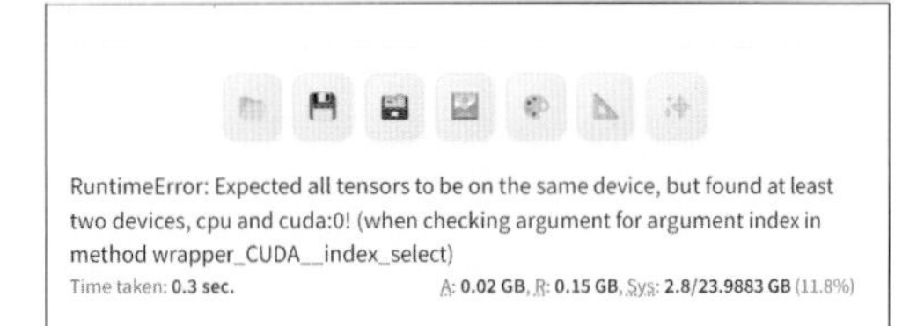

さらに細かなエラーメッセージは Stability Matrix の [Launch] タブにも表示されています。また、特にエラーが起きていなくても、WebUI では表示されない画像生成のプロセスや経過時間を確認できるので、表示する習慣をつけておくと良いでしょう。

```
Loading VAE weights specified in settings: D:\Data\Packages\stable-diffusion-
webui\models\VAE\diffusion_pytorch_model.fp16.safetensors
changing setting sd_vae to diffusion_pytorch_model.fp16.safetensors: RuntimeError
Traceback (most recent call last):
  File "D:\Data\Packages\stable-diffusion-webui\modules\options.py", line 165, in set
    option.onchange()
  File "D:\Data\Packages\stable-diffusion-webui\modules\call_queue.py", line 13, in f
    res = func(*args, **kwargs)
  File "D:\Data\Packages\stable-diffusion-webui\modules\initialize_util.py", line 175, in <lambda>
    shared.opts.onchange("sd_vae", wrap_queued_call(lambda: sd_vae.reload_vae_weights()), call=False)
  File "D:\Data\Packages\stable-diffusion-webui\modules\sd_vae.py", line 273, in reload_vae_weights
    load_vae(sd_model, vae_file, vae_source)
  File "D:\Data\Packages\stable-diffusion-webui\modules\sd_vae.py", line 212, in load_vae
    _load_vae_dict(model, vae_dict_1)
  File "D:\Data\Packages\stable-diffusion-webui\modules\sd_vae.py", line 239, in _load_vae_dict
    model.first_stage_model.load_state_dict(vae_dict_1)
  File "D:\Data\Packages\stable-diffusion-webui\venv\lib\site-packages\torch\nn\modules\module.py", line 2041, in
load_state_dict
    raise RuntimeError('Error(s) in loading state_dict for {}:\n\t{}'.format(
RuntimeError: Error(s) in loading state_dict for AutoencoderKLInferenceWrapper:
    Missing key(s) in state_dict: "encoder.down.0.block.0.norm1.weight", "encoder.down.0.block.0.norm1.bias",
```

Web UIを開く

COLUMN パッケージ選択ではエスケープしないように注意しよう

最初のパッケージ選択は慎重に操作することをおすすめします。何か間違えても必ずエラーメッセージ等は出ていますので、強制終了などはしないで丁寧にログは見ていきましょう。最初の [Packages] でパッケージ選択をしますが、インストール中にエスケープキーなどを押してしまって必要なパッケージの抜けが発生しないように気をつけましょう。もし抜けてしまった場合は「Packages」下部の「＋パッケージの追加」から追加できます。また、くれぐれも zip ファイルを展開してから exe ファイルを使用するようにして下さい。

Section 2-4

簡単な言葉で画像を生成する

このセクションでは、[1girl] というプロンプトを与えて画像を生成しながら、基本的なUI 画面のパラメーターと生成した画像の保存場所を確認しましょう。

AUTOMATIC1111 の画面を確認する

AUTOMATIC1111 Web UI が起動したら、まずは AUTOMATIC1111 の画面の基本的な役割を確認しておきましょう。

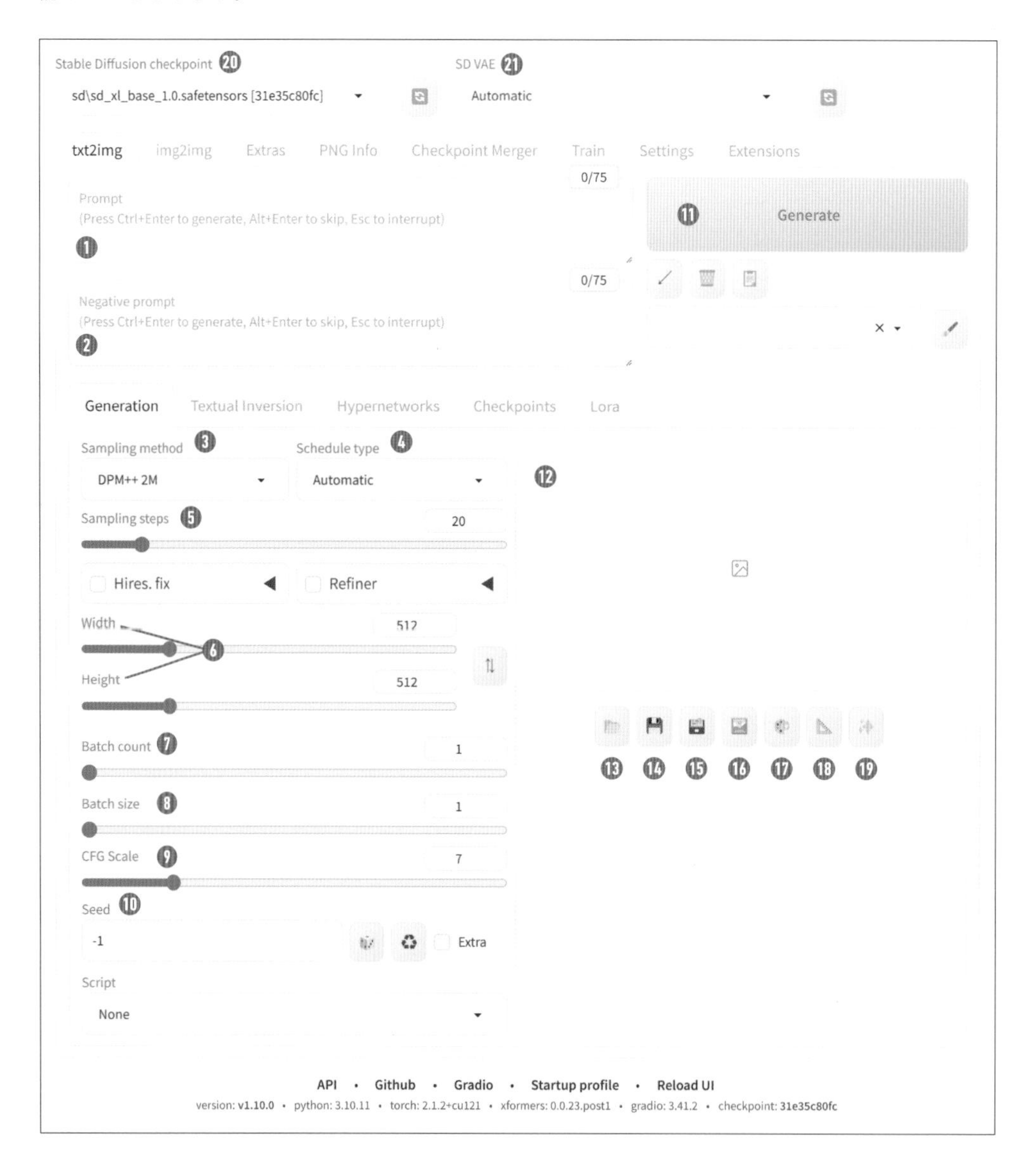

❶ Prompt (プロンプト)

生成したいもののプロンプトを入力します。(例：1girl) と入力します。

❷ Negative prompt（ネガティブプロンプト）

生成したくないもののプロンプトを入力します。（例：worst quality）と入力します。

❸ Sampling method

AIが推論を行うアルゴリズムを選択します。

❹ Schedule type

AIが推論を行いノイズを取り除くタイミングや量を調整する方法を設定します。

❺ Sampling steps

AIが推論を行う回数を設定します。

❻ Width, Height

生成する画像の縦横サイズを設定します。単位はpixです。

❼ Batch count

1度に生成する画像の枚数を設定します。最大100枚まで指定できます。

❽ Batch size

並行して生成する画像の枚数を指定します。クラウドGPUを利用するなど大容量のVRAMを使えるとき以外は基本的に1枚を指定します。

❾ CFG Scale

プロンプトとネガティブプロンプトが与える影響の強さを調整します。

❿ Seed

AIが推論を行うための初期値を設定します。[-1]はランダムな値を意味します。

⓫ Generate

クリックすると画像生成を開始します。右クリックするとオプションメニューを選ぶことができます。

⓬ 生成ビュアー

生成途中の様子が確認できます。画像生成が終了すると直前に生成した分の画像が確認できます。また使用した設定、プロンプト、エラーも表示されます。

⓭ Open images output directory

生成した画像の保存されているフォルダを開きます。colab環境の場合は使えません。

⓮ Save the image to a dedicated directory (log/images)

生成した画像を保存します。

⓯ Save zip archive with images to a dedicated directory (log/images)

生成した画像をまとめてZIP形式で保存します。

⓰ Send image and generation parameters to img2img tab

生成した画像をimg2imgタブに渡します。

⓱ Send image and generation parameters to img2img inpaint tab

生成した画像をimg2imgインペントタブに渡します。

⑱ Send image and generation parameters to extras tab
生成した画像を Extras タブに渡します。

⑲ Create an upscaled version of the Current image using hires fix setting
生成した画像を HiRes fix タブに渡します。

⑳ Stable Diffusion checkpoint
使用するモデルのリロードと選択を行います。

㉑ SD VAE
オプションで UI 上に表示することができます。使用する VAE のリロードと選択を行います。

基本的な画面の見方は以上の通りですが、思い通りの画像を生成するために今後のセクションで順に解説していきます。また、追加機能によってさらに細かい指定を行って画像生成を行うこともできます。

画像を生成してみる

まずはインストールしたプログラムで実際に画像が生成できるか試してみましょう。まず⑲で[sd_xl_base_1.0.safetensors] を選択します。⑪に入力するプロンプトとは AI に対する指示のことです。プロンプトはまず [1girl] にしましょう。①の欄に **Prompt** 1girl、②の欄に **Negative Prompt** worst quality と入力し、他の設定は変えずに⑩の [Generate] をクリックして画像を生成します。

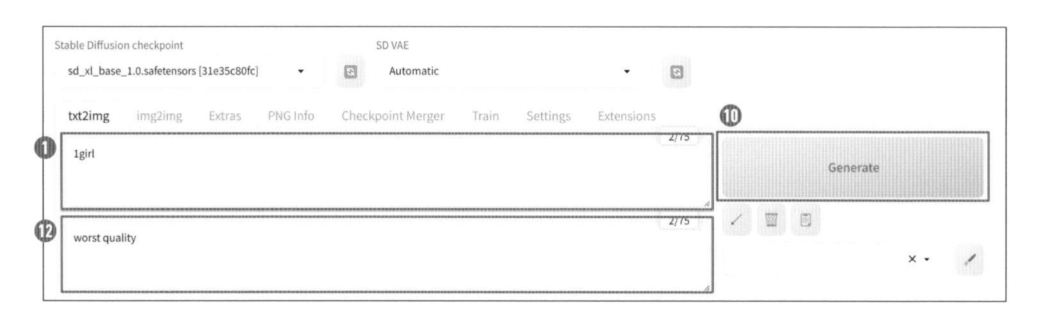

右下の生成ビュアー⑪に進行状況を表すバーが表示され、生成途中の様子を見ることができます。推論が環境すると生成された画像が表示されました。これがプロンプトを入力して生成する「text-to-image」(txt2img) と呼ばれる画像生成方法です。数回試してみましょう。

画像の保存場所を確認する

次に画像の保存方法を確認しましょう。生成された画像は、画像右上の⬇ダウンロードボタンでもダウンロードすることができますが、生成された画像は自動で全て保存されます。

Colab 環境の場合

生成された画像は全て、google ドライブ内 sd > stable-diffusion-webui > outputs に日付順で格納されています。

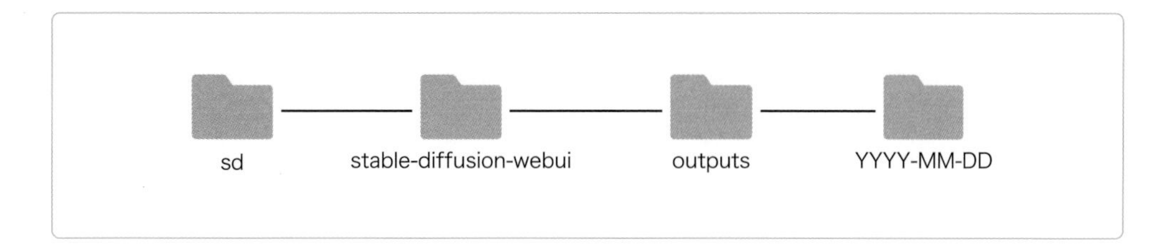

ローカル環境の場合

ローカル環境で使用している場合は、自身の PC のフォルダに自動で保存されていきます。をクリックすると StabilityMatrix-win-x64 (または Applications) > Data > Packages > stable-diffusion-webui > outputs のフォルダに、生成した画像が日付ごとに保存されていることが確認できます。

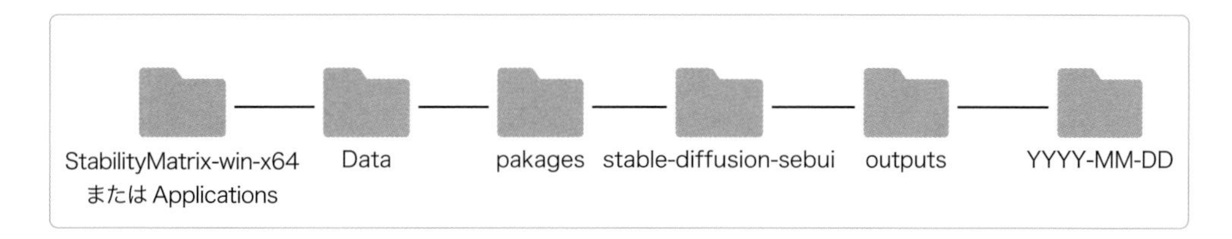

フォルダの自動分類

また、今回はプロンプトを入力して生成する「text-to-image」(txt2img) を実行しましたが、Section4 で解説する画像をもとに別の画像を生成する「image-to-image」(img2img) などを実行すると、outputs フォルダ内に新たに [img2img-images] などのフォルダが追加され、さらにその中に日付フォルダが格納されるようになります。これはどの環境でも共通です。

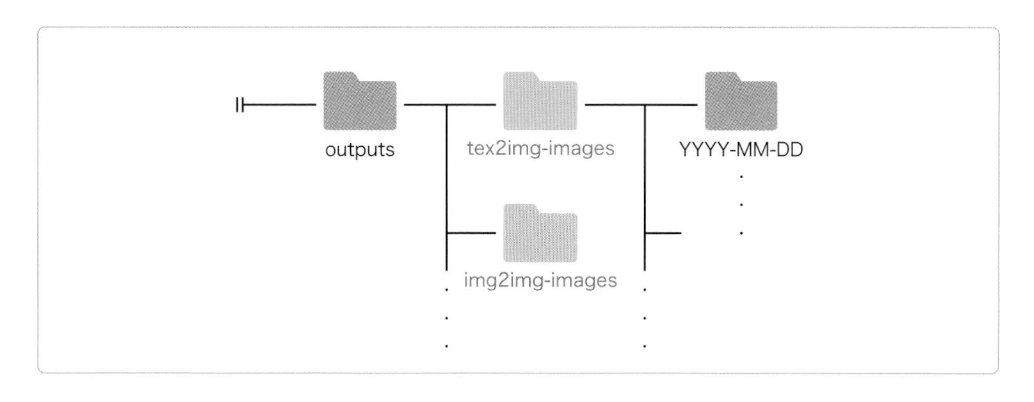

COLUMN 画像の保存場所を変更しよう

生成した画像の保存先はパスを指定することで自由に変更することができます。WebUI 画面の右上の [Settings] ❶ をクリックして表示します。[Saving images] → [Paths for saving] ❷ → [Output directory for images] ❸ に保存したいフォルダのパスを貼り付けて、[Apply settings] ❹ をクリックして設定を反映させます。特に Colab 環境を使っている場合は Google Drive 直下にフォルダを作成して、保存先として指定しておくと良いでしょう。

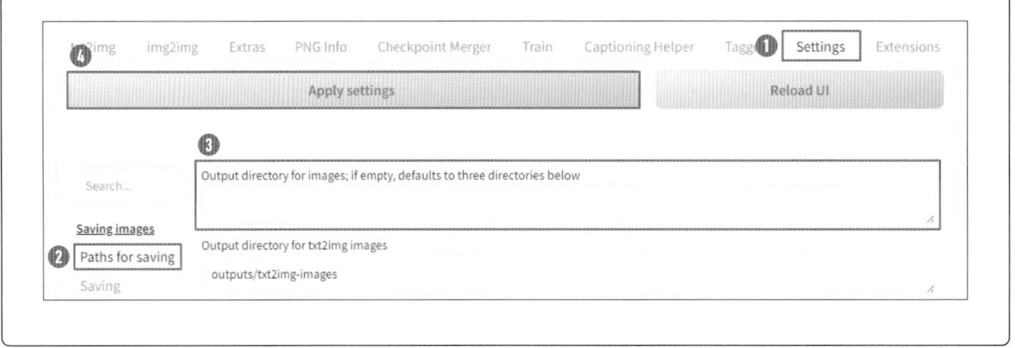

AUTOMATIC1111 を終了させる

ここまでで Stable Diffusion を使うための最低限の準備が整いました。ここからはより自分の思うとおりに画像を生成するために様々な設定や、プロンプトの構築を学んでいきます。ここでは、先に WebUI を終了させる方法を紹介しておきます。

Colab 環境の場合

Colab ノートブックの [Start Stable-Diffusion] の ▶ [セルを実行] ❶ をもう一度クリックして [実行を中断] させます。

一度ノートブックを閉じた場合は、再度使用する Google ドライブを指定するところからコードセルを順番に実行する必要があります。

ローカル環境の場合

Stability Matrix の [Launch] タブを開き [ストップ] ❷をクリックします。次回以降は [Launch] タブから使用するパッケージを選んで起動するだけです。完全に終了させる際は Stability Matrix のアプリケーションも終了させます。また、次回すぐに立ち上げられるようにアプリケーションのショートカットを作成しておくと良いでしょう。

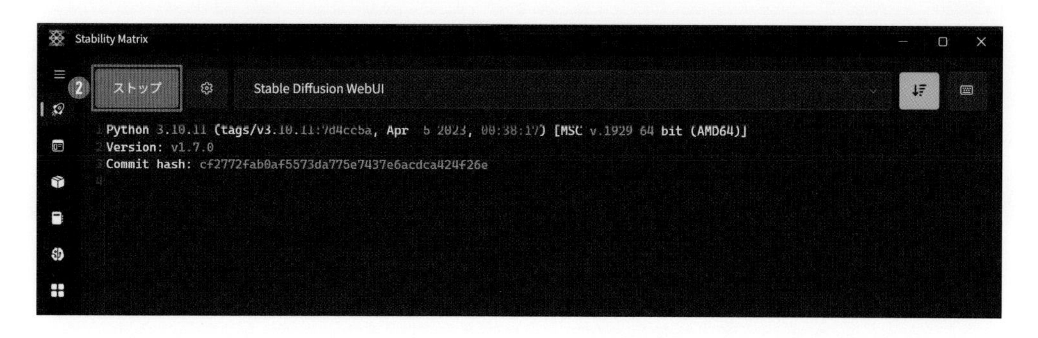

今後、何度か WebUI の再起動を行います。ここまでの準備と使い方の理解ができたら次のページへ進んでいきましょう。

COLUMN　コミュニティで質問してみる

ここまでで無事 WebU を立ち上げられたでしょうか。エラーが発生してしまった場合は、エラーコードを確認しつつ、他のユーザーも同様のトラブルに遭遇して既に解決している可能性があるのでコミュニティを確認してみましょう。オープンソースのプログラムの利点がここにあります。

本書のサポート用にこちらのリポジトリを公開しています。こちらの Issue は日本語でも構いません。

AICU Inc. GitHub リポジトリ
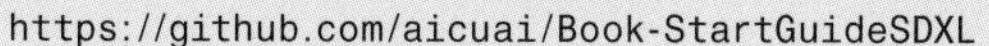
https://github.com/aicuai/Book-StartGuideSDXL

また、本書の購入者向けのサポート Discord チャンネルもあります。

AICU Inc.
https://j.aicu.ai/SBSDDC

コミュニティを活用する際の注意点としては、オープンソースの開発者は常に「みんな」のことを考えて動きます。個別の環境に関する問題を発見することはありがたいですが「自分の環境で動きません」だけではサポートは難しくなります。

有償無償に関わらず、質問する場合は自己紹介や、自分の環境に関する丁寧な説明を行いましょう。雑な質問の仕方は雑な扱いになり、コミュニティが荒れるだけでなく、初心者にとって優しくない環境を作り、ひいては自分自身にも不利益が生じてしまいます。これはどのような言語環境でも変わりません。これらの点に十分配慮した上で活用していきましょう。

Section
2-5

モデルをダウンロードする

このセクションでは、画像生成AIの脳そのものであるcheckpoint(チェックポイント)のダウンロード方法と使い方を解説します。

モデルとは何か?

「モデル」という言葉にはさまざまな意味がありますが、「Stable Diffusion」における「モデル」とは、世界中のネットから学習してきたありとあらゆる画像の特徴や美しい構図などの美学が保存されている機械学習モデルのことで、人工知能の知識、脳そのものといえます。もう少し具体的に分解すると、学習の過程で獲得した「重み」(weights)と「バイアス」(bias)という数字を保存して「.safetensors」という塊にした巨大なファイルになっています。

いわゆる「ベースモデル」と呼ばれるStable Diffusion 1.5 (SD1.5系)やStable Diffusion 2.1 (SD2.1系)、Stable Diffusion XL (SDXL)は、学習している範囲がとても広く、世界中の写真、画像や過去の巨匠の画風、レイアウトや美学といった画像と言語との関係を学習しているだけあって、数ギガバイトあります。また単純なプロンプトを入力するだけでは生成したい画像を出力するのが難しくなります。例えば「アニメ調の女の子」という単純な指示では、カートゥーン調のアニメや日本のアニメなど、様々なアニメの絵が出力される可能性があるためです。そのため、自分が生成したい画像を出力させるには非常に複雑なプロンプトや不確定要素を制御するための設定が必要です。

不確定要素を制御するための設定や手法は様々な方法がありますが、その1つとして追加学習(Finetuning)があります。追加学習を含む学習についてはChapter6で解説します。ここでは、より自分が生成したい画像に近い画像で学習されたモデルを探して使ってみましょう。

海外サイトのCivitaiやHuggingFaceで配布されているモデルには大きく分けて、SD1.5系とSDXL系のモデルがあります。SD1.5のほうが消費メモリも少なく、個性的なモデルやLoRAが多い印象ですが、それぞれのモデルに互換性はありません。本書ではより長く使える可能性があるSDXLを中心に解説していますが、SD1.5系を利用される場合は続くステップでもSD1.5系を使用してください。

またライセンスについても、モデル開発者だけではなく使用者が責任を負う可能性もあります。モデル開発者もモデルマージ(モデル自体を融合させて新たなモデルを作ること)を意識して、異なるライセンスで提供しているケースがあるため利用規約やモラルを守って利用しましょう。

モデルをダウンロードする

まずは一般的なモデルのダウンロード手順を解説します。今回は Stability AI 社が開発しているベースモデル「Stable Diffusion XL」通称「SDXL」をダウンロードします。

Hugging Face の SDXL ダウンロードページにアクセスします。Hugging Face は「機械学習の民主化」を目指しプラットフォームやコミュニティの場を提供している会社です。Stable Diffusion のモデルも無料でダウンロードすることができます。

stabilityai/stable-diffusion-xl-base-1.0
https://huggingface.co/stabilityai/stable-diffusion-xl-base-1.0

ライセンスを確認する

モデルを使用する前に、ライセンスを確認しましょう。配布されているモデルによって利用規約が異なるので、ダウンロードする際にしっかりと確認することが重要です。モデルの利用規約は、各モデルを配布しているページから確認できます。

SDXL のライセンス

LICENSE.md · stabilityai/stable-diffusion-xl-base-1.0 at main (huggingface.co)
https://huggingface.co/stabilityai/stable-diffusion-xl-base-1.0/blob/main/LICENSE.md

COLUMN　Stable Diffusion シリーズとは

SDXL は世界に爆発的な影響を与えた Stability AI が開発する「Stable Diffusion」の高品質化モデルです。SDXL は従来の SD よりも、より立体的な空間や光や影といった描写表現に優れている一方で、より大きな VRAM（GPU の搭載メモリ）が必要になります。SDXL はデスクトップ用の GPU で 12GB 以上搭載したプロ演算用 GPU なら問題なく動作しますが、ゲーミングノート PC 等の 8GB 以下の VRAM で扱いが難しい面もあります。Google Colab の提供する GPU では問題なく動作しますので、実際に道具として比較して試していきながら確認していきましょう。
さらに高速になった「SDXL Turbo」、「Stable Cascade」、日本語で利用できる「JSDXL」、文字が描ける「Stable Diffusion 3」などもリリースされていますが、本書ではメジャーモデルとして SD1.5、SD2.1 のモデルでも同様に利用できるように執筆しています。自身の環境に合わせてモデルを選択してください。

ページ上部のメニューから [Files and versions] ❶をクリックして開きます。下から 3 番目の [sd_xl_base_1.0.safetensors] のファイル名の横にあるダウンロードボタン❷を押してモデルをダウンロードします。

ここから先のモデルを配置する操作は Colab とローカル環境で操作が異なります。

Colab 環境でのモデルの配置方法

ダウンロードしたモデルを、ブラウザで google ドライブを開き sd > stable-diffusion-webui > models > Stable-diffusion のフォルダにアップロードします。

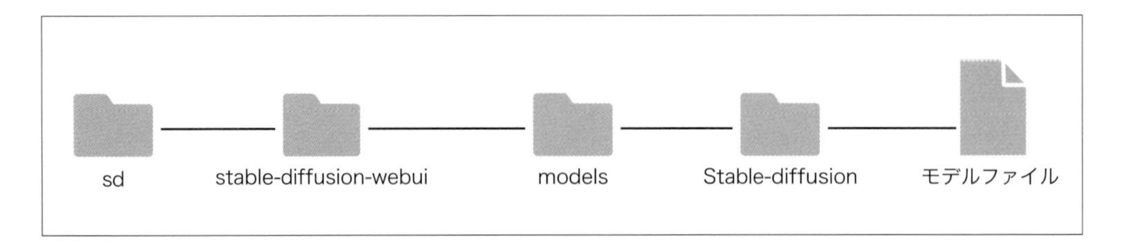

ローカル環境でのモデルの配置方法

「Stability Matrix」でインストールしたローカル環境の場合、ダウンロードが完了したら、ダウンロードしたモデルファイルを StabilityMatrix-win-x64 (または Applications) >Data>Models>StableDiffusion の中に移動します。

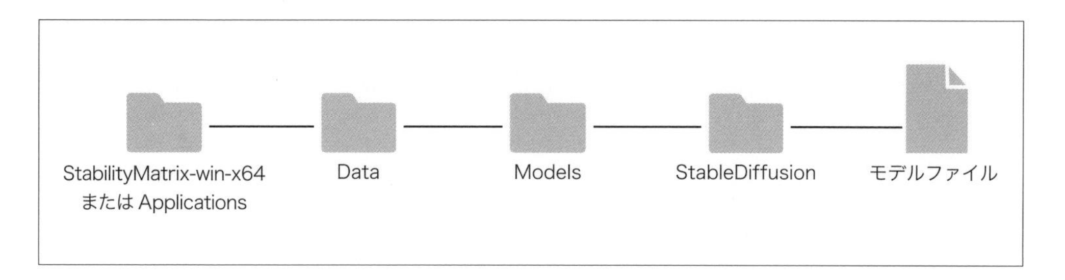

また、フォルダ内に [Put Stable Diffusion checkpoints here.txt] というファイルがあることを確認しましょう。[Put ○○ here] という名前のテキストファイルは追加でダウンロードしたファイルを保存するときの目印になります。今後も新しいファイルをダウンロードすることがあるので、心配になったときはこの目印となるファイルがあるか確認するようにしましょう。

Civitai からモデルをダウンロードする

先ほどは Hugging Face からモデルをダウンロードしましたが、もう 1 つ有名な「Civitai」(シヴィタイ、シヴィットエーアイ) というモデルをダウンロードできるサイトからダウンロードする方法を解説します。Civitai はユーザーが Stable Diffusion 用の自作のモデルを共有、ダウンロードすることができるウェブプラットフォームです。

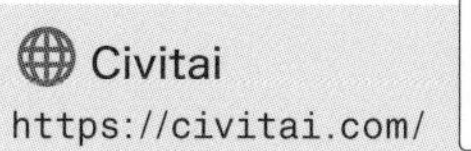

ブラウザで Civitai を開き、上部メニューの左から 2 番目の [Models] ❶ を選択すると、ダウンロード可能なモデルが表示されます。

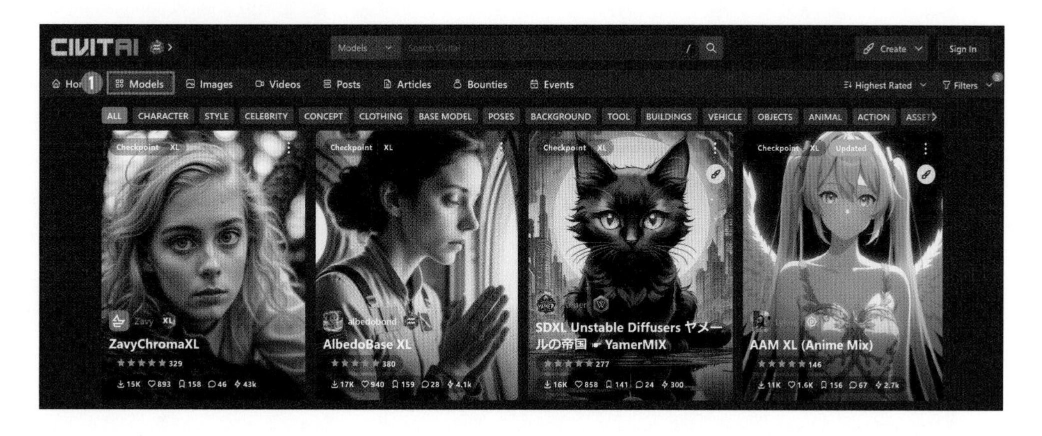

試しに「blue_pencil-XL」をダウンロードしてみましょう。このモデルは SDXL 1.0 をベースに作られており、高クオリティなアニメ調のイラストの生成が可能です。

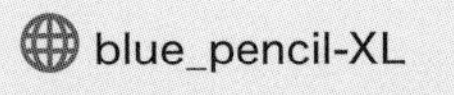

https://civitai.com/models/119012/bluepencil-xl

まずは Civitai の最上部にある検索バーに [blue_pencil-XL] ❷と入力しましょう。するとモデルの候補が表示されるので、目的のモデル❸をクリックします。

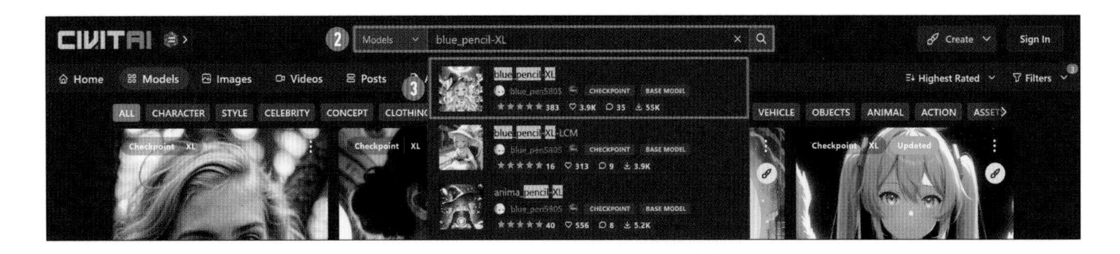

各モデルのページが開きます。この画面では、モデルの詳細を確認することができます。

Civitai の画面表示

❶ **モデル名**

❷ **モデルのバージョン**

ダウンロードしたいバージョンを選択することができます。

❸ **モデルカード**

このモデルで生成した画像のサンプルです。

❹ **ダウンロードボタン**

クリックするとダウンロードが開始されます。

❺ **モデル情報**

モデルの公開開始日や、ベースモデル、公開者等の詳細が確認できます。

❻ **追加情報**

モデルを使用するうえでの推奨環境やプロンプト構築などモデル公開者によって提供されている情報が確認できます。

❼ **ライセンス情報**

このモデルを使用する上で守る必要のあるルール(ライセンス)を確認できます。

Civitai のモデルのページでは、一般的なライセンスに加えて特別な制限がある場合は、モデルのメニューの右下に、それを示すアイコン表記❶があります。クリックすると、そのモデルで許可されている内容が確認できます。

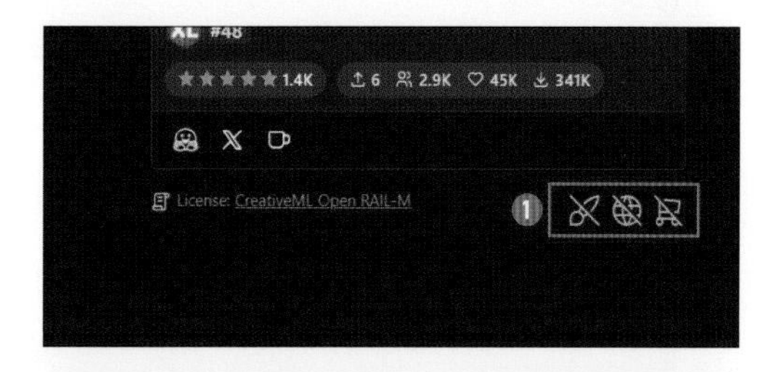

例えば画像のようなライセンス表記では、商用利用可、クレジット記載の必要無し、マージモデルの販売禁止などが示されています。このように使用できる範囲を必ず確認してその規約を守る必要があります。

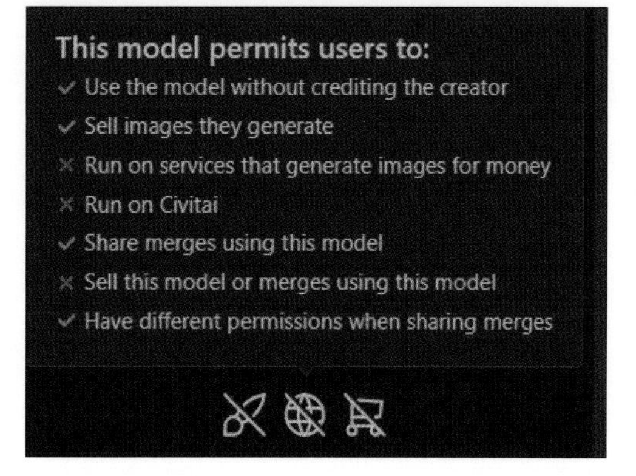

使用可能な条件を確認したら、ダウンロードボタンを押してダウンロードしましょう。後は Hugging Face からのダウンロードの場合と同様にモデルファイルを移動します。

モデルブラウザを使ってみよう

Stability Matrix 2.7.6 以降では [Model Browser] タブが追加され、Civitai や Hugging Face で配布されているモデルを検索してダウンロードすることができます。ここでは試しにこの方法でSDXL のモデルをダウンロードしてみます。

[Model Browser] タブ ❶ をクリックして開き、上部で [Hugging Face] ❷ のタブを選び、[Base Models] から [Stable Diffusion XL (Base)] と [Stable Diffusion XL (Refiner)] を選択して [インポート] ❸をクリックするだけでダウンロードが開始されます。

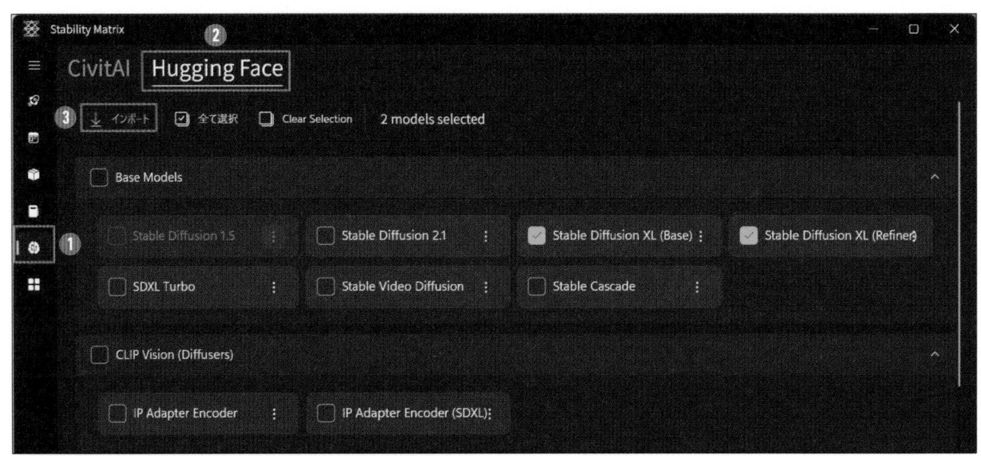

▲ [Hugging Face] タブではベースモデルなどをまとめてダウンロードできます。

また、[ControlNet] ❹ では Chapter5 で扱う ControlNet のプリプロセッサのモデルもダウンロードすることができます。必要なときはここからダウンロードするのも良いでしょう。

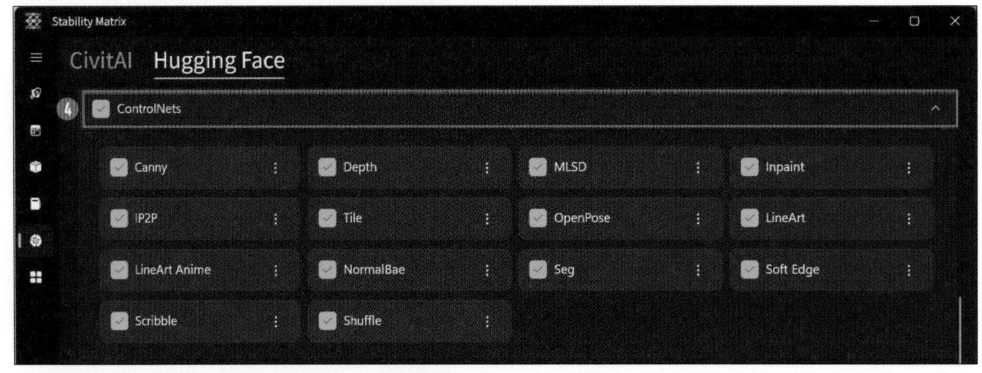

▲ カテゴリごとにまとめて選択できるため、一括で簡単にダウンロードできます。

さらに、上部の [CivitAI] ❺タブをクリックして切り替えると、こちらはモデルの検索とダウンロードを行うことができます。絞り込み機能❻も使えるので、自分の目的にあったモデルを簡単に見つけることができます。ダウンロードするときはそのモデルをクリックします。

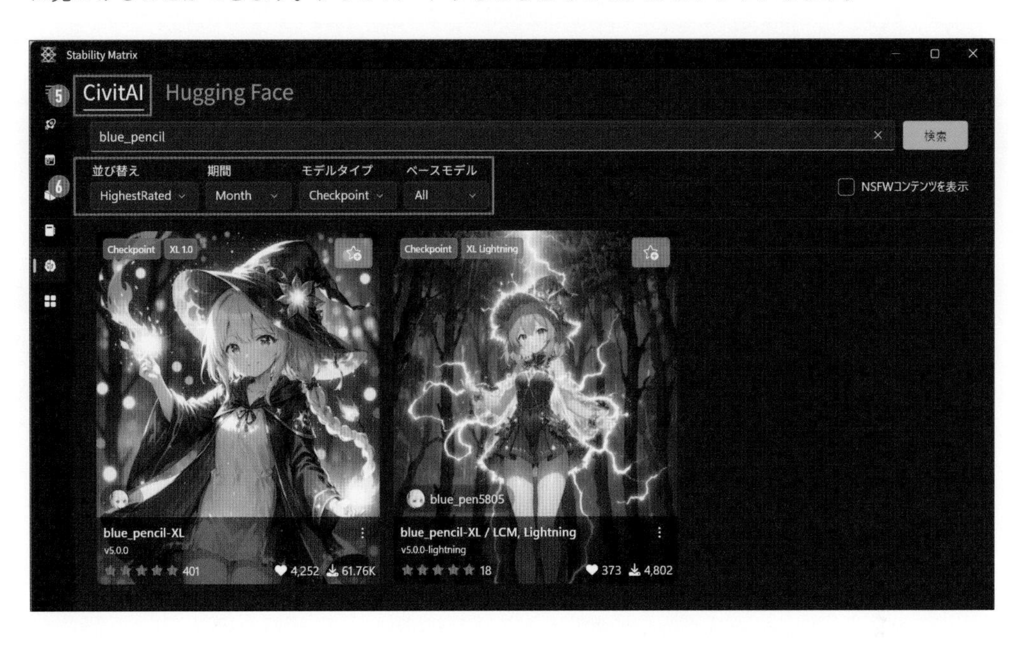

使用するモデルを選択する

WebUI を再起動し、ダウンロードして配置したモデルが使えるか確かめてみましょう。WebUI 左上の [Stable Diffusion checkpoint] ❶というプルダウンメニューでモデルの切り替えを行うことができます。プルダウンメニューを開きダウンロードしたモデル名❷をクリックすると、選択したモデルが読み込まれます。

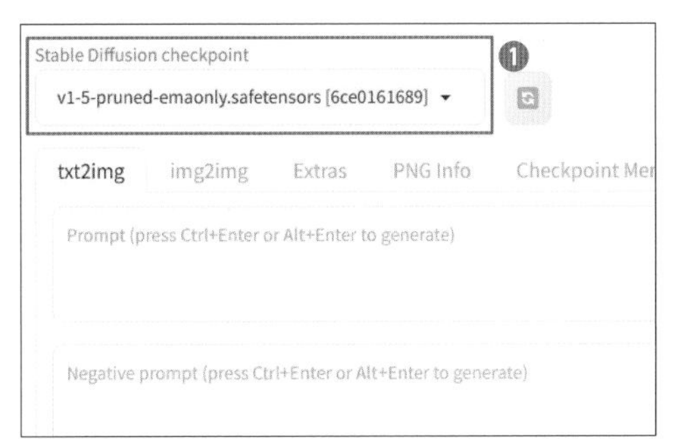

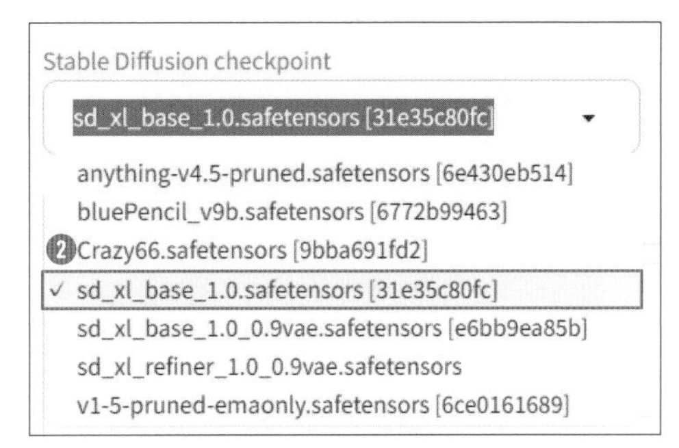

▲ モデルのサイズが大きいと読み込みに時間がかかることもありますが、他の作業はしないで待ちましょう。

問題なく利用できるか画像を生成して確認してみましょう。これで自由にモデルの変更ができるようになりました。ここで紹介したモデルを使用しても良いですし、このまま自分で使用したいモデルを探してから先に進んでも良いでしょう。

Section
2-6

VAEをダウンロードする

環境構築の最後にVAEのダウンロードと、初期設定を行います。SDXLモデルを利用する場合はあまり影響がないかもしれませんがVAEもモデルに合わせて切り替えて使います。

VAEで画像の品質を向上させる（SD1.5）

ここまでStable Diffusionでの画像生成ができる環境と必要なモデルデータをセットアップしてきました。最後に推論結果を画像として出力する役割を持つVAEについても使用する準備を整えておきましょう。

ここまでで既に何度か画像生成をしていますが、実はデフォルトのVAEは既に最初のセットアップ時に導入されています。また、モデルによってはVAEが焼き込まれて一体となったモデルも存在します。そのため特に意識しなくても画像生成を行うことができてしまいます。

一方でSD1.5モデルでは使用が奨励されるVAEがモデルによって異なることが多く、それぞれのモデルに合わせたVAEを理解して使用することで、よりきれいな画像を生成することができます。ここでは、SD1.5モデルの[bluePencile_v10.safetensors]とVAEの1つである[ClearVAE]をダウンロードして使用していきます。

まずCivitaiから、モデルとVAEをダウンロードします。

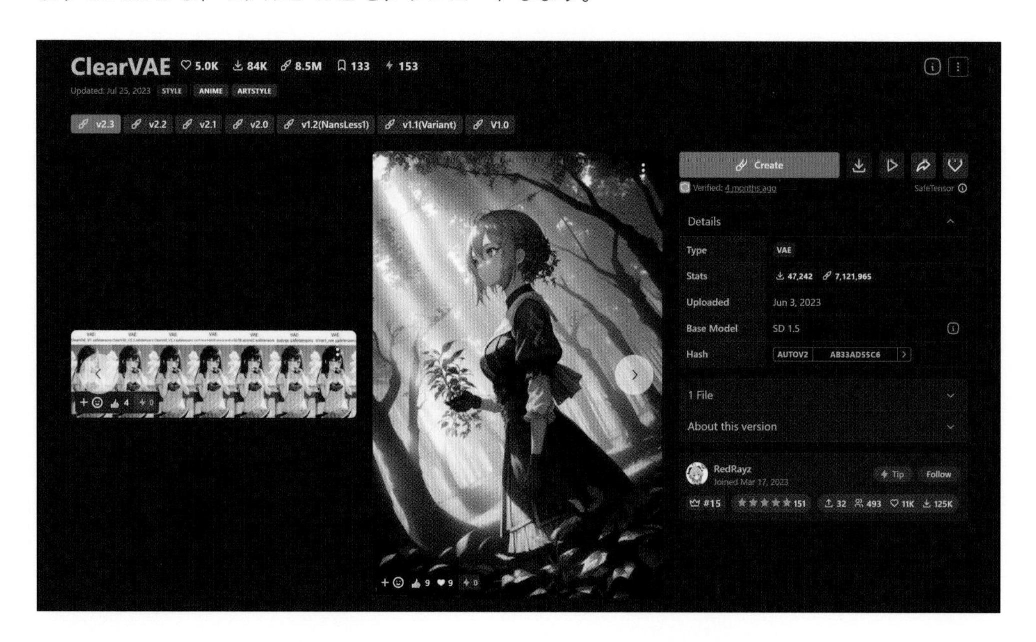

blue_pencil – v10 |Stable Diffusion checkpoint Civitai
https://civitai.com/models/79083/bluepencil

ClearVAE - v2.3 | Stable Diffusion VAE | Civitai
https://civitai.com/models/22354/clearvae

Colab 環境の場合

Google ドライブを開いて sd > stable-diffusion-webui > models > VAE のフォルダに保存します。

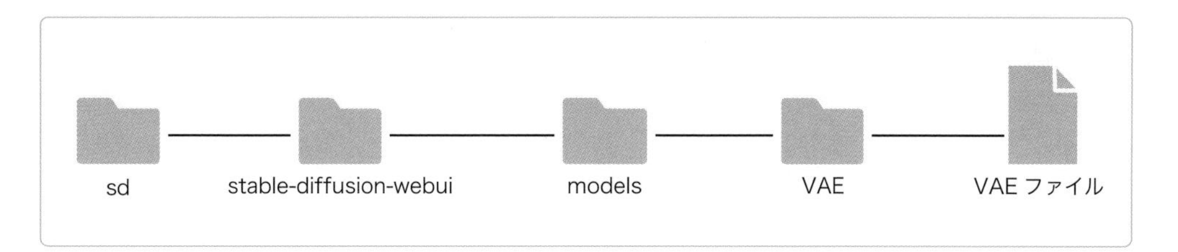

ローカル環境の場合

StabilityMatrix-win-x64（または Applications）> Data > Packages > stable-diffusion-webui > models > VAE のフォルダに保存します。

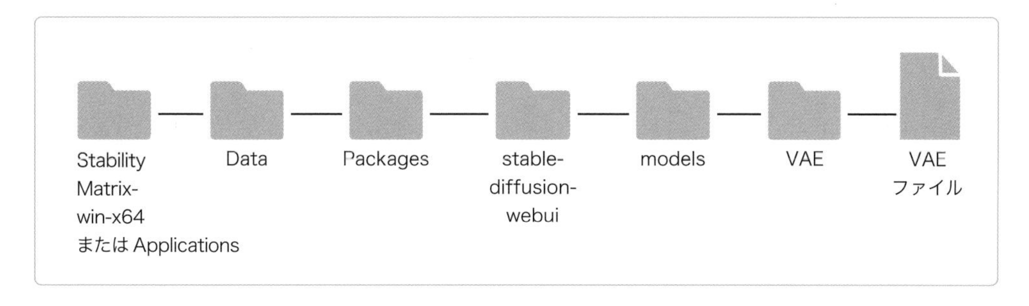

使用する VAE を変更する

ファイルが移動できたら、ダウンロードした VAE を適用させます。VAE は使用するモデルに合わせて変更する必要があるので、UI 画面上部にプルダウンメニューを表示する設定をしておきましょう。

WebUI の [Setting] タブ ❶ をクリックして、画面左のメニューから [User interface] → [User interface] ❷ を選択します。

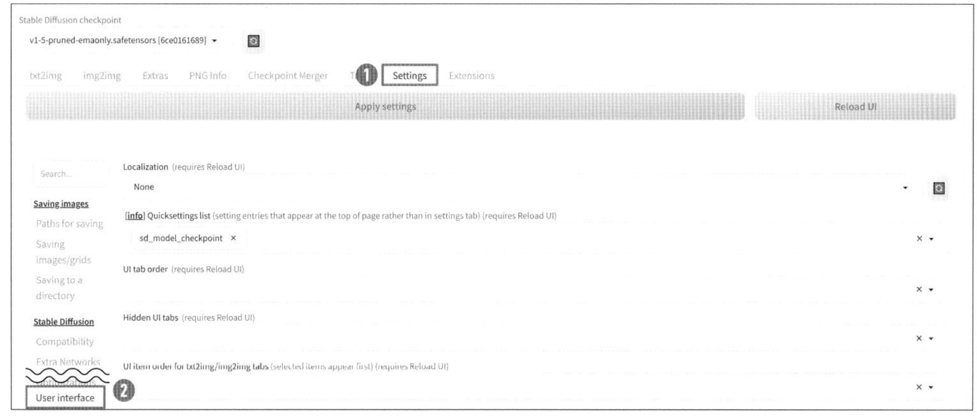

▲ AUTOMATIC1111 バージョン 1.8.0 の場合

上から 2 つ目の [Quicksettings list] ❸ のボックス内をクリックするとカーソルが表示され、文字を入力できます。オプションに関連するワードを入力すると、その候補が表示されるようになるので [sd_vae] と入力してプルダウンの候補から [sd_vae] ❹ をクリックして選択します。

[sd_vae] を選択したら、[Apply setting] ❺ で設定を保存します。次に [Reload UI] ❻ をクリックして画面をリロードします。モデルの選択メニューの右に VAE の選択メニューが表示されました。

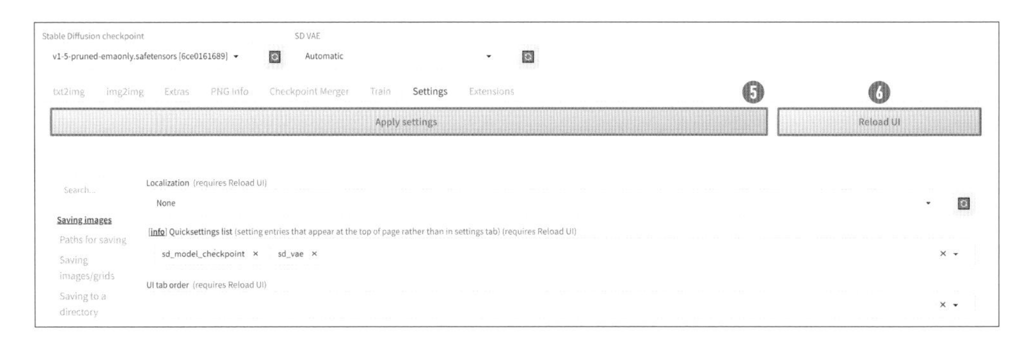

この画像は同じモデル「bluePencil_v10」、同じシード「2025377875」、同じプロンプト「1girl」、ネガティブプロンプトは「worst quality」で、VAE を「none/Automatic」と「clearvae_v23」に変更して生成した結果です。VAE のおかげで正しく画像が生成できていることがわかります。VAE が焼き込まれているモデルであっても、画像を比較してみると全体の彩度やコントラストが全く違うことがあります。また VAE が破損している場合は、正しい出力を得られません。モデルに適した VAE を使うことでより高品質な画像を生成することができます。

▲「none」または「Automatic」では VAE が適用されておらず、画像生成の最終段で色が崩れます。

Chapter

3

プロンプトから画像を生成してみよう

プロンプトから画像を生成する Text to Image と呼ばれる方法で画像を生成してみましょう。プロンプトを考えるうえで知っておくべき基本ルールや、比較研究するためのツールの使い方を学んでいきましょう。

Section
3-1

プロンプトで意のままの画像を作り出す

このセクションでは、テキストから画像を生成する「Text-to-Image」に必要となる画像に含む要素を指定するプロンプトの作り方を解説します。

プロンプトの役割を理解しよう

Chapter2 で軽く触れた通り、Stable Diffusion ではテキストを入力することで単語をもとに画像を生成します。この AI に対する指示をおこなうテキストを「プロンプト」と呼びます。意図したとおりの画像を生成するには、効果的なプロンプトの書き方を理解するのが重要です。

生成したい画像の要素を考えてみよう

まずは生成したい画像のイメージを明確にしましょう。世界観やオブジェクト、登場キャラクターの特徴も決めておくと便利です。今回は例として「遠くにお城の見える花畑で魔女が座ってこちらを向いて微笑んでいる」というイラストを目指します。主題、背景、その他のカテゴリに分けてこのイラストに必要な要素を書き出していきます。

主題の情報

女の子・魔女・黒いローブ・魔女の帽子・銀色のロングヘアー・座っている・微笑んでいる・こちらを見ている・全身が見える

背景の情報

花畑・青空・お城・異世界

カメラ・ライト・画風・構図などの情報

ファンタジー・鮮やかな色づかい・昼間・晴れている

このような形で思いつく限り自分のイメージを言葉にしていきます。言葉で表現することができればどんな些細な内容でもプロンプトにすることができるので、できるだけたくさん詳しくイメージを言葉にしておきましょう。次にこれをプロンプトに変換していきます。

プロンプトのルールを知っておこう

SD で使えるプロンプトには、いくつかルールが定められています。中でも最初に知っておくべきルールは、①英語で書く、②単語もしくは文の区切りにはカンマ(,)を入れて区切る、の 2 つです。例えば 1 人の女の子は Prompt 1girl と書いて生成しましたが、ここに男の子を 1 人追加したい場合は Prompt 1girl, 1boy という書き方になります。

プロンプトを書いてみよう

では先ほどのイメージをルールに従ってプロンプトにしていきます。英語がわからない場合は翻訳ツールを使用しましょう。

主題の情報

1girl, witch, black robe, hat, long silver hair, sitting, smile, looking at viewer, full body,

背景の情報

flower garden, blue sky, castle,

カメラ・ライト・画風・構図などの情報

fantasy, vivid color, noon, sunny,

これはあくまでプロンプトの一例で様々な書き方があるため、慣れてきたら単語の切れ目などを変えて試してみてください。例えば Prompt long silver hair は Prompt long hair, silver hair と分割して区切ることも可能です。また今回使用している Prompt looking at viewer は目線をこちらに向けさせる表現で、このようなプロンプト特有の慣例的に用いられる表現もあります。このような形で入れたい要素をプロンプトに変換していきます。

クオリティプロンプトを追加しよう

クオリティプロンプトとは、傑作 Prompt masterpiece や高クオリティ Prompt high quality などがあります。これらを利用することで生成する画像の完成度を上げることができます。一方でモデルによってはクオリティプロンプトが不要もしくは逆効果な場合もあります。モデル情報を確認したり、生成した画像を比べて使用の判断をするとよいでしょう。

プロンプトをまとめて、クオリティプロンプトを追加します。

Prompt
Masterpiece, high quality, 1girl, witch, black robe, hat, long silver hair, sitting, smile, looking at viewer, full body, flower garden, blue sky, castle, noon, sunny, fantasy, vivid color,

COLUMN　CLIPのゼロショット転移性

「高品質」といった通称「クオリティプロンプト」はどこからやってきたのでしょうか。前述の通り、Stable Diffusion はCLIPを経由して世界中の言語と画像の組み合わせを学習しています。これにはLAIONというドイツの非営利団体によるデータセットで、「LAION-5B」という58.5億のCLIPフィルタリングされた「テキスト - 画像ペア」を「23.2億の英語」で学習させた「LAION-2B」を使ってOpenCLIPをトレーニングしています。

CLIPの興味深い点は元々のデータ、例えば「猫」の画像は「猫」というタグ（人間がHTMLで画像のALTタグなどでタグづけした単語）だけで学習されているはずで、「白色」、「毛」、「ふわふわ」などのようなタグと学習されている可能性があるのですが、このような具体的な単語を使った教師データだけに頼ると一様な結果しか学べません。CLIPの革新性は、タスクに特化した最適化をせず、「画像が与えられたときに、最も類似度の高いテキストを選択することで、分類問題を解く」というシンプルで巨大なモデルです。訓練データがなくても画像分類ができる「ゼロショット転移性」（訓練データにない分布にも適応できる）をもっています。

そのためプロンプトで「猫」と指示をするだけでも猫の画像に共通してみられる特徴を出力することができます。では学習時に「高品質」を表すタグを使った場合、どうなるでしょうか？「高品質」には「白色」、「毛」、「ふわふわ」のような明確な特徴はないでしょう。それどころか「高品質な写真」や「高品質なアニメ調人物の画像の特徴」もあるでしょうし、「高品質で写実的な猫の画像の特徴」も一緒に学習されているでしょう。そしてこれらに共通する特徴は、もしかしたら私たちが無意識に感じている「共通の美学」であり、レイアウト理論における黄金比や、「Masterpiece」とプロンプトを書くといつも出てくる平均顔女性の顔（通称マスピ顔）など、美的な要素の概念や関係を獲得しているということになります。

したがって「高品質」というプロンプトは、「高品質」というタグが付けられた画像に共通して存在する何らかの特徴の平均値を指定していると言えます。なおCLIPは、「NSFW」（not safe for work；職場向きではない）といった有害コンテンツ検出のためのスコアも出力できます。

プロンプトの順番を検証してみよう

プロンプトを記述する際には、効果的な並び順が存在します。まずは優先して出力したい内容や、重要な内容をできるだけ前に書くという方法です。次に、モデルによって有効に働くカテゴリの順番に合わせて並べることが重要です。この順番は使用するモデルによってプロンプトの影響が変わってくるため、実際に試して確認しましょう。

ここでは実際に [blue-pencil-XL-v.0.0.3.safetensors] を使って画像を生成して実験をしてみます。プロンプト以外のすべての条件を揃えた状態で、主題 Prompt 1girl 、環境 Prompt castle 、品質 Prompt masterpiece 、画風 Prompt anime の 4 つのカテゴリごとのプロンプトを入れ替えて画像を生成し、その結果を比較します。今回のように、生成する画像の条件を一部だけを変更し、複数の画像を生成して比較したいときには [X/Y/Z plot] を使用しましょう。

[Generation] タブの 1 番下に [Script] メニュー❶があります。[Script] のプルダウンメニューから [X/Y/Z plot] ❷をクリックして選択します。

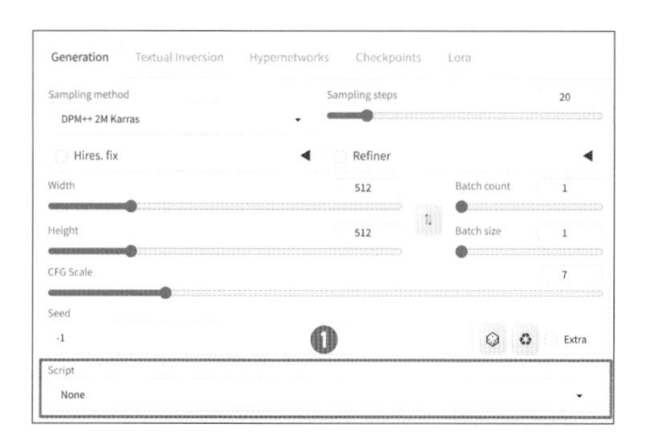

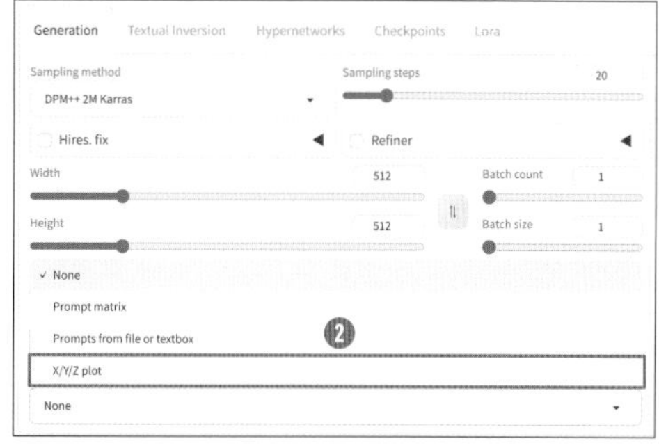

新たに [X/Y/Z plot] のパラメータを指定するメニューが表示されます。左側の [type] 列には、変更するパラメータを選択します。右側の [values] 列には、実際に指定したい数値やプロンプトを入力します。

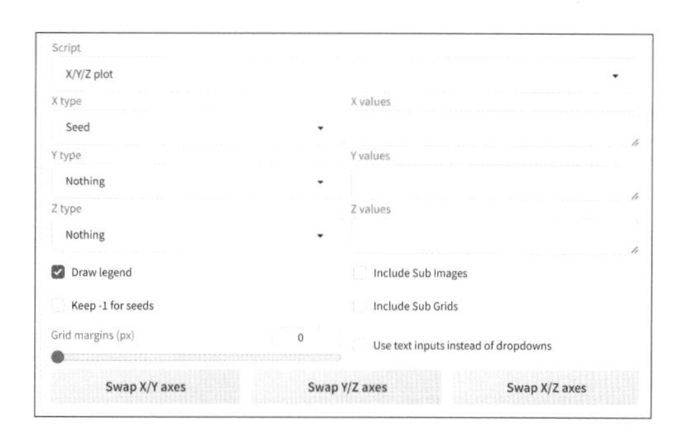

今回はプロンプトの順番を変更したいので、[X type: Prompt order] ❸を選択します。これはプロンプトの並び順を自動で変更し比較するメニューです。続いて、[X values: masterpiece, anime, 1girl, castle] ❹と比較したいプロンプトを入力します。通常の画像生成と同様に [Generate] ボタンを押すと、自動でプロンプトの順番が全パターン組み替えられてそれぞれ画像が生成されます。

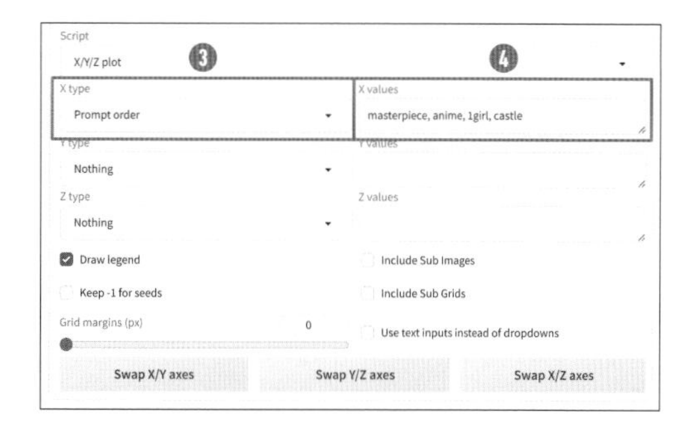

[X/Y/Z plot] を利用するとグリッド画像に変数となる部分が記載され、生成した画像を隣り合わせで確認することができるため、画像生成を突き詰めていく上で非常に役立ちます。全体的な崩壊の少なさやクオリティの高さ、意図した絵柄が反映されているかなどを見ると、今回使用したモデルでは品質＞画風＞主題＞環境のカテゴリ順が有効であることがうかがえます。

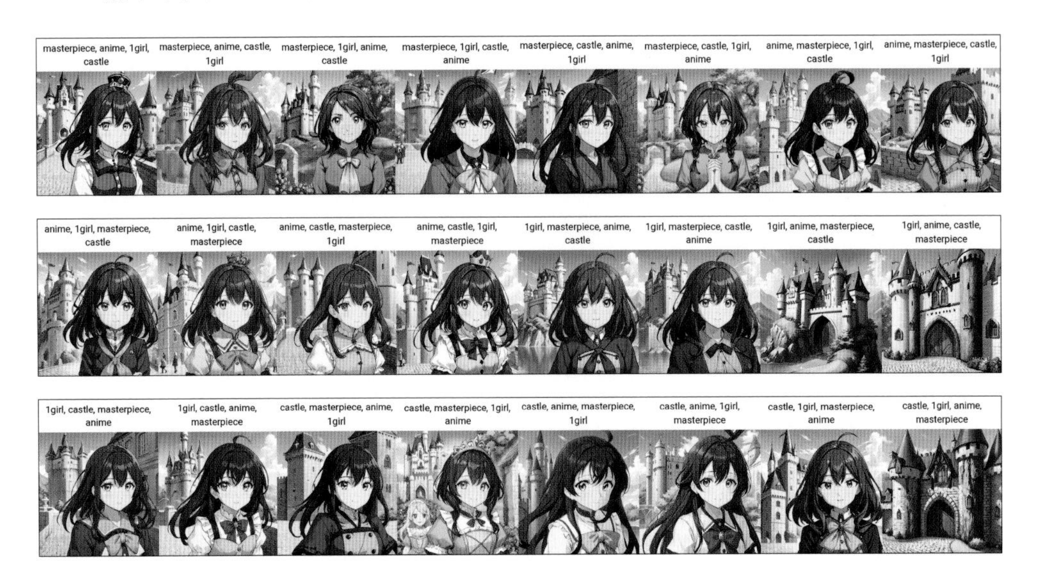

では、異なるモデルの場合はどうなるでしょうか。モデルを [Animagine-xl-3.0.safetensors] に変更して同じように [X/Y/Z plot] で比較してみます。

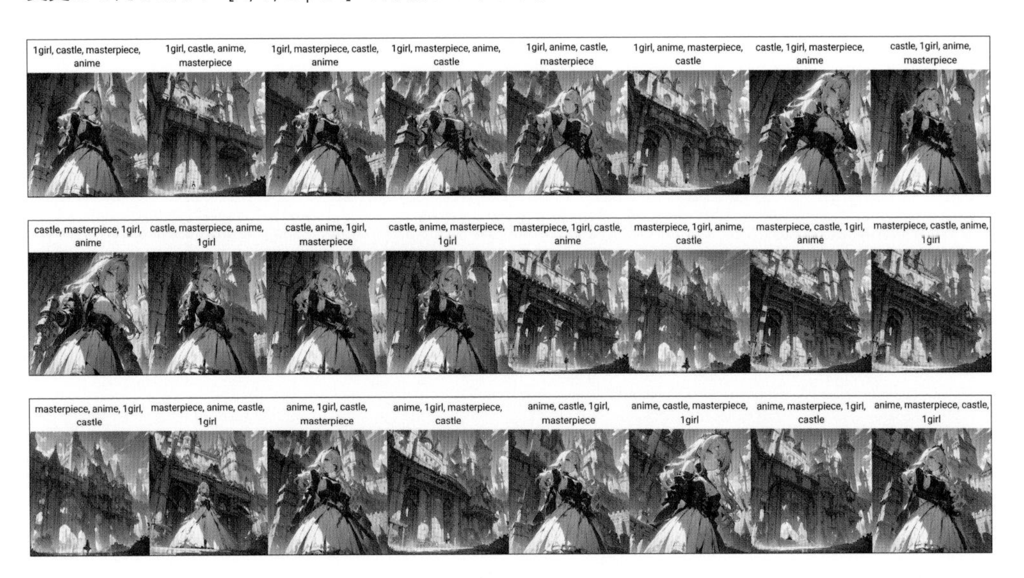

今度は環境＞画風＞品質＞主題のカテゴリ順が有効のように考えられます。

このように、プロンプトの順番は生成結果に大きく関係します。新しいモデルを利用するときなどは必要に応じてプロンプトの組み替えを試してみてください。また、[X/Y/Z plot] を活用すると様々な条件を簡単に比較することができるので、より自分の生成したい画像を突き詰めるのに役立ちます。次のセクションでは、ネガティブプロンプトついて解説します。

Section
3-2

ネガティブプロンプトを構築する

このセクションでは、画像から不要な要素を取り除くネガティブプロンプトと、ハイクオリティな画像を生成するのに有効なembeddingの解説をします。

ネガティブプロンプトの役割

Section1ではプロンプトの記述方法を解説しましたが、AUTOMATIC1111にはネガティブプロンプトと呼ばれる機能が実装されています。プロンプトは生成させたい「必要な要素」をもとに構成しましたが、ネガティブプロンプトは反対に「生成させたくない要素」を元に構成していきます。例えば、「男の子を出力したいのに女の子ばかりが出力されてしまう」という時に、ネガティブプロンプトに Prompt girl を追加することで女の子の要素を抑制するような形で使用します。記述方法はプロンプトと同じで、基本的には英語の単語やフレーズをカンマで区切って入力します。

ネガティブプロンプトの使い方を知ろう

ネガティブプロンプトに入力する単語は、一般に生成した画像を見ながら調整していくことが必要になります。これは学習を行った際に、本来関係のない特徴がプロンプトに紐づけられてしまっている場合にその特徴の出現を抑えることに有効に働きます。

また、プロンプトにクオリティプロンプトがあったように、ネガティブプロンプトにもクオリティを指示するプロンプトを指定することができます。例として Prompt worst quality, low quality, normal quality の3つがよく使われます。

さらに、人体を崩壊させないためにもネガティブプロンプトが使われます。例として Prompt bad anatomy, ugly などが存在し、直訳すると「悪い解剖学」、「醜い」となります。たとえば生成された画像では腕や指が解剖学的におかしな状態なものを見たことがないでしょうか。このような現象を防ぐネガティブプロンプトとして、 Prompt bad hands, missing arms, extra fingers など、「悪い○○」、「多い / 少ない○○」といった言い回しが使われます。また様々な要素をまとめた Prompt NSFW (Not Safe For Work =職場閲覧注意)のような語彙から生まれたプロンプトもあります。Section1で構築したプロンプトに基本のネガティブプロンプトを追加してみましょう。

Prompt
Masterpiece, high quality, 1girl, witch, black robe, hat, long silver hair, sitting, smile, looking at viewer, full body, flower garden, blue sky, castle, noon, sunny, fantasy, vivid color,
Negative Prompt
worst quality, low quality, normal quality

ネガティブプロンプトは、まずは少ない数から始めて、生成される画像を確認しながら必要に応じて調整することをおすすめします。

》》embedding を利用する

Web UI にはこれまで解説したネガティブプロンプトのような画像生成において取り除きたい概念をまとめた学習済みファイルを、キーとなる 1 単語をネガティブプロンプトに入力することで呼び出す機能が実装されています。これは embedding と呼ばれています。

COLUMN embedding とは

embedding とはもともと自然言語処理における単語の埋め込みを意味する言葉です。単語や語句の数だけ存在するベクトルを低次元のベクトルに埋め込み、単語や文章の相関関係の分析を可能にするフローを指します。今回解説する Stable Diffusion を扱う文脈内での embedding とは Textual Inversion という手法を使った学習モデルファイルのことを示す狭義の使い方をしています。また、WebUI で embedding を選択するタブ名は [Textual Inversion] と表示されています。

この embedding ファイルもモデルと同じように Hugging Face や Civitai 等のサイトで配布されているものをダウンロードして利用できます。目的に合わせてそれぞれに適した embedding ファイルがあり、指の構造を正しく生成することに特化したものなどもあります。

今回はアニメ系のイラストのクオリティを上げるために複数のネガティブプロンプトが埋め込まれている [negativeXL_D.safetensors] という embedding ファイルをダウンロードして、適用してみましょう。Civitai または hugging face の negative_XL のページで [negativeXL_D.safetensors] ❶ をダウンロードします。

negativeXL
https://civitai.com/models/118418/negativexl
https://huggingface.co/gsdf/CounterfeitXL/tree/main/embeddings

SD1.5 ベースのモデルを使用している場合

easynegative(SD1.5 系)
https://huggingface.co/datasets/gsdf/EasyNegative
https://civitai.com/models/7808/easynegative

Colab 環境の場合

ダウンロードしたファイルを、ドライブの sd > stable-diffusion-webui > embeddings にアップロードします。

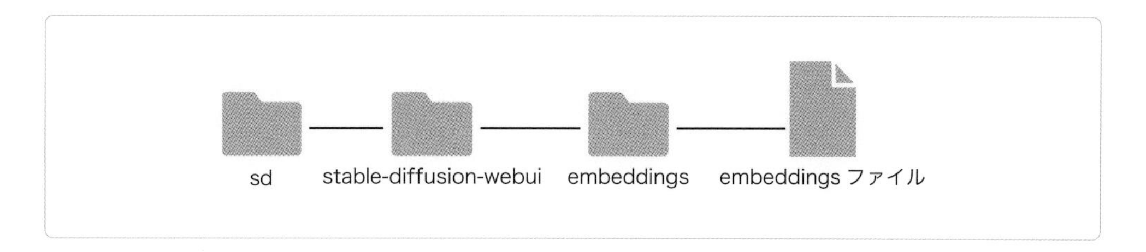

ローカル環境の場合

ダウンロードしたファイルを、StabilityMatrix-win-x64（または Applications）> Data > Packages > stable-diffusion-webui > embeddings フォルダに保存します。

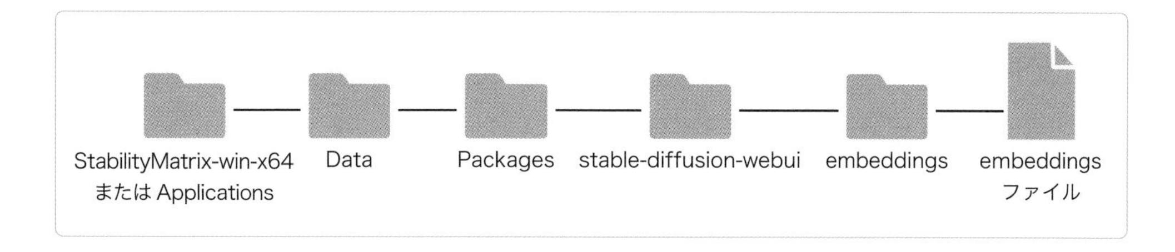

WebUI を再起動し、ネガティブプロンプトの欄に起動ワードとなる [negativeXL_D] ❷ と入力します。またはネガティブプロンプトの欄にカーソルを置いた状態で、[Textual Inversion] タブから [negativeXL_D] ❸ をクリックして選択すると、自動で [negativeXL_D] が追加されます。

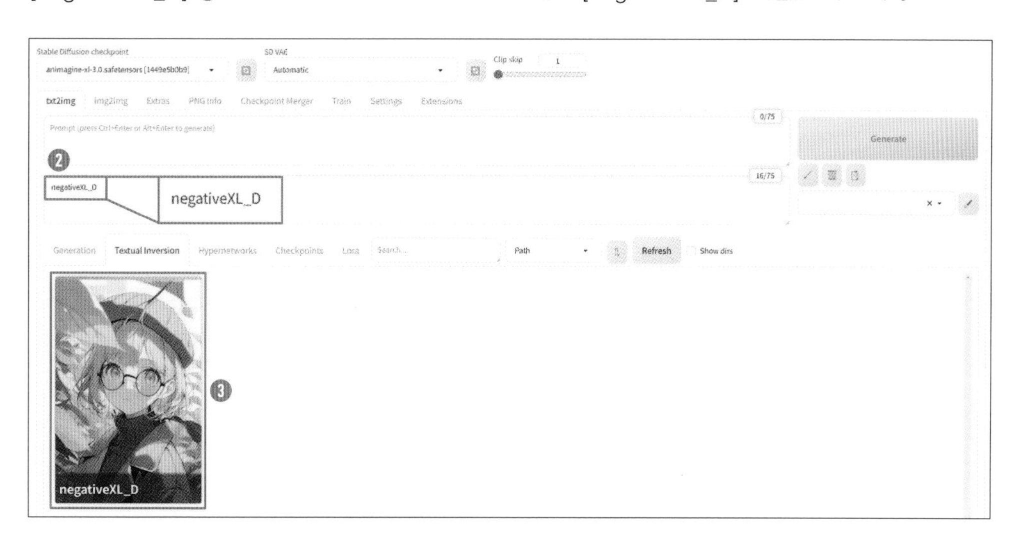

変化が分かりやすいように、 Prompt 1girl のみとし、embedding[negativeXL_D] を入れたり、空白にしたりして、その効果を確認しましょう。明らかに画質の向上を確認できると思います。このように embedding を利用することで複雑なプロンプトを構築する手間を減らすことができます。ただし、どのようなプロンプトがうめこまれているかは分かりません。使用するモデルや自分が出力したい内容によっては相性が悪い場合もあるので十分に確認して利用するようにしましょう。

Section 3-3

思い通りの画像を生成する

このセクションでは、これまでに解説してきた内容を使って自分の思い通りに画像を生成するための操作を解説します。

WebUIにプロンプトを入力する

WebUIを起動し、まずはここまでのセクションで作ったプロンプト❶とネガティブプロンプト❷を、それぞれの欄に記述していきます。

Prompt

masterpiece, best quality, ultra detailed, fantasy, vivid color, 1girl, witch, black robe, hat, long silver hair, sitting, smile, looking at viewer, full body, flower garden, blue sky, castle, noon, sunny

Negative Prompt

worst quality, low quality, normal quality, easynegative,

続いてモデル❸とVAE❹は、作例ではSDXLベースのモデル[Animagine-xl-3.0.safetensors]とVAE[Autmatic]を選択して使用しました。SD1.5ベースを使用したい場合は、モデル[blue-pencil-v10.safetensors]にVAE[ClearVAE]を選択することをおすすめします。

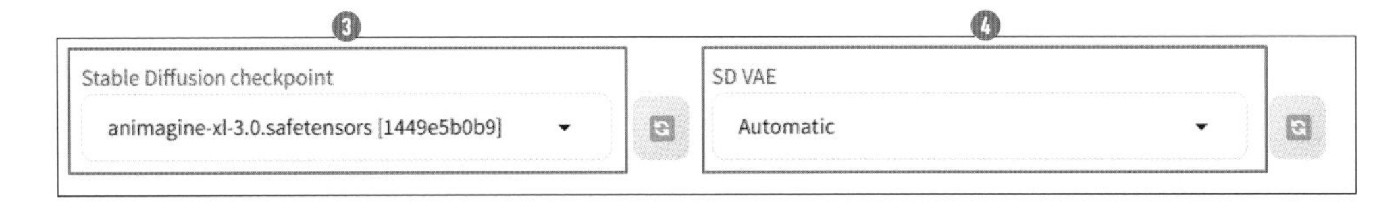

次に、生成する画像のサイズを変更します。生成するサイズが大きければ大きいほど画質は良くなりますが、生成に要求されるVRAM容量が大きくなり、画像の中のレイアウトやオブジェクトの形が崩れやすくなります。また、縦長は人物の全身が生成しやすく、横長は上半身のみになりやすいなどといった特徴もあります。

[Genration] タブ→ [Width] と [Height] をデフォルトの512 × 512を基準に、[Genration] タブ→ [Width] と [Height] ❺の値を使用するモデルに合わせて調節しましょう。

選択したモデルのベースがSD1.5とSD2.1の場合は最大512 × 512px、SDXLは1024 × 1024pxから始めるのがおすすめですが、使用しているVRAMが少ない場合は、SD1.5系のモデルを選び256 × 256pxで始めましょう。ここで指定する画像のサイズは2の階乗 (128,256,512など) かその倍数の組み合わせをおすすめします。

画像を生成して確認してみよう

では実際に生成してみましょう。目標のイラストは「遠くにお城の見える花畑に、異世界の魔女が座ってこちらを向いて微笑んでいる様子」です。[Generate] ❶ボタンを押して画像を生成します。

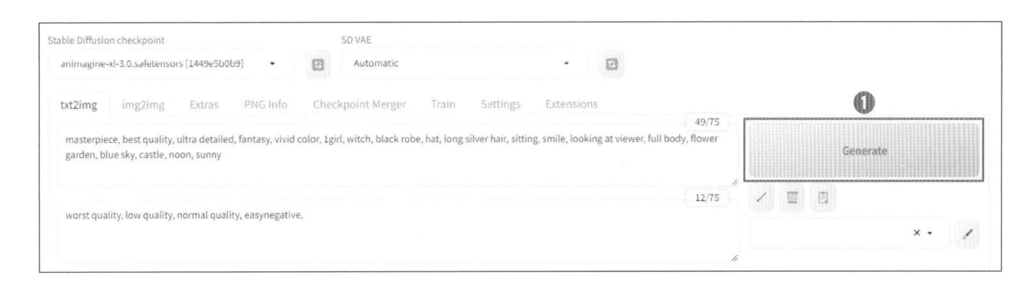

生成された画像を確認するとプロンプトで指定していた「魔女がこちらを見て微笑んでいること、座っていること、城があること、花があること」は指示通りになっていますが、花畑が整備された庭のようになってしまいました。より自分のイメージに近い画像が生成されるようにプロンプトの調整が必要です。

Batch count で生成枚数を指定しよう

まずはプロンプトの何を改善すべきかを探っていきます。Seed ❶が変わると同じプロンプトでも生成する画像は変わるので、まずは条件を変えずに何度か生成してみましょう。複数枚の画像を同じプロンプトでまとめて生成したい時は、任意の枚数を生成できる [Batch count] を利用します。

[Batch count] ❷のバーをドラッグもしくは数字を直接入力することで生成する枚数を設定します。最大 100 枚までを選択可能で枚数に応じて時間がかかるので、10 枚以下から様子をみることをおすすめします。今回はプロンプトの影響を調べる目的なので大量に生成はせずに 4 枚を設定します。

生成した結果を確認すると、半分ほどの確率で花畑が花壇になってしまうことがわかりました。また、その他にも「時折裸足の魔女が生成されてしまう」、「ローブの裾が短い」、「空中に座っているように見える」などの修正したい点を洗い出します。

生成画像

››› プロンプトを調整してイメージに近づけよう

これらの結果をもとに、プロンプトを改善していきましょう。まずは花畑をしっかりと出力するため、強調構文というプロンプトの書き方を使います。強調構文とはその名の通りプロンプトを強調する書き方で、プロンプトを (flower garden) のように括弧 () で囲むことで表現します。( ) で 1.1 倍、(( )) で 1.21 倍と、括弧を増やすことでその強度を強めることができます。さらに、(flower garden:1.4) のように括弧の中でコロン [:] の後に数値を指定すると、その倍率で強調することができます。

Prompt の強調

(Prompt),	プロンプトを括弧で囲むと 1.1 倍強調できる
((Prompt)),	括弧は重ねて強調できる
(Prompt:1.4),	括弧で囲って［：倍数］で数値を指定して強調できる
(Prompt_A Prompt_B),	括弧で囲った範囲全体が強調される。ただし［,］ごとに囲う必要あり
(Prompt_A) Prompt_B,	一部分を括弧で囲って強調できる

これを使い、 Prompt flower garden を (flower garden) と書き換えて花畑を強調してみます。また、１つ１つの試行錯誤の生成画像は割愛しますが、 Prompt sitting も sitting on flower garden と変更し、より具体的に指示することで直接花畑に座る構図を狙います。また、ブーツと長いローブを身に着けた魔女を生成するために Prompt boots を追加し、 Prompt black robe に long を追加し long black robe と書き換えました。さらに短いローブが生成されるのを防ぐため、ネガティブプロンプトに Prompt short robe を追加しました。

Prompt

masterpiece, best quality, ultra detailed, fantasy, vivid color, 1girl, witch, long black robe, hat, boots, long silver hair, sitting on flower garden, smile, looking at viewer, full body, (flower garden), blue sky, castle, noon, sunny,

Negative Prompt

worst quality, low quality, normal quality, easynegative, short robe

生成画像

Chapter 3

先ほどに比べ、より花畑に近い雰囲気が出てきました。またローブが長くなり、ブーツが生成されました。座面もより自然になりましたが、椅子に座っている様子が生成されることが多いようなので、ここではさらに体育座りを表す Prompt holding knees を加えてみます。また長いローブをより安定して生成するために Prompt long black robe を (long) black robe として強調します。

Prompt
masterpiece, best quality, ultra detailed, fantasy, vivid color, 1girl, witch, (long) black robe, hat, long silver hair, sitting on flower garden, holding knees, smile, looking at viewer, full body, (flower garden), blue sky, castle, noon, sunny,

Negative Prompt
worst quality, low quality, normal quality, easynegative, short robe

プロンプトを追加したことで、ローブが長くなり、体育座りに安定感が出ました。ある程度プロンプトが定まったら、Batch count を増やしてまとめて画像を生成します。何度か試すと、イメージにぴったりの画像が生成されました。続く章では解像度を上げて仕上げていきます。お気に入りの画像を PNG 形式で保存しておきましょう。

［PNG Info］のボタンもしくはタブを使って、AUTOMATIC1111 によって生成された PNG 画像から、その生成に使われたモデル名やパラメータなどを読み込むことができます。次のセクションではその情報を使って画質を上げていきます。

▲ 連続で画像を生成したい場合は [Generate] ボタンを右クリックして、オプションのメニューから [Generate forever] を選択すると便利です。止めるときは同じくメニューから [Cancel generate forever] を選択しましょう。

Section
3-4
画像の解像度を上げよう

Section3 で生成した画像は解像度が低く、あまりきれいな画像ではありません。ここでは基本機能の 1 つである Hires. Fix という機能を使って高解像度の画像を生成します。

画像の解像度を上げよう

高解像度化、高画質化のことをアップスケールと呼びます。Stable Diffusion でのアップスケール方法はいくつかありますが、今回は拡張機能などが不要な「Hires. Fix」(ハイレゾ・フィックス)を利用して解像度を上げます。[Hires. fix] は設定した解像度で画像を生成した後に、指定した倍率で高画質化する機能です。

PNG info から画像の情報を読み込んで高解像度化しよう

まずは解像度を上げたい画像と全く同じ画像を生成できる設定を整えましょう。今まで [Generate] ボタンを押すと毎回違う画像が生成されましたが、これは [Seed] ❶がランダムになるよう設定されているためです。[Seed: -1] で生成時にランダムな初期値が与えられます。

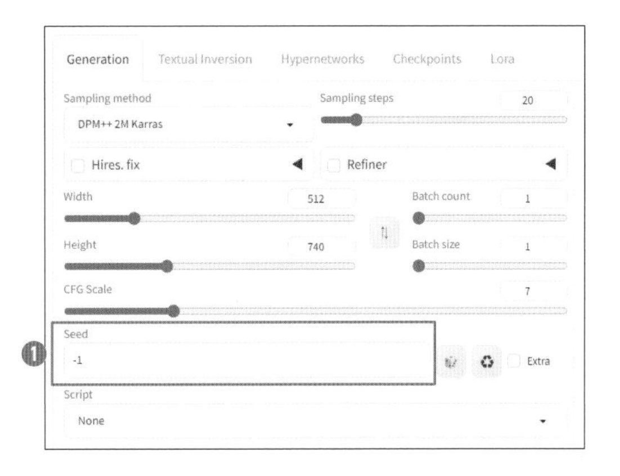

同一の Seed を設定したうえで他の条件を全て揃えれば、全く同じ画像を生成することができます。Seed の値❷は画像が生成された際に生成プレビューの [parameters] から確認することができます。

また、[PNG info] タブを利用することでも、生成した画像から Seed やプロンプトなどの画像の生成パラメータを簡単に確認できます。[PNG info] タブ❸をクリックして開きます。任意の画像を [Source] ❹にドラッグ＆ドロップもしくはフォルダから選択してアップロードすると、その画像に保存されている [parameters] ❺を見ることができます。

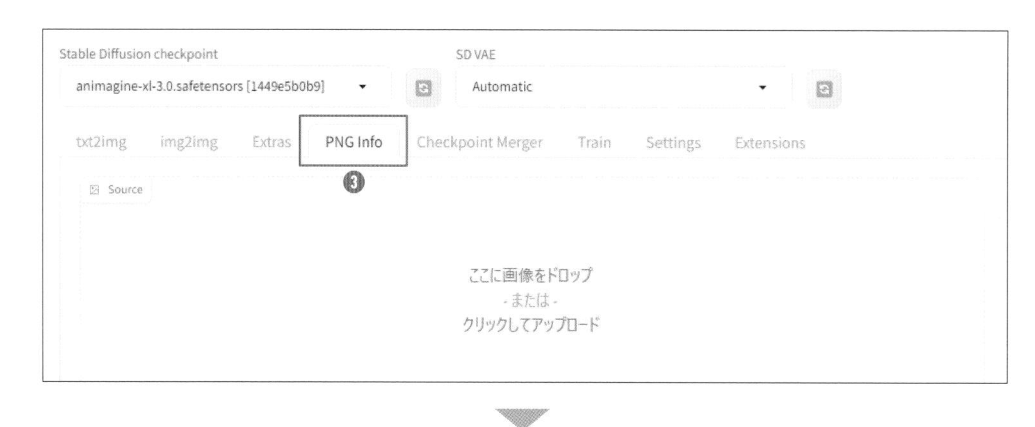

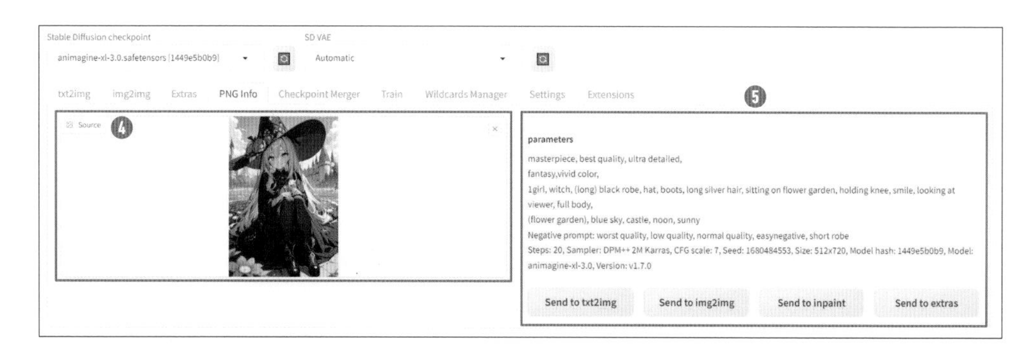

そのまま [Send to txt2img] ❻をクリックして選択すると、先ほどの [txt2img] タブに自動でプロンプトや Seed 値がコピー＆ペーストされます。

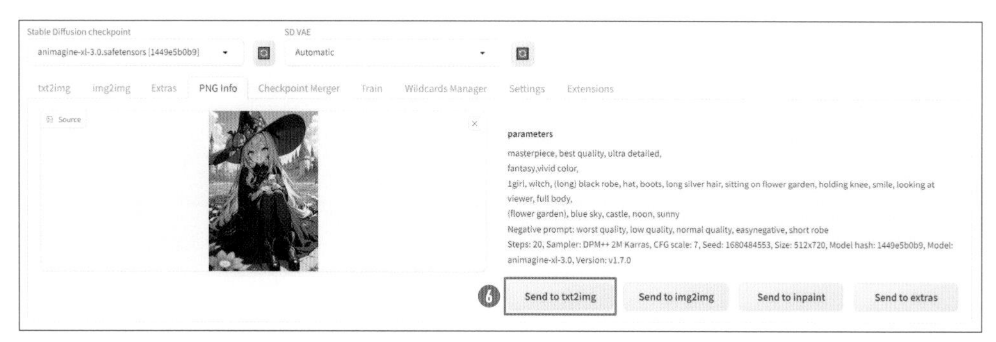

▲ [Send to …] ボタンは各タブに [parameters] をコピーして送れるようになっています。

準備が整ったので、Hires.fix を使ってみましょう。[Hires.fix] ❶をオンにして、ボックスメニューを展開するといくつかのパラメータを指定することができます。

Hires.fix のメニュー

❷ Upscaler
使用するアップスケーラーのアルゴリズムの種類を選択します。

❸ Hires.steps
高解像度化のステップ数を指定します。

❹ Denoising strength
ノイズ除去の程度を指定します。

❺ Upscale by
もとの画像から何倍の画像を作るかを指定します。

今回はそれぞれ、[Upscaler: Latent]、[Hires.steps: 20]、[Denoising strength: 0.6]、[Upscale by: 2] ❻と設定しました。[Generate] をクリックすると高解像度化された画像が生成できます。

これで基本的な txt2img での画像生成が完了です！ここからはさらに細かなパラメータの調整や様々な場面で活躍する便利なプロンプトについても学んでいきましょう。

Section 3-5

様々なパラメータを調整しよう

このセクションでは、ここまでに解説をしていない Stable Diffusion の細かい設定や仕組み、それにより生じる生成画像の差について解説していきます。

プロンプトの区切りを調整する

プロンプトは基本的に単語ごとにカンマで区切りますが、 Prompt best quality, long hair のように、複数単語で 1 区切りとすることも多く、ひとまとまりをどれだけの長さにするかはモデルやユーザーの好みによって差があります。

例えば「緑色の髪に青い瞳の女の子がピンクのシャツと黄色いスカートを履き赤のリボンと茶色のベルトを身に着けていて白い靴を履いている」という画像を出力したい場合、 Prompt 1girl, having green hair and blue eyes wearing pink shirt and yellow skirt with red ribbon and brown belt putting white shoes のように長い文章にすることもできますが、 Prompt 1girl, green hair, blue eyes, pink shirt, yellow skirt, red ribbon, brown belt, white shoes のように細かい単語のまとまりにカンマで分けることもできます。

これらを生成して比較してみると、長い文章でもおおむねプロンプトの通りに生成されましたが、靴が白色ではなく茶色のローファーになってしまいました。一方、細かい単語のまとまりでプロンプトの区切りを増やして生成すると、きちんと白い靴が生成され、すべての要素をプロンプト通りに生成することができました。

長い Prompt
masterpiece, best quality, ultra detailed, 1girl, having green hair and blue eyes wearing pink shirt and yellow skirt with red ribbon and brown belt putting white shoes

細い Prompt
masterpiece, best quality, ultra detailed, 1girl, green hair, blue eyes, pink shirt, yellow skirt, red ribbon, brown belt, white shoes

このようにプロンプトには、画像に反映されやすい書き方があります。しかし、プロンプトの区切り方に共通のルールはなく、使用するモデルや生成したい画像によっても異なります。自分の使用するモデルや好みに合った書き方を見つけてみてください。

≫ トークン数を考慮してプロンプトを構築する

Chapter1 の CLIP の解説でふれたように、プロンプトはトークンへと分割されます。現在のトークン数は、プロンプトとネガティブプロンプトを入力する枠の右上の表示で確認できます。一見すると、カンマで区切られたプロンプトの数を示しているように見えますが、カンマもしくは、CLIP がトークンと判断した単語、がトークン数となります。

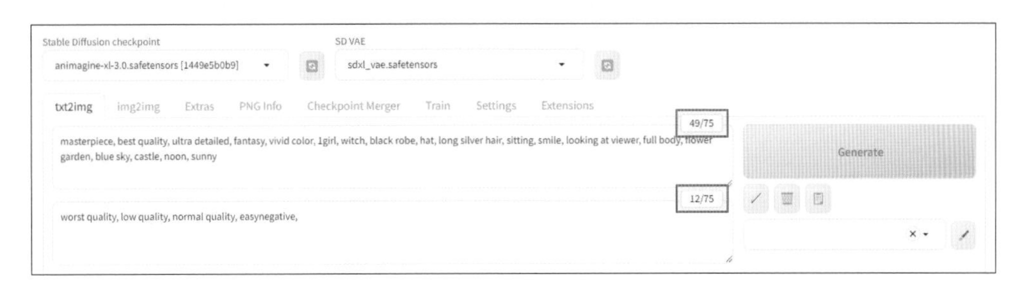

ではトークン数を確認することはどんな意味を持っているのでしょうか。重要なのは表示されている [0/75] の分母 [75] という数字です。実はこの 75 という数字は、トークンの最大数ではなく CLIP が処理するプロンプトの区切り目を表しています。これについては AUTOMATIC1111 の GitHub 上で直接解説されています。

GitHub – AUTOMATIC1111/stable-diffusion-webui
Unlimited Token Works #2138
https://github.com/AUTOMATIC1111/stable-diffusion-webui/pull/2138#issuecomment-1272825515

トークン数が 75 を超えると、[76/150] と分母の数字が 150 になります。分母の数字は 150、225、300 ... と 75 トークン刻みで増加していきます。75 番目のトークンはそれ以前のトークン全てと関連したトークンとして CLIP で処理されますが、76 トークン以降はそれ以前とは別物の扱いになります。したがって 76 番目のトークンは、75 番目までの全てのトークンとは関係がなく、代わりに 150 番目のトークンまでと関連したトークンとして扱われます。

また、プロンプトはそれ自身以降のトークンに対しても影響を与えるため、先頭に近いトークンほど生成結果に与える影響が強いことが知られています。１トークン目の影響が最も強く、75 トークン目は処理の最後なので非常に軽い影響になりますが、76 トークン目は２回目の処理の先頭となるトークンなので非常に強い影響力を持ちます。

したがって、プロンプトが長くなってくると、影響力が少なくなるにもかかわらず重要なトークンを終盤に配置せざるを得ない場合や、意図せずして 76 トークン目になってしまい必要以上に影響力を持ってしまう場合が生じます。これを解決する手段が Prompt BREAK というトークンです。

≫ トークン数を埋める BREAK 構文を使ってみよう

強制的にトークン処理の区切りを作ることでプロンプトの影響を調節する仕組みとして実装されている「BREAK 構文」を紹介します。プロンプトに Prompt BREAK ❶と入力すると、そのトークンが 75 トークン目や 150 トークン目等の区切りと判断され、その次のトークンは２回目の処理の先頭である 76 トークン目❷と認識されます。プロンプトが効きにくい場合や、処理の後ろの方に書かれているプロンプトを強調したい場合などにこの方法を利用することで、より意図通りにプロンプトによる指示を生成効果に反映させることができます。

▲ 大文字の [BREAK] のみこの機能が割り当てられています。

▲ [BREAK] の後に [,]（カンマ）をつけると、それも１トークンとして扱われるので注意しましょう。

例えば紺のドレスを出力したいときに、その直前の Prompt white long hair に影響されてしまい、ドレスの色が白になってしまった際には Prompt white が影響するのを防ぐため、Prompt indigo dress の前に Prompt BREAK を記述して、2回の CLIP 処理に分けます。この方法によりドレスの色を目的通り紺にすることができました。

Prompt

absurdres, masterpiece, best quality, ultra detailed, cinematic lighting, pastel color, classic, 1girl, upper body, white long hair, indigo dress, gorgeous classical long dress, castle, night, multiple candle,

Prompt

absurdres, masterpiece, best quality, ultra detailed, cinematic lighting, pastel color, classic, 1girl, upper body, white long hair, BREAK indigo dress, gorgeous classical long dress, castle, night, multiple candle,

⟫ CFGとサンプリングについて知っておこう

プロンプトをうまく扱うために、ここでは画像生成にどのように関わっているのかより詳しく見ていきましょう。Chapter1ではプロンプトはCLIPによって解析され、UNetのAttnBlockという構造によって拡散空間でのノイズ除去中に少しずつ条件が埋め込まれ、それを頼りに正しいノイズ除去を進めていくことを説明しました。

しかし、それだけでは元々与えられたランダムなノイズの特徴の方を捉えて画像を生成していってしまうかもしれません。さらに正解となるキーワードを検出するための分類器（classifier）を事前に用意するのも可能性が多すぎて難しそうです。しかも数回のコンテキストがある対話ではなく「ワンショット」のテキストで画像を生成したい。これを実現するために、Stable Diffusionではプロンプトを与えない状態でノイズ除去を行った「条件なし」の推論結果と、プロンプトを与えた状態でノイズ除去を行った「条件付き」の推論結果をサンプラーで比較することで、プロンプトのみが影響した部分を導き出します。このような、条件付きと条件なしの推定値を用いた誘導は事前の分類器の事前学習を必要としないのでCFG（Classifier Free Guidance：分類器なしガイダンス）と呼びます。

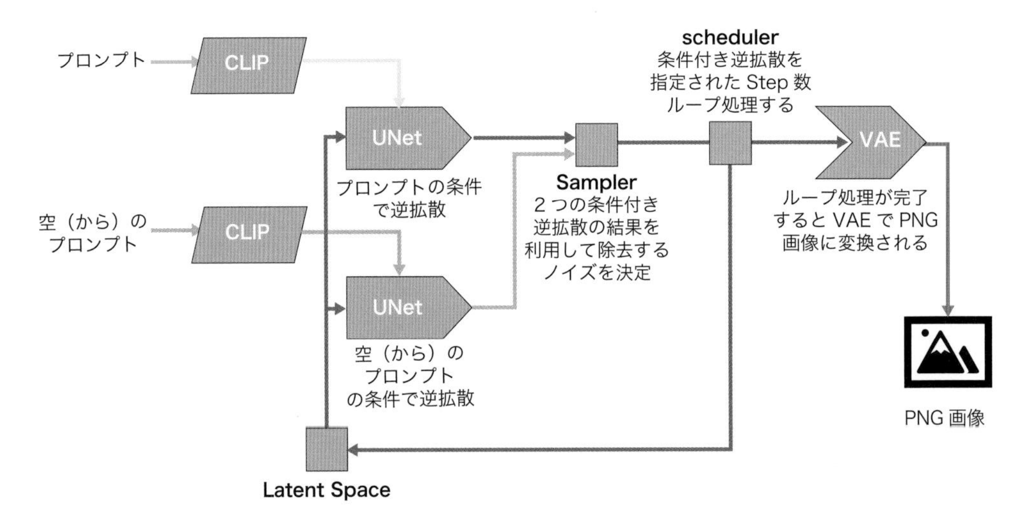

プロンプトが与えられた「条件付き」の推論と、プロンプトを与えない「条件なし」の推論を比較することで、プロンプトに基づく画像生成をより「条件付き」に近づけます。つまりCLIPの条件付けを使ったUNetでの各種サンプリングアルゴリズム（Sampler ＊後述）とスケジューラーで指定回数繰り返して評価しています。ここはシンプルに表現すると「UNetの領域・アテンション・拡散の時間進行を扱うネットワークに、プロンプトの呪文を繰り返し回数分、言って聞かせる」という説明になります。これはCFG scaleという名前で実装されています。これは単位なしのスケールで「どれぐらいプロンプトに従うか」という指標になります。CFG scaleの標準は7ですが、これを6,5,4…と減らしていくと、プロンプトの効果は弱くなり、8,9,10…と大きくなることで、プロンプトによる条件の有無の差が強くなります。「X/Y/X plot」を用いて観測することができるのでお手元で試してみてください。概念的な数式で表現すると以下のようになります。

ノイズ予測　＝　条件なし　＋　CFG scale ＊（条件あり - 条件なし）

また、ネガティブプロンプトはこのCFGの応用によって実装されています。この比較相手としての「条件なし」の代わりに、ネガティブプロンプト（絶対見たくないもの）を引いて、CFG scale倍した状態でノイズ除去を行った結果を使います。これでサンプラーでは、プロンプトが指定する条件に加えて、ネガティブプロンプトによって指定された条件によって「より遠くなるようなノイズ」の推論結果が採用されることになります。これで特定の要素を画像から除くことができます。この進化したアプローチにより、Stable Diffusion は非常に柔軟で強力で「安定な（Stable）、拡散（Diffusion）モデル」による画像生成ツールとなっています。プロンプト、CFG、そしてネガティブプロンプトの組み合わせによって、ユーザーは非常に詳細で緻密な指示をモデルに与え、望む結果を安定に得ることができます。この Stable Diffusion のモデルは教師情報がないにもかかわらず（ゼロショット）で初期ノイズから意味のある、かつ目的に沿った画像を生成する能力を持っています。

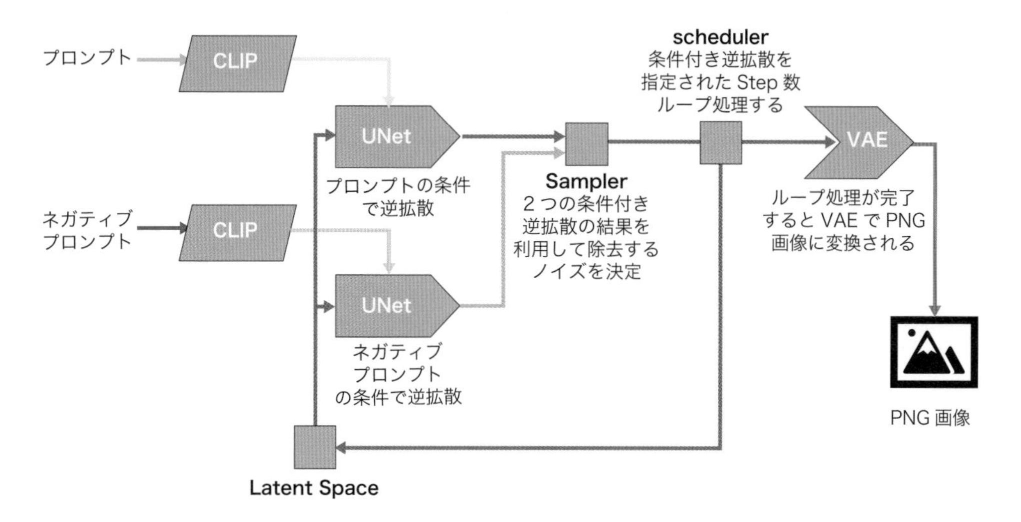

なお、この手法を最初に使ったのはこの書籍で解説しているWebUIの開発者でもあるAUTOMATIC1111氏で、その考え方はGitHubにも残されています。

Negative prompt | GitHub - AUTOMATIC1111/stable-diffusion-webui
https//github.com/AUTOMATIC1111/stable-diffusion-webui/wiki/Negative-prompt

最後に、これらノイズの推測を行うサンプラーについても知っておきましょう。すでにプロンプトの条件を元にした推論結果に基づいてノイズ除去を行う、サンプリングの工程について言及しました。AUTOMATIC1111では、これに関わるパラメータとして、サンプラー（Sampling method）とステップ（Sampling Step）を設定することができます。

ここでの「DPM ++ 2M Karras」のような暗号のようなサンプラー名やステップ数が、実際には何を意味するのか不思議に思ったことはありませんか？これはサンプリングに使っているアルゴリズムの名前で、主に提案した数学者の名前がついています。

これまで説明した通り、Stable Diffusion はノイズの多い画像の「ノイズ成分」を除去するのが得意な大規模な人工ニューラルネットワークです。そして CLIP を使ってプロンプトの重みとネガティブプロンプトの重みを使って比較しながら「ノイズ除去」をしていきます。
Stable Diffusion におけるすべてのサンプラーは、このノイズ除去での微分方程式（differential equation；DE）の解を数値的に近似するためのアルゴリズムの種類とその略称になっています。

ここで機械学習における「損失関数」（Loss function）について知っておきましょう。損失関数とは「正解値」とモデルにより出力された「予測値」とのズレの大きさを計算するための関数のことでStable Diffusion では初期ノイズと「完全な状態（＝この場合は理想的な結果画像）」に一致するまでの距離ですが、プロンプトによってさらに「押し」が加えられています。損失関数を最小化する結果画像を生成するために、「初期ノイズをどのように拡散するか」を決定します。ちなみに実装上、この複雑な微分方程式は、モデル内の 10 億以上の浮動小数点数にエンコードされているようです。

損失関数とサンプラー
デノイズのスケジュールが違うのでサンプリング回数によって差は大きい

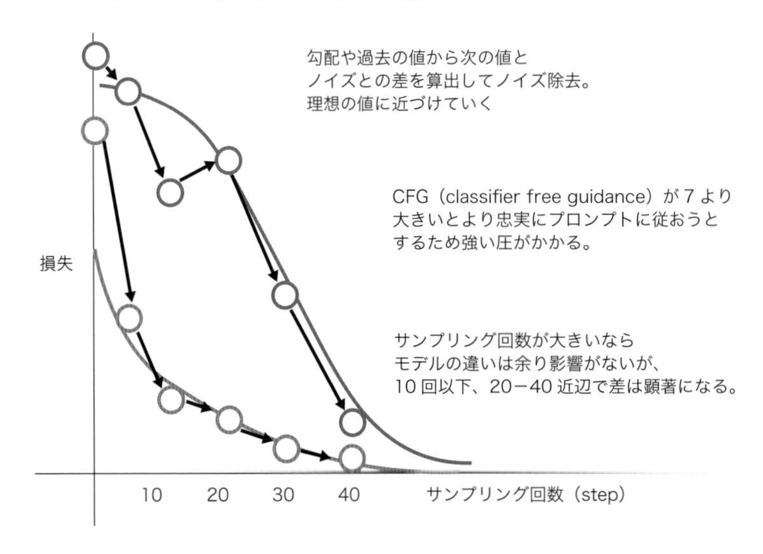

ここでのサンプラーは基本的に、指定されたステップ数を踏み、各ステップで潜在空間をサンプリングして局所的な勾配（傾き）を計算し、次のステップをどの方向に進むべきかをスケジュールを決定することで機能します。これを指定されたステップの回数だけ行い、指定したステップ数のサンプリングが全て完了すると、その推論結果が VAE へ送られて画像として出力されます。サンプラーは損失関数を最小化、つまり「坂を転がり落ちるボールのように、できるだけ低く」なろうとします。しかし局所的には最速のルートに見えても、実際には最適解にならないことがあります。局所最適解（谷）で立ち往生することもありますし、より良いルートを見つけるために、関数の山を登る必要もあるかもしれません。少しづつ少しづつ均等に潜在拡散モデルを時間進行させていかないと推論が破綻してしまう可能性がありますし、スケジュールの立て方によっては最初は大きく動かして局所最適解の谷を避けつつ、最後は丁寧に丁寧に収束させていく……など、サンプラーの種類によってノイズ除去のアルゴリズムとスケジュールが異なるので、生成結果に違いが発生します。

モデルがサンプラーを指定しているケースもありますが、ユーザーとしての基本は「画像生成が速く、品質の高いサンプラーを選択する」ということになり、フォトリアルな写真を作るケースとイラストレーションを作る場合でも判断は異なります。「何ステップぐらいで収束するか」や「仕上がりが十分か」という視点で「X/Y/Z plot」を使って検討していきましょう。CFG scaleを7で固定し、ステップを「2,4,8,10,20,40」といった数字にして各サンプラーを比較します。「Eular」（オイラー）をはじめ、ほとんどのサンプラーは20～40ステップにかけて画像が変化していくことを観測できます。20ステップ以前で収束しその後は変化しない高速向きのサンプラーは「Heun」や「DPM＋＋2M　Karras」などがあり、一方で40ステップという長めの推論時間をかけた場合でも大きく探索を続けるサンプラーや「DPM adaptive」のように自分で回数を決めるサンプラーもあります。さらにCFG scaleを高くしてみるとプロンプトに対する従順さとの関係を確認しやすくなります。

例えばキャラクターデザインの初期作業やポージングでは多様な画像を生成したいため、「Eular」（オイラー）が安定していて高速です。一方でステップに従って画質は上がりますがどこまで回数を重ねても画像がぼける傾向があるため、最終仕上げには向いていないかもしれません。また、「Ancestral」もしくは「Euler a」「DPM2 a」「DPM＋＋2S a」「DPM＋＋2S a Karras」など、名前に"a"の文字が付いているものを選んでみてください。これらの特性として、ランダム性が高くイラストの再現性が落ちてしまうというデメリットがありますが創造性を刺激するにはいいかもしれません。キャラクターデザインや服のデザインといったパターンがある場合や、表情のように細部に渡って仕上げていく必要があるときは「DDIM」や「DPM＋＋2M Karras」が良いのではないでしょうか。

なお使わないサンプラーは、サンプラーの選択リストから見えなくしておくと便利です。設定方法としては、[Settings]＞[Sampler parameter]の中の[samplers in user interface (requires restart)]にある不必要なサンプラーを選択することができます。ここで選択したサンプラーは完全に削除されるわけではないため、後から改めて追加することも可能です。

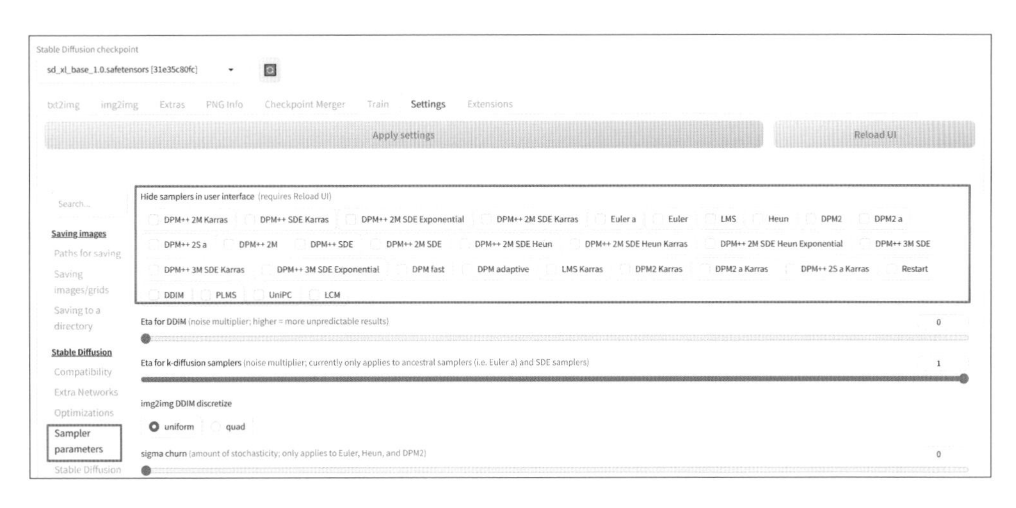

Sampling method を変更してみよう

Generation タブの上部左に [Sampling method] と [Schedule type] というパラメータがあります。ここでは、デノイズ処理を行うサンプラーとスケジューラーを選択することができます。使うサンプラーとスケジューラーによって仕上がりが全く異なるので、これもモデルや作りたい画像に合わせて選択する必要があります。

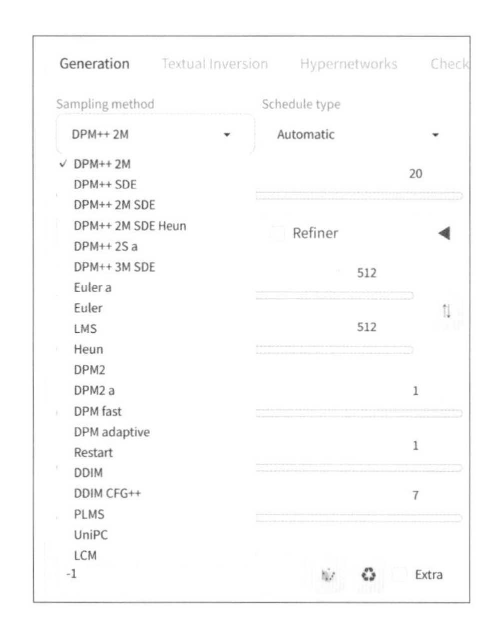

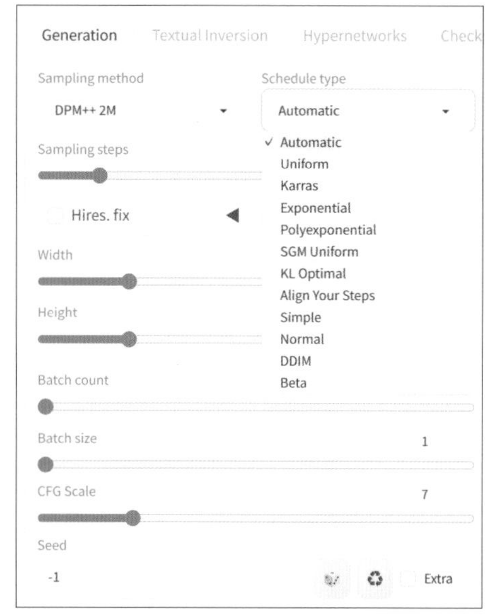

現在多くのイラスト調モデルで推奨され、高い品質の画像を生成できるサンプラーは [DPM++ 2M Karras] の組み合わせです。迷ったらまずは [DPM++ 2M Karras] を選んで生成してみることをおすすめします。モデルによっては異なるサンプラーを推奨している場合もあるので、説明をよく読んで選択しましょう。また、[x/y/z plot] で比較してみるのも良いでしょう。

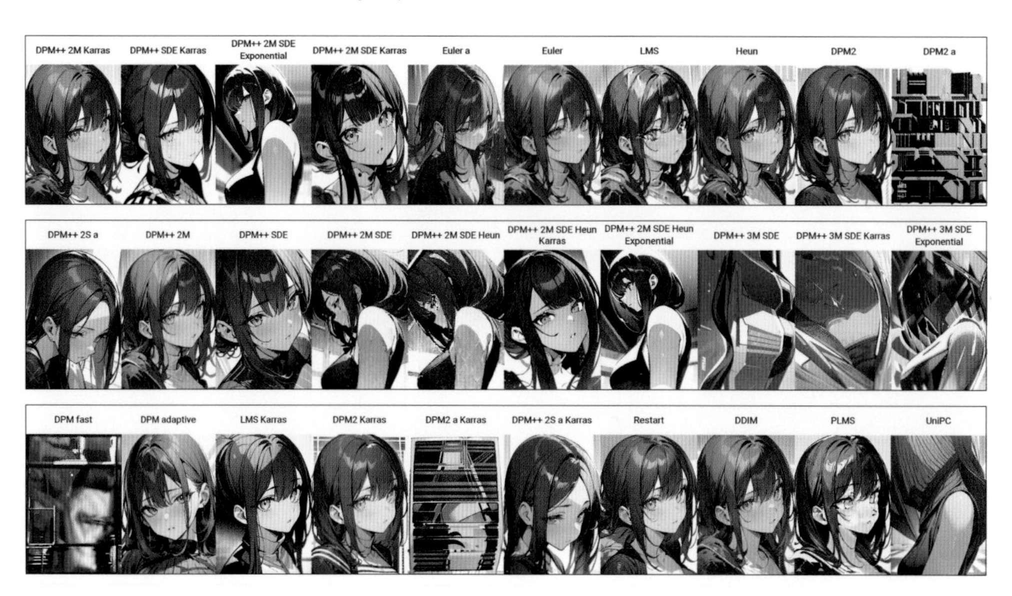

Sampling Stepを調整してみよう

[Sampling method]と[Schedule type]に加えて[Sampling steps] ❶というパラメータがあります。これは、先ほど[Sampling method]で説明したデノイズ処理を何度行うかという指示になります。Step数が多くなるほどデノイズ処理の回数が増えるため画像に変化が加わります。

Step数が極端に小さな値の場合はノイズを除去しきれず、崩壊した画像が生成されやすくなりますが、どの[Sampling method]でも、ある一定のStep数以上の回数を重ねても劇的な変化は生まれなくなります。回数が増えるほど推論に時間がかかるので、使用する[Sampling method]と[Schedule type]に合わせて設定しましょう。

例えば[DPM++ 2M Karras]では、Step数が1～5ではイラストが大きく崩壊し、10～80はしっかり画像が出力されています。Step数が20を超えると大きな変化はないようですが、構図や細かい部分では差が生じているのが分かります。ちょうどよいSampling Stepの回数は、モデルとの相性によっても変わるため、モデルの概要に記載されている数値を参考に、生成される画像を確認しながら自分にとって適切なSampling Step数を見つけ出しましょう。

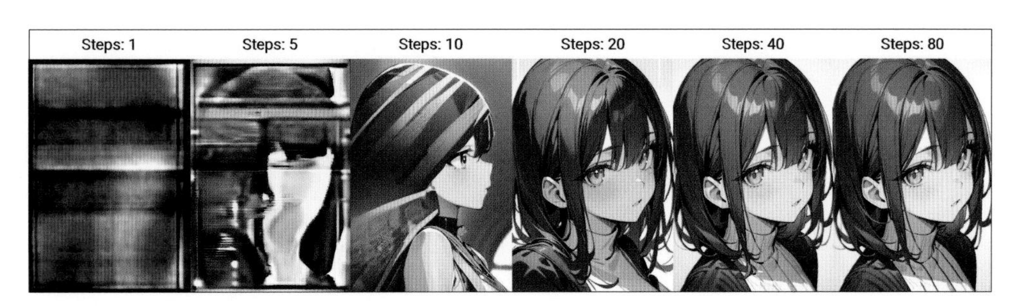

CLIP SKIPを変更してみよう(SD 1.5)

Stable Diffusionは画像を生成するためにプロンプトを処理する方法としてCLIPを利用していますが、SD1.5に使われているCLIPは12層の構造を持っており、深い層ほどより複雑な特徴を持つプロンプトを処理するという性質があります。

この特徴を利用して、深い層のCLIPのいくつかの出力を無視して、途中の層の出力を利用できるようにするテクニックを実装したものがCLIP SKIPです。CLIP SKIPを使用すると、本来その層で処理されていた特徴が無視されるため生成画像に現れなくなります。使用するモデルによって奨励されるCLIP SKIPの値がある場合もあります。

CLIP SKIPを使用したい場合は、[Setting] ❶タブを開き、[User interface] → [Quicksettings List]で[CLIP_stop_at_last_layers] ❷を選択します。[Apply setting]をクリックしてWebUIを再度立ち上げると、WebUIの右上に[Clip skip] ❸のパラメータが表示されるようになります。[Clip skip: 1]では最後から1層目の出力を用いるという設定になります。[x/y/z plot]などを使って出力画像の変化を比べることで、特定のプロンプトがCLIPの何層で処理されているのか調べることもできます。

Section
3-6

様々なプロンプトを試してみよう

このセクションでは、思い通りに人物のポーズ、髪型、表情の特徴を指定して生成するのに役立つ基本的なプロンプトを紹介します。実際に生成しながら試してみましょう。

ポーズを指定するプロンプト

Prompt
masterpiece, best quality, ultra detailed, 1girl, 各ポーズ , school uniform, serafuku, short brown hair,

standing

contrappost

sitting

crossed arms

jumping

seiza

running

seilfie

lying

learing forword

standing on one leg

hands in pocket

髪型を指定するプロンプト

Prompt

best quality,((1boy)),((solo)),brown hair , 各 髪 型 , white shirt, portrait, front view,smile, upper body, parietal, full head, newest, mid

short hair / crew cut / curly hair / slicked back hair

buzz cut / ponytail / middle parted hair / (色名) inner colored hair

Prompt

masterpiece, best quality, ultra detailed, 1girl, upper body, school uniform, blond, 各髪型

≫ 表情を指定するプロンプト

Prompt

masterpiece, best quality, 1girl, black long hair, white shirt, blue cardigan, 各表情 , front view

構図を指定するプロンプト

Prompt
masterpiece, best quality, 1girl, pink long hair, school uniform, 各構図

COLUMN デフォルメキャラ風の画像を生成してみよう

Prompt chibi を使うと頭身の小さなデフォルメ調のイラストを簡単に生成することができます。

Chapter

画像を使って画像を生成してみよう

プロンプトだけでなく画像も利用して、より複雑な Image to Image と呼ばれる方法で画像を生成してみましょう。単純な生成だけでは難しい表現に挑戦したり、アップスケールを行って自分の理想の画像を完成させましょう。

Section 4-1

img2img でできることを知ろう

このセクションでは、画像とプロンプトをもとにして新たな画像を生成する「image-to-image」について解説します。

image-to-image とは

これまでは「テキストによる画像生成」通称「txt2img」を体験してきました。ここから先は画像をもとにして、新たな画像を生成する手法「image-to-image」(以下「img2img」)を学んでいきます。言語のみでは伝えにくかった細かい雰囲気や表情、姿勢、入り組んだ表現、色味なども表現しやすくなります。またこれまで txt2img で生成した画像の修正や仕上げなども行うことができます。

「img2img」は、言語によるプロンプトを使って条件を与えるだけでなく、画像を与える処理で「画像プロンプト」とも理解できます。CLIP で変換された言語による潜在空間の条件付けだけではなく、従来はノイズだけだった潜在空間の初期条件に任意のユーザー提供画像と VAE を使って目標とする最終画像のサイズ、レイアウト、色などが近い画像の「描き直し」を指示します。

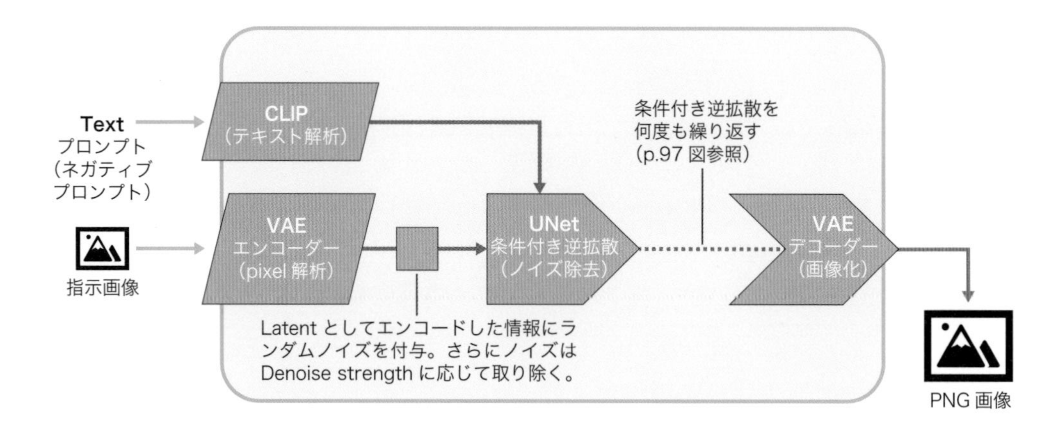

さらに次の章で紹介する「ControlNet」と似ていますが、ControlNet がコンピュータビジョンの「画像理解」を利用して生成画像の条件を設定していくのに対し、img2img は目標画像やマスク(mask：処理しない範囲)を画像として指定するため、内部の処理は従来の txt2ing と同じ潜在拡散におけるノイズ除去処理ではありますが、最終画像への処理対象をピクセル単位で制御することができる強力な画像制御手法です。また Denoising strength を 0.5 以下に設定することによって、元画像の尊重度を高くすることもできます。

本書では SDXL での img2img を使って解説していきます。SDXL は 3 倍大きい UNet で視覚的忠実度が改善されており、1024x1024 といった高解像度での条件付けでも学習されています。

img2img の機能を使ってみよう

img2img を使用するには WebUI の [img2img] タブ❶をクリックします。img2img にはさらに、[img2img]、[Sketch]、[Inpaint]、[Inpaint scketch]、[Inpaint upload]、[Batch] の 6 種類の機能❷があり、それぞれタブを選択することで使用することができます。Chapter4 では代表的な [img2img]、[Sketch]、[Inpaint] の使い方を順番に解説していきます。

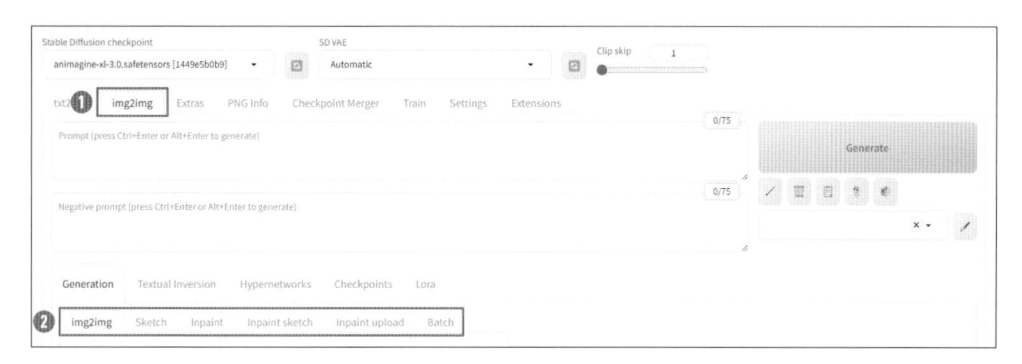

img2img を使って画像を生成してみよう

[img2img] は、入力画像とプロンプトから別の新たな画像を生成する機能です。WebUI 上の枠内❶に画像をドラッグ＆ドロップ、または枠内をクリックしてダイアログを開き、フォルダから選択することでアップロードします。

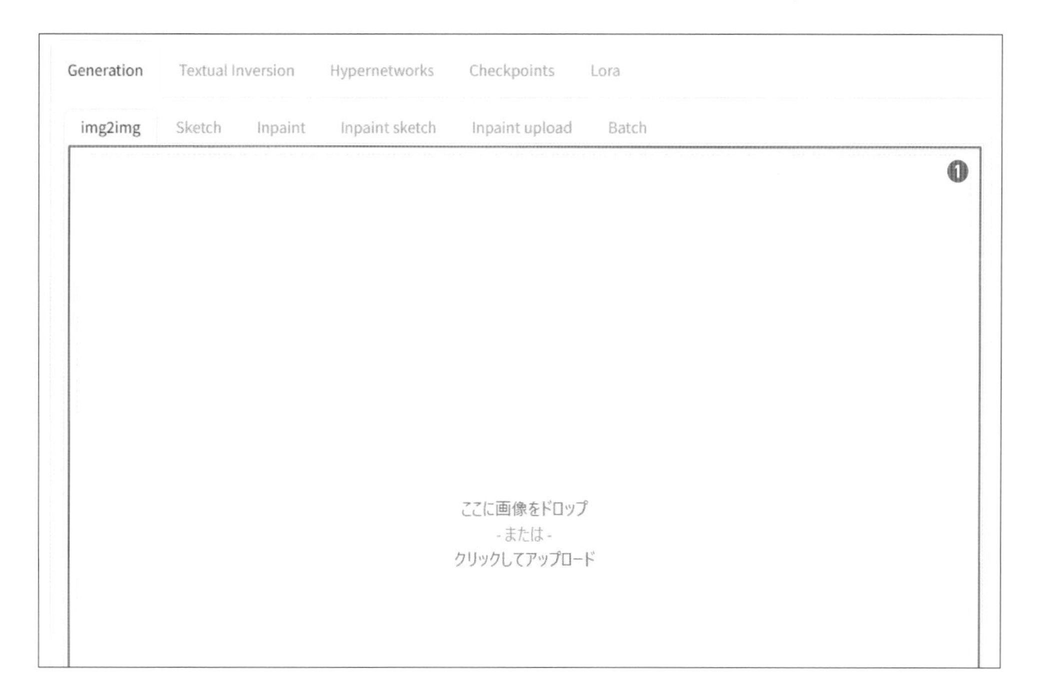

WebUIで設定するパラメータはtxt2imgのパラメータに加えて新たに[Resize mode] ❷、[Resize to/Resize by] ❸、[Denoising strength] ❹が加わります。また、これらはimg2imgの機能で共通しています。

❶ Resize mode

入力画像と生成する画像のサイズが異なる際に、その差を補完する方法を選択します。目的に応じて適したものを選びましょう。以下の表は生成する画像の横幅を512pxから縦幅と同じ720pxに変更する場合の各補完方法の様子です。

名称	Just resize	Crop and resize	Resize and fill	Just resize (latent upscaler)
補完方法	入力画像の縦横比は無視して、生成画像のサイズに合わせて引き伸ばします。	入力画像の縦横比を保ったまま、生成画像のサイズに合わせて一部を切り取り拡大します。	入力画像の縦横比を保ったまま、足りない部分は最も端のピクセルをコピーして補完します。	[Just resize]と同様に入力画像の縦横比は無視して、生成画像のサイズに合わせて引き伸ばしますが、その際にlatent upscalerを用います。
補完の様子				

❷ Resize to/Resize by

img2imgで生成する画像のサイズを指定します。[Resize to]タブでは縦横のサイズを指定でき、[Resize by]を選択すると入力した画像の縦横比のままで拡大縮小する倍率を指定することができます。

❸ Denoising strength

生成画像をどの程度元画像に近づけるかを設定します。

⟫ Denoising strength について知っておこう

[Denoising strength] は、入力画像に加えるランダムノイズの強さを指定します。デフォルトの値は 0.75 ですが、0 に近づくほど加えられるノイズが少ないため入力画像の特徴に忠実に、1 に近づくほどノイズが加わり得られる特徴が失われるため、入力画像とより異なった画像が生成されます。

[X/Y/Z plot] で、[Denoising] の値を変えて生成した画像を比較すると、[Denoising: 0.3] の生成画像は入力画像とほとんど同じですが、[Denoising: 0.8] の生成画像は、服装、髪色、背景の様子がかなり変わっていることがわかります。このように、[Denoising] の値で入力画像からの変化の大きさを調整することができます。

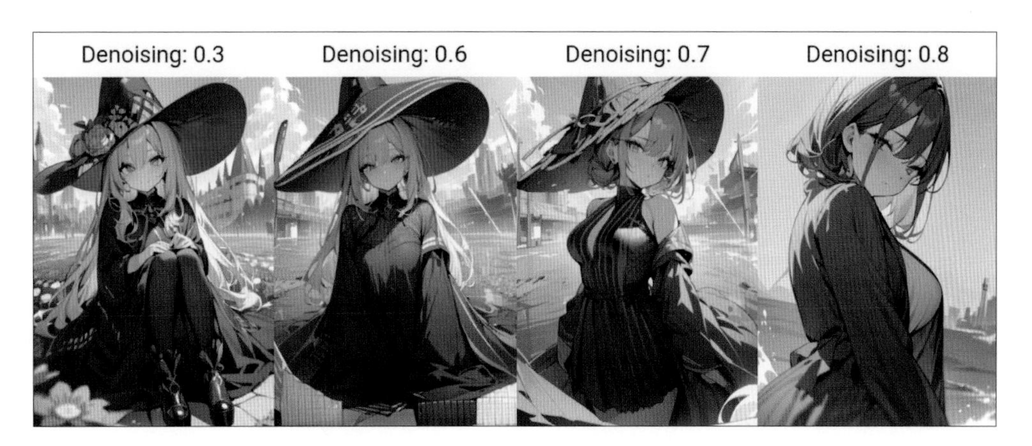

COLUMN 色の変化を抑える設定をしておこう

img2img は入力画像にノイズを加えて新たに生成するという仕組みのため、img2img を行う度に生成画像の色が少し変化する現象が見られます。この色の変化を防ぐための補正をオプションで選択することができます。[Setting] タブの [img2img] をクリックして選択し、[Apply color correction to img2img results to match original colors.] ❶にチェックを入れ有効にします。これで入力画像をもとにした色の補正が働くようになります。

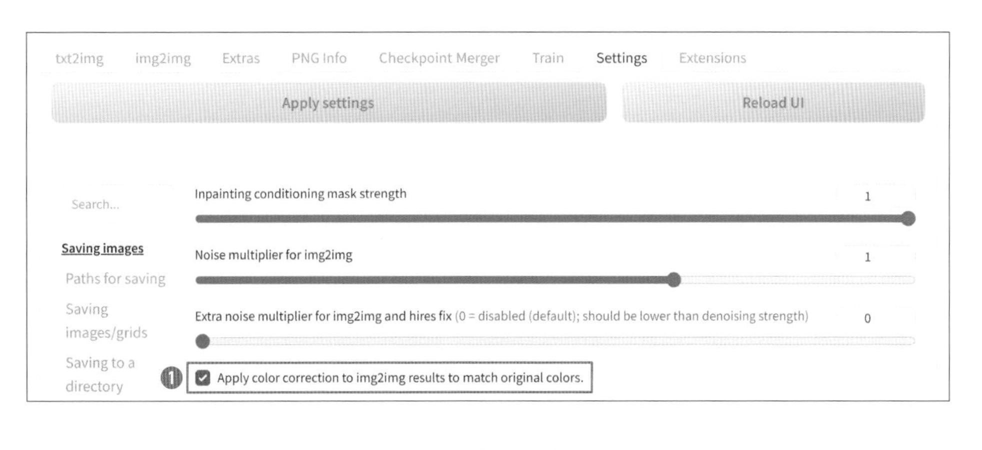

Section 4-2

Sketch を使って画像を生成しよう

このセクションでは、img2img の機能の 1 つである Sketch を解説します。WebUI にペイントソフトのように簡単な下書きを書き込んで画像を生成してみましょう。

Sketch とは

[Sketch] とは、Section1 で解説した [img2img] のように画像をアップロードして、WebUI 上でペイント機能を使ってさらに指示を加えてから画像を生成する img2img の機能の 1 つです。WebUI にはペイントソフトのように、パレットといくつかのツールが用意されているので、Photoshop のような画像編集ソフトをもっていなくても入力画像に簡単な加筆を行うことができます。また、白紙の画像をアップロードして簡単な下書きを作ってから画像を生成行うこともできます。

Sketch を使ってみよう

[img2img] タブ❶を開き、[Generation] → [Sketch] タブ❷をクリックして選択します。

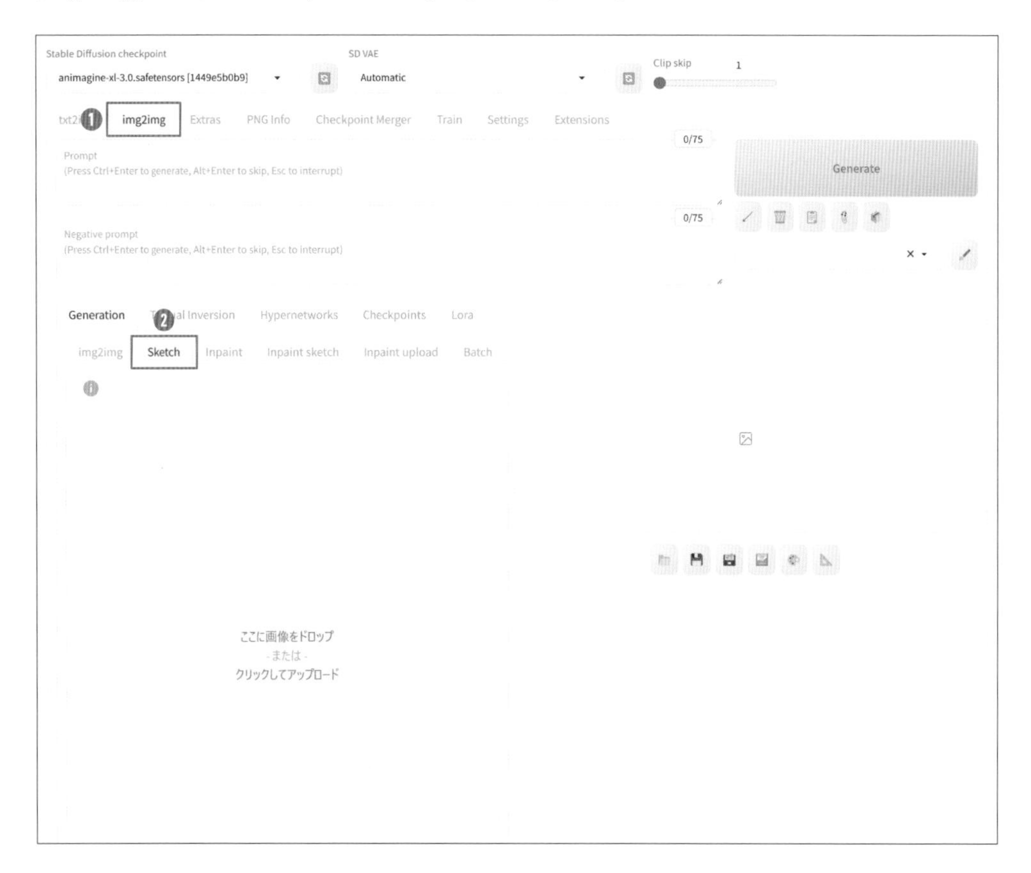

まずは入力画像を用意し、枠内にドラッグ＆ドロップ、または枠内をクリックしてファイルからアップロードします。[PNGinfo] に画像をアップロードして、[Send to inpaint] をクリックして送ることもできます。キャンバスが準備できると右上にツールのアイコンが表示されるので、それらを使用し入力画像を編集してみましょう。

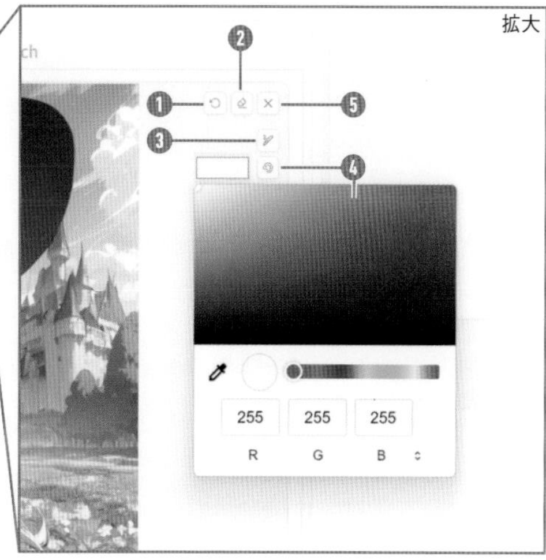

キャンバスのツール

❶ Undo

1 つ前の操作状態に戻ります。

❷ Clear

描いたものを一括削除します。

❸ Use brush

WebUI 上で使えるブラシに切り替えます。もう一度クリックするとブラシの太さを調節するバーが表示されます。

❹ Select brush color

ブラシ色の変更を行います。クリックすると現在使用している色が表示され、その色をクリックすると、色を変更するカラーパレットが表示されます。

❺ Remove image

現在のキャンバスにある入力画像ごと廃棄します。

今回はブラシを使って虹彩の色を赤く変更し、色とブラシサイズを変えて簡単に瞳とハイライトを追加しました。

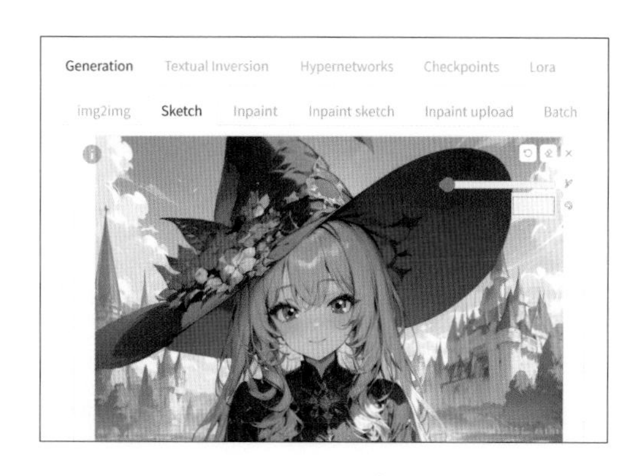

プロンプトにも Prompt red eyes を追加して、その他のパラメータも設定したら[Generate] をクリックして生成します。今回は [Denoising strength: 0.4] としました。このように Inpaint を使うと画像の一部を書き足して生成できるので、より具体的に自分の指示を反映させることができます。

変更後の Prompt

masterpiece, best quality, ultra detailed, fantasy, vivid color, 1girl, witch, (long) black robe, hat, red eyes, long silver hair, sitting on flower garden, holding knees, smile, looking at viewer, full body, (flower garden), blue sky, castle, noon, sunny

COLUMN 下書きから画像を生成してみよう

Sketch の機能だけを使って下書きから画像を生成することもできます。今回は、麦わら帽子を被った女の子を描いてみます。ペンタブなどがあれば描きやすいですが、マウスなどでも十分です。下書きが描けたら、[Generate] ボタンをクリックして生成してみましょう。構図や色など下書きの特徴を強く反映したイラストを生成することができます。

Prompt

masterpiece, best quality, ultra detailed, colorful, portrait, 1girl, straw hat, white shirt, blue sky,

Negative Prompt

worst quality, low quality, normal quality, easynegative, multiple girls,

Section
4-3

Inpaint で画像を編集してみよう

このセクションでは、画像の一部分を選択して、その部分だけを生成して変化させることができる img2img の [Inpaint] という機能について解説します。

Inpaint とは

[Inpaint] では、入力画像の一部の範囲（マスク）を簡易的に指定し、その部分のみを生成して変化させる方法です。入力画像の背景や細かいパーツなどを後から追加したり、逆に削除することができます。

Inpaint をつかってみよう

それでは、実際に Inpaint を使ってみましょう。[img2img] タブ❶を開き、[Generation] → [Inpaint] タブ❷を選択します。入力画像を枠内にドラッグ＆ドロップ、または枠内をクリックしてファイルからアップロードします。

Prompt

masterpiece, best quality, ultra detailed, 1girl,

Negative Prompt

worst quality, low quality, normal quality, easynegative,

入力画像をアップロードするとキャンバス右上に、Sketch 同様にツール❸が表示されます。これらの操作方法は [Sketch] と同じです。イラストの修正したい部分を塗りつぶしてマスクを作成します。今回は背景部分をマスクで囲いましょう。

[Inpaint] では新たに 5 つのパラメータの設定を行います。生成結果に大きく影響を与えるため、目的に合わせてそれぞれ設定しましょう。

Resize mode
Just resize　Crop and resize　Resize and fill　Just resize (latent upscale)
❶ Mask blur　4
❷ Mask mode
Inpaint masked　Inpaint not masked
❸ Masked content
fill　original　latent noise　latent nothing
❹ Inpaint area
Whole picture　Only masked
❺ Only masked padding, pixels　32

❶ Mask blur

マスク範囲との境界をぼかす範囲を pixcel 単位で指定します。

❷ Mask mode

マスク範囲の取り扱いを設定します。
[Inpaint masked] マスク範囲を生成します。
[Inpaint not masked] マスク範囲でない部分を生成します。

❸ Masked content

マスク範囲に対して事前に行う処理を選択します。
[fill] マスク範囲を周囲のピクセルの色で塗りつぶしてから画像を生成します。
[original] マスク範囲は入力画像のままで画像を生成します。
[latent noise] マスク範囲をランダムなノイズで塗りつぶしてから画像を生成します。
[latent nothing] マスク範囲には何も特徴を与えない状態から画像を生成します。

❹ **Inpaint area**　入力の対象となる範囲を設定します。
[Whole picture] 入力画像全体から特徴を抽出して画像を生成します。
[Only masked] マスク範囲のみから特徴を抽出して画像を生成します。

❺ **Only masked padding, pixels**
[Inpaint area: Only masked] を選択した際に、マスク範囲をどれくらい拡大するかを pixcel 単位で指定します。

今回は [Mask blur: 4]、[Mask mode: Inpaint masked]、[Masked content: original]、[Inpaint area: Whole picture] と設定しました。

まずはプロンプト等を入力せずにそのまま [Genetate] ボタンをクリックして生成してみましょう。今回はプロンプトによる指示がなく、入力画像の特徴をもとに生成が行われるため、マスクした範囲に大きな変化はありません。

続いて今度はプロンプトを記述して背景を変えてみましょう。入力画像の背景は室内でしたが、Prompt blue sky を加えて屋外に変えてみます。マスクしていた部分にプロンプトの指示が働き青空になりました。

Prompt
masterpiece, best quality, ultra detailed, blue sky,

Negative Prompt
worst quality, low quality, normal quality, easynegative,

Chapter 4

Section 4-4

Inpaint を応用して画像を修正する

このセクションでは、インペイントの応用的な使い方について解説します。

表情を変更する

前のセクションでは、[Inpaint] でマスクを作成し、新しいプロンプトを追加することで、その内容を生成画像に反映できることを解説しました。これを利用して表情のみを修正することができます。例として入力画像の口元を笑顔にしてみましょう。[Inpaint] に画像をアップロードして、口元をマスクで囲いプロンプトを変更して生成します。

入力画像

Inpaint 後

Prompt
masterpiece, best quality, ultra detailed, 1girl, v, upper body,

Prompt
masterpiece, best quality, ultra detailed, smile,

COLUMN Mask blur を調整して自然に見せる

Inpaint で生成した部分の境界が目立ってしまう時には、[Mask blur] を調整して軽減することができます。デフォルトは 4 ですが、大きい値を指定すると境界がぼやけ、色の差などが目立たなくなります。必要に応じて調節していきましょう。

指を修正する

生成された画像では指が多い、解剖学的に変な方向に曲がっている場合があります。今回はピースサインの指が絡まってしまっているので修正してみます。

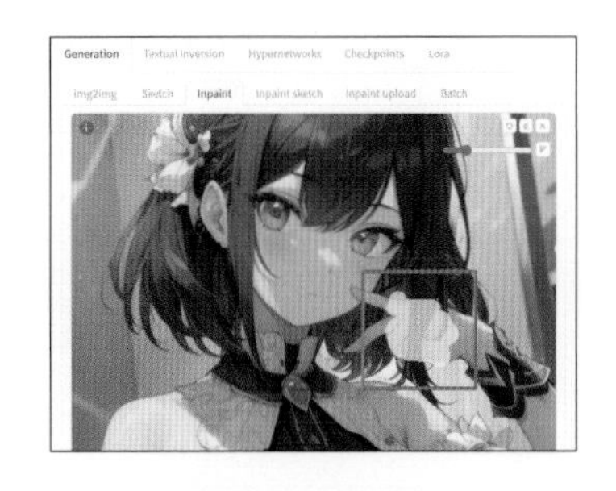

Prompt

masterpiece, best quality, ultra detailed, v,

また、[Inpaint sketch] タブでは Inpaint のマスク機能に加えて、Sketch のように WebUI 上で加筆ができるため、指などの細かい部分を修正する場合はこちらを使うのもおすすめです。

アクセサリーを追加する

髪飾りやアクセサリー、リボンなどを付け足したいときは、生成したい場所にマスクを作成し、プロンプトで指示することで小物を付け足すことができます。今回は右耳にイヤリングを追加します。耳たぶから下にかけて、イヤリングを加えたい部分を塗りつぶしてマスクを作成し、星形のイヤリングのプロンプトを入力して生成します。

Prompt

masterpiece, best quality, ultra detailed, star earring,

Section
4-5

Outpaintingで画像を拡張する

このセクションでは、画像の周囲に新たに画像を生成することで画像のサイズを拡大することができる「Outpainting」(アウトペインティング)機能について解説します。

Outpaintingとは

Inpaintでは、入力画像の中の一部を選択して生成することができました。それに対しOutpaintingでは、入力画像の周囲にその続きの画像を生成することができます。画像の被写体が見切れている時や、後から画像のサイズが足りないと感じた時などに使うことができます。

Outpaintingを使ってみよう

ここでは最も実用的なアウトペインティングのツールである[Poor man's outpainting]を使用してOutpaintingを行います。まずは[img2img]→[img2img]タブ❶を開き、入力画像をアップロードします。

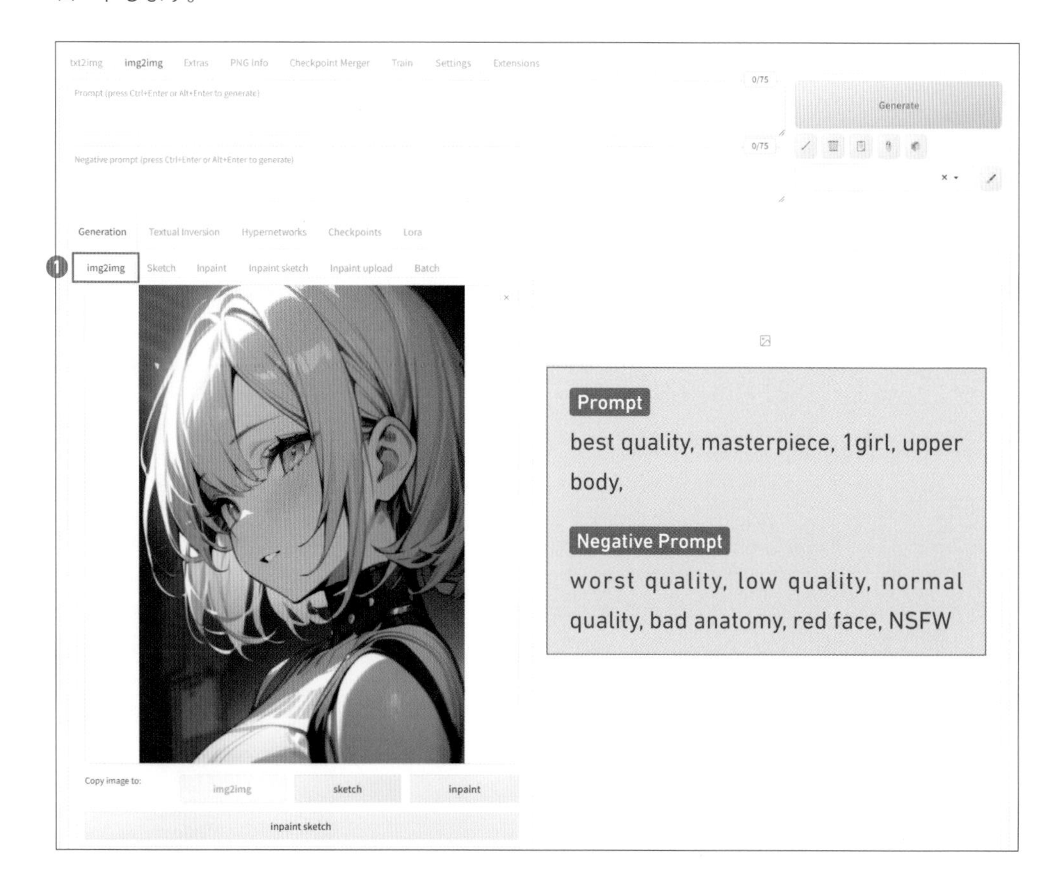

[Script] メニューから [Poor man's outpainting] ❷をクリックして選択します。[Poor man's outpainting] のメニューが展開し、追加で4つのパラメータを設定します。

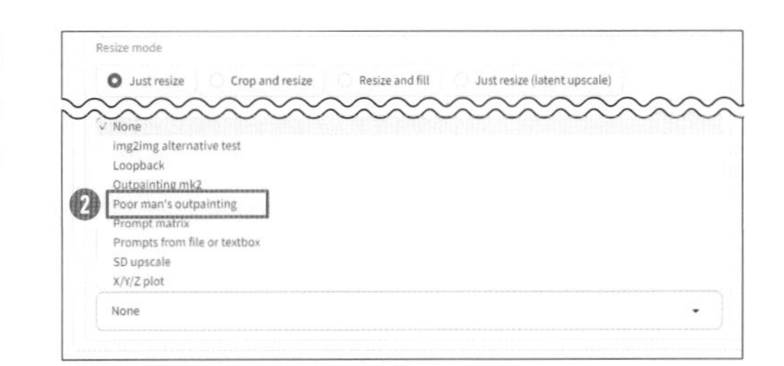

Script
Poor man's outpainting
❶ Pixels to expand 128
❷ Mask blur 4
❸ Masked content
fill / original / latent noise / latent nothing
❹ Outpainting direction
left / right / up / down

❶ **Pixels to expand**　拡張する範囲を pixel 単位で指定します。

❷ **Mask blur**　入力画像と新たに生成する部分の境界をどれだけぼかすかを指定します。

❸ **Masked content**　拡張する範囲を補完する方法を指定します。補完方法は Inpaint と同様の4種類から選択できます。

❹ **Outpaintinging direction**　上下左右どの方向に拡張するかを指定します。複数の方向を同時に選択することもできます。

今回はプロンプトは変更せずに [Pixels to expand: 128]、[Mask blur: 4]、[Masked content: fill]、[Outpaintinging direction: down] として下方向に画像を拡張しました。

outpaintinging 処理した画像にさらに outpaintinging を繰り返すことで、さらに広げていくことも可能です。また、拡張部分との境目に目立つ境界線が生まれてしまう場合は [Mask blur] や [Pixel to expand] の値を調整しましょう。

Section
4-6

img2img で画像の解像度を上げる

このセクションでは、生成した画像の解像度を上げる「アップスケーリング」の方法について解説します。

なぜアップスケーリングが必要なのか

アップスケーリングとは、画像を拡張し、解像度を上げることを指します。Stable Diffusion の画像生成では生成できる画像のサイズは、デフォルトで 512px × 512px（SDXL では 1024px × 1024px）とかなり低解像度です。このような低解像度で生成した画像からノイズを除去し、超解像化していくことで高解像度の画像を生成することができます。

しかし、それならなぜ最初から高解像度で生成しないのでしょうか。それは、高解像度の画像を一から推論して生成するには、巨大な演算空間が必要になるからです。大きな画像を生成しようとするほど巨大な VRAM、つまり高い演算能力を持つ高価な GPU が必要になり、より大きなコストがかかってしまいます。また、学習している画像のサイズも限りがあるため、大きな画像を生成しようとすると画像自体が崩壊してしまうこともあります。

Chapter3 で解説した [Hires. Fix] のようにアップスケーリングの方法はいくつかありますが、ここでは img2img を利用したアップスケーリングについて解説します。

img2img を使ったアップスケーリングをしてみよう

生成した画像をもとに img2img でのアップスケールを行います。まずは [txt2img] タブで画像を生成します。生成した画像は生成ビュアーの [Send to Img to Img] ❶をクリックして、[img2img] タブに送ります。

Prompt
masterpiece, best quality, ultra detailed, 1girl

Negative Prompt
worst quality, low quality, normal quality, easynegative, NSFW

Seed: 43598724
生成サイズ : 512 × 512px

[img2img] タブでは [Resize to] ❷のパラメータで拡大後のサイズを指定します。今回は2倍の 1024 × 1024px に指定しました。[Resize by] で拡大する倍率を指定した場合でも同様です。

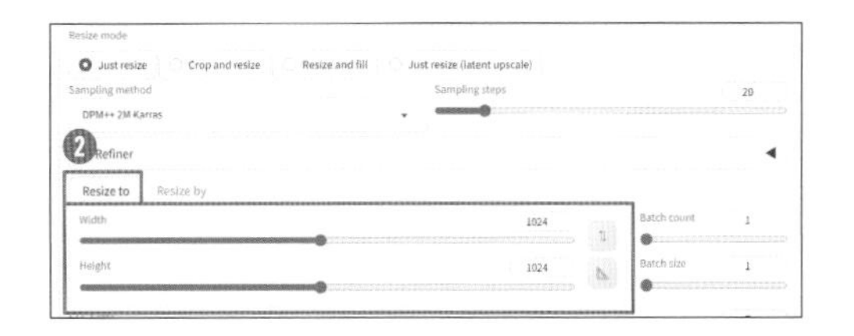

今回は入力画像とできるだけ同じ画像を生成したいので、プロンプトは変更せずに [Resize mode: Just resize] ❸、[Denoising strength: 0.5] ❹にしておきます。[Denoising strength] の値は小さいほど拡大前の入力画像に忠実になりますが、小さすぎるとサイズが大きいにもかかわらず低解像度のように荒く見える画像になってしまいます。設定が決まったら [Generate] をクリックして生成します。

▲ [Denoising strength] や [Step] は [X/Y/Z plot] を使って好みの値を探るとよいでしょう。

入力画像を高解像度化することができました。比較すると線が滑らかになり、細部の書き込みも増えてただの引き延ばしではなく生成によるアップスケーリングに成功していることがわかります。この生成画像をさらに img2img にかけることで 512 → 1024 → 2048px と細部の精密さを維持しながら解像度を上げることもできます。

Section 4-7

拡張機能でアップスケーリングをしてみよう

このセクションでは、AUTOMATIC1111 の拡張機能である「Ultimate SD Upscale」を使ったアップスケーリングを解説します。

Ultimate SD Upscale とは

Section6 では、img2img を使ってアップスケーリングを行いました。今回はもう 1 つ、[Ultimate SD Upscale] という拡張機能 (Extention) を使用したアップスケーリングの方法を解説します。まずは拡張機能を導入するところからはじめていきましょう。

COLUMN 拡張機能とは

Stable Diffusion および AUTOMATIC1111 はオープンソースライセンスでプログラムのソースコードが公開されているため、より便利に利用できるように有志の人間による追加プログラムが開発・公開されています。これらを利用することで自身の利用環境に合わせて新たな機能を追加して、より自由に使いこなせるように拡張していくことができるので積極的に活用していくと良いでしょう。ただし、拡張機能によっては使用用途に制限があるライセンスの場合があるので使用前に確認して使用するようにしましょう。

拡張機能を導入する

拡張機能は WebUI から共通の方法で導入することができます。まず WebUI を起動し、[extensions] タブ❶を開きます。[Install from URL] ❷を選択し、[URL for extension's git repository] ❸に導入したい拡張機能の Github ページから [code] ❹を開きコピー❺をクリックしてコピーし入力します。

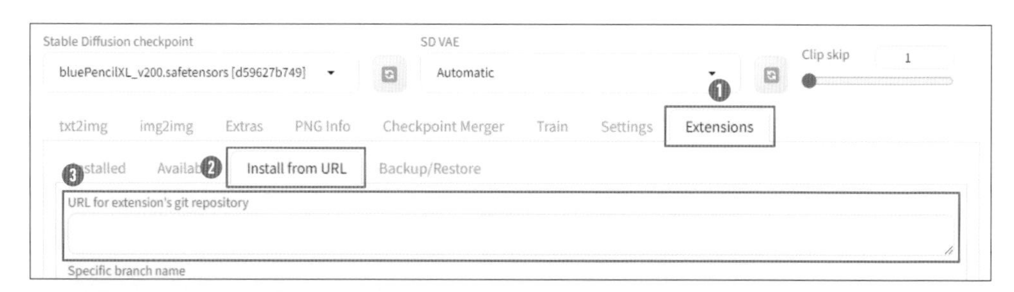

今回利用する [Ultimate SD Upscale] は以下の Github リポジトリからインストールします。

Github - Coyote-A/ultimate-upscale-for-automatic1111
https://github.com/Coyote-A/ultimate-upscale-for-automatic1111

URL ❻を入力し、[Install] ❼をクリックすると自動で入力した URL から拡張機能が導入されます。

Stable Diffusion checkpoint
bluePencilXL_v200.safetensors [d59627b749]
SD VAE
Automatic
Clip skip
1
txt2img img2img Extras PNG Info Checkpoint Merger Train Settings Extensions
Installed Available Install from URL Backup/Restore
URL for extension's git repository
❻ https://github.com/Coyote-A/ultimate-upscale-for-automatic1111
Specific branch name
Leave empty for default main branch
Local directory name
Leave empty for auto
❼ Install

完了したら [Installed] タブ❽をクリックして選択し、インストール済みの拡張機能の一覧の中に [Ultimate SD upscale] ❾があることを確認します。表示が無い場合には [Apply and quit] ❿をクリックして WebUI をリロードして再度確認しましょう。Colab の場合は Colab ノートブックの最終セルを再度実行して新しい Gradio の URL にアクセスする必要があります。

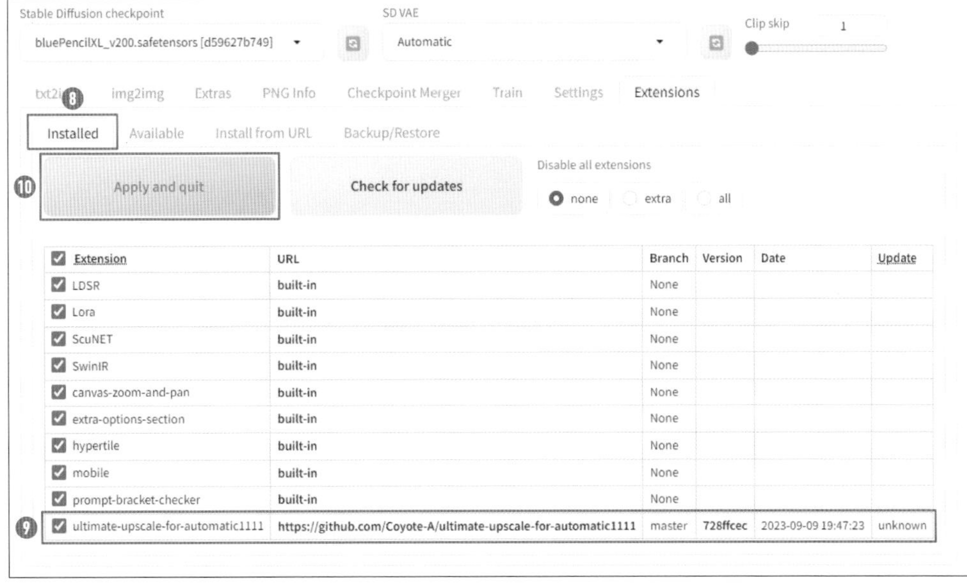

▲ [Ultimate SD upscale] が表示されていない場合は、エラーが赤い文字で画面に表示されるはずですので注意深く見ておきましょう。

⋙ Ultimate SD Upscale をつかってみよう

Web UI を再起動します。[Ultimate SD Upscale] は img2img で使用する拡張機能なので、[img2img] のタブに移りましょう。Generation タブの 1 番下の [Script] のメニューから [Ultimate SD upscale] ❶ を選択します。

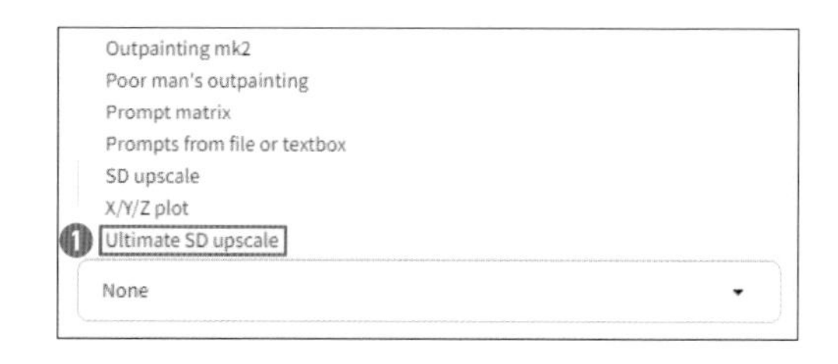

[Ultimate SD upscale] のメニューでは追加で 5 つのパラメータを設定します。

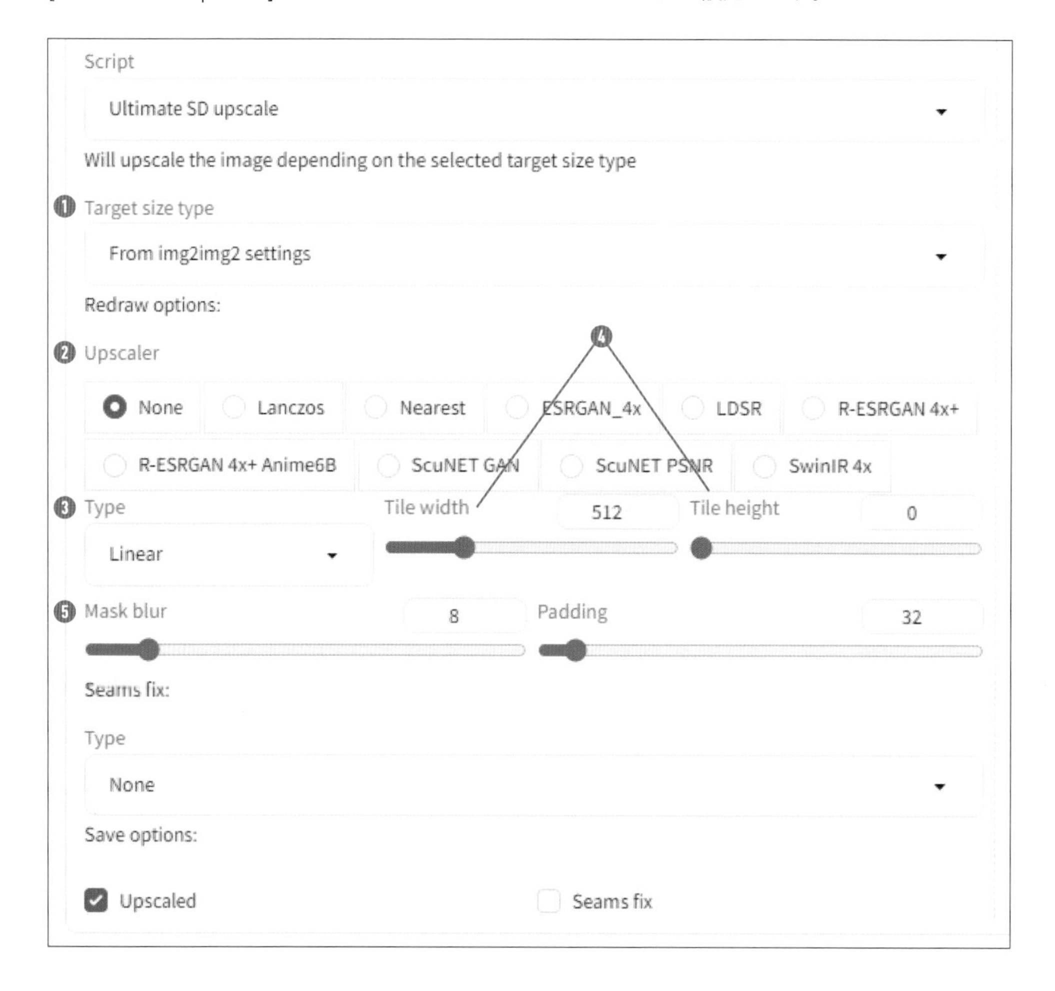

❶ Target size type

アップスケール後の画像のサイズの指定方法を選択します。

[From img2img2 settings]　[img2img] タブの設定に合わせます。

[Custom size]　スライダーが表示され、縦横のサイズをそれぞれ指定します。

[Scale from image size]　入力画像の何倍のサイズにするかを指定します。

❷ Upscaler

使用するアップスケーラーのアルゴリズムを選択します。

❸ Type

アップスケールをする際、AI は画像を分割して処理を行っており、それらの分割されたパーツを「タイル」と呼びます。ここではタイルの分け方を指定します。基本的にはデフォルトのままで問題ありません。

❹ Tile width/height

分割するタイルのサイズを指定します。

❺ Mask blur

分割されたタイル同士の境界のぼかしの強度を指定します。

それでは実際に使ってみましょう。まず txt2img で生成した画像を用意します。これを img2img タブにアップロードします。[img2img] → [Resize by: 2]、[Denoising strength: 0.5] に指定します。[Ultimate SD upscale] → [Upscaler: R-ESRGAN 4x+] を選択し、他はデフォルトの設定で生成します。

Prompt

masterpiece, best quality, ultra detailed,1girl,

Negative Prompt

worst quality, low quality, bad anatomy,

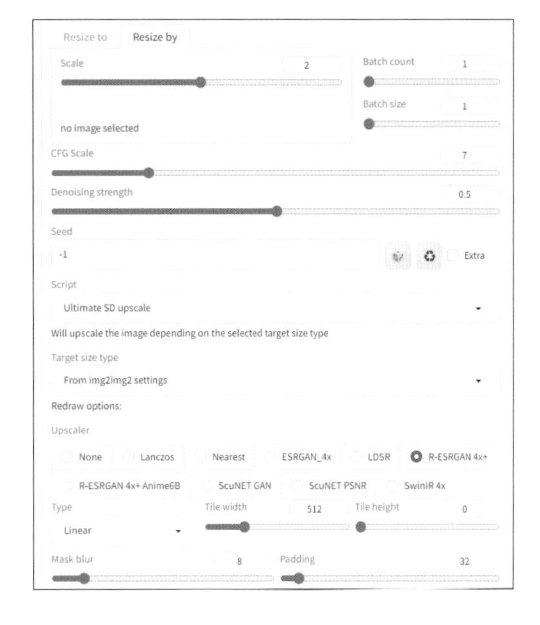

アップスケール前後を比べると、高解像度化が成功していることがわかります。

先ほどアップスケーラーは [R-ESRGAN 4x+] を選択しましたが、他のアップスケーラーではどのような画像が生成されるのでしょうか。試してみましょう。

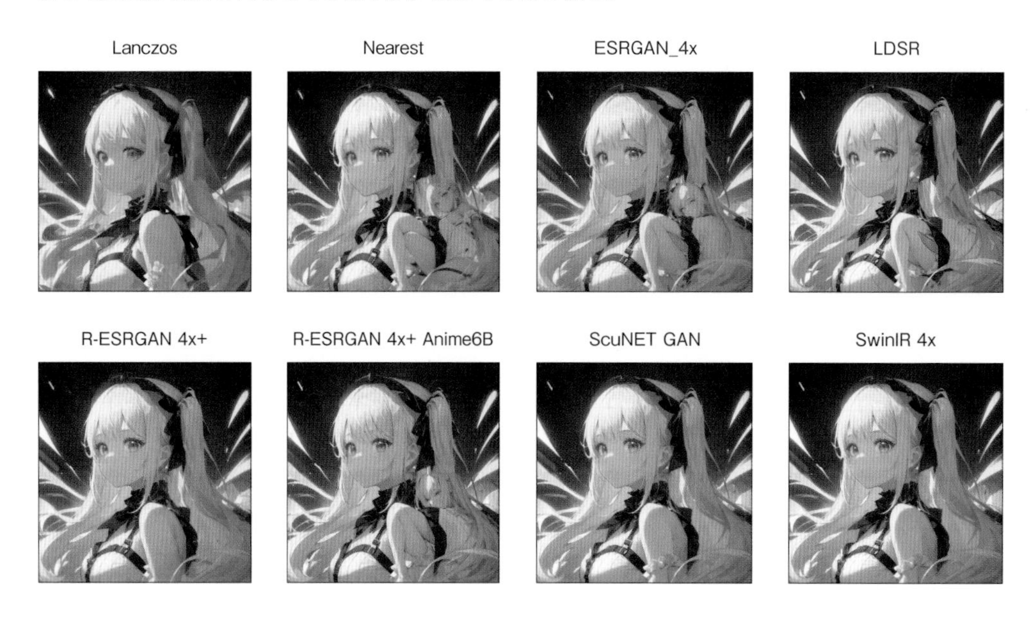

一部のアップスケーラーでは右下にもう 1 人女の子が生成されてしまいました。今回の条件では、R-ESRGAN 4x+ が最も高品質なように感じられます。リアル調の画像の生成など条件が変わると相性の良いアップスケーラーが変わるので、自身の目的に合わせて使い分けていきましょう

Chapter

5

ControlNetを使ってみよう

画像から特定の情報を抽出できるControlNetを使うとより自由に画像を生成できるようになります。ControlNetを使うための環境を整え、プリプロセッサの働きを理解することでよりツールとして使いこなすことに挑戦しましょう。

Section
5-1

ControlNetについて知っておこう

このセクションでは、より意図した通りの画像を生成するのに役立つ拡張機能、「ControlNet」の概要について解説します。

ControlNetについて知っておこう

ControlNetは、2023年2月に論文「Adding Conditional Control to Text-to-Image Diffusion Models（テキストから画像への拡散モデルへの条件制御の追加）」で発表された Stable Diffusionの派生拡張技術です。プロンプトに加えて画像や姿勢を入力することで、プロンプトのみでは指示できない複雑な構図や、文字で説明することが難しいポーズ、元画像のキャラクターを再現した画像などを生成することが可能になりました。

作者は論文の主著者であるIllyasviel氏（Zhang Lvmin氏）で、2024年3月現在、Illyasviel氏のGitHubやHugging Faceで技術の詳細やモデルが公開されています。

Github - Lllyasviel / ControlNet-v1-1-nightly
https://github.com/lllyasviel/ControlNet-v1-1-nightly

またMikubill氏がControlNetをAUTOMATIC1111で使用するための拡張機能をオープンソースで公開しています。

Github - Mikubill / sd-webui-controlnet
https://github.com/Mikubill/sd-webui-controlnet

ControlNetは、Stable Diffusionの拡散モデルによる空間的条件制御を追加するニューラルネットワークの技術です。画像からポーズを抽出する「openpose」や、輪郭線を抽出する「canny」などいくつかの種類の「プリプロセッサ」から構成されており、抽出した情報をtxt2imgによる画像生成の条件制御として使用します。各プリプロセッサを目的に応じて使い分けることで、従来のtxt2imgでは制御が難しい構図や姿勢などを制御し、より意図した通りの画像を生成することができます。

img2img と ControlNet の違いを知っておこう

「画像とプロンプトをもとにして新たな画像を生成する」と聞くとこれまで学んできた img2img を想像するかと思いますが、img2img と ControlNet は完全に別の技術です。

img2img は入力画像全体の特徴を捉えて画像を生成するのに対し、ControlNet は、入力画像上の情報(線画、境界線、姿勢、深度情報など)をプリプロセッサによって事前に解析し、プリプロセッサごとに決まっている特定の要素の特徴のみを入力画像から抽出して画像を生成することができます。例えば、以下のように入力画像のポーズのみを再現することができます。

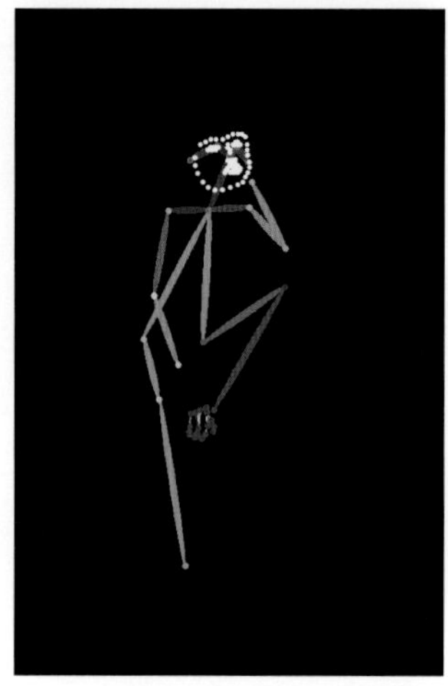

▲ フリー素材サイト「Pexels」からダウンロードした画像、openpose プリプロセッサで抽出した人間の姿勢、さらにそれを元に生成した画像。

これは「openpose」というプリプロセッサを使って、写真の人物のポーズと表情を 3D 座標(正確には各関節の行列)として抽出し、それをもとにポーズをとらせた画像を生成したものです。生成画像のポーズと表情のみに入力画像の特徴が反映されており、人物や服などのそれ以外の特徴は全く異なっていることが分かります。このように、ControlNet はプリプロセッサによる制約条件を導入することで、利用したい特定の特徴のみを使ってより自在に画像を生成することができるパワフルな技術です。

COLUMN オープンソースライセンスの確認

ControlNet の中でもとても便利な OpenPose ですが、非商用ライセンスのソフトウェアが混在しており、商用サービス等への利用については注意が必要です。映像・放送業界などのシステム構築や業務的な利用でダウンロードする際はライセンスを注意して確認してください。

Section 5-2

ControlNet をダウンロード・準備する

このセクションでは、ControlNet のインストール方法を解説します。

ControlNet を導入する

前のセクションで紹介した通り、ControlNet は AUTOMATIC1111 の拡張機能になっているため、[Extensions] として SD Upscaler の時と同じように本体をインストールすることができます。しかし、ControlNet 本体に加えて「プリプロセッサのモデル」をインストールする必要があります。Colab とローカルそれぞれの導入方法を解説していきます。

Colab 環境での導入

以下の Colab ノートブックを使用します。このノートブックでは必要な拡張機能のインストールができるコードセルを準備しています。

AICU A1111 TheLastBen on Colab
https://j.aicu.ai/SBXL2

これまで同様に [ファイル] から [ドライブにコピーを保存] し、上から順にセルを実行していきます。拡張機能である ControlNet とそのプリプロセッサのモデルを同時にインストールすることができます。[ControlNet] のブロックの最初の選択肢 [XL_Model] ではダウンロードできるプリプロセッサを選択できます。[All] を選ぶと全てのプリプロセッサがインストールされます。

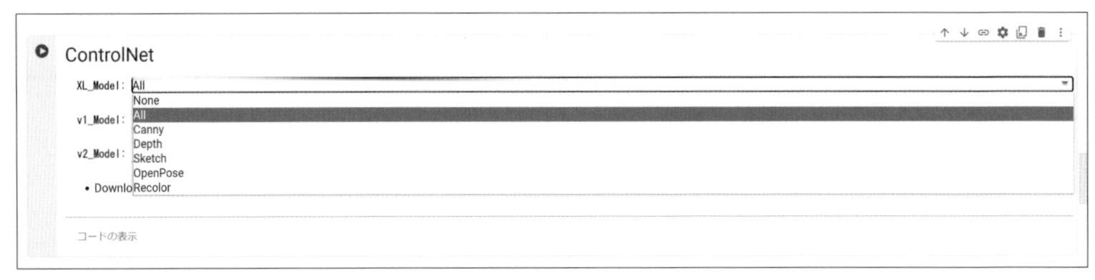

▲ [All] を選択するとダウンロードする量が多いので利用開始まで 10 分程かかります。

プリプロセッサのモデルのダウンロードが完了したら 、これまで同様に [Start Stable-Diffusion] のセルを実行し WebUI を立ち上げます。

ローカル環境での導入

ローカル環境の場合、ControlNet 本体（extensions）とプリプロセッサのモデルを分けてインストールしていきます。まずは Extensions の本体をダウンロードしましょう。今回は以下の URL からインストールします。

Github - Mikubill/sd-webui-controlnet
https://github.com/Mikubill/sd-webui-controlnet.git

GitHub の [code] ❶を展開し、⧉コピー❷をクリックしてリンクをコピーします。クリップボードには [https://github.com/Mikubill/sd-webui-controlnet.git] がコピーされています。

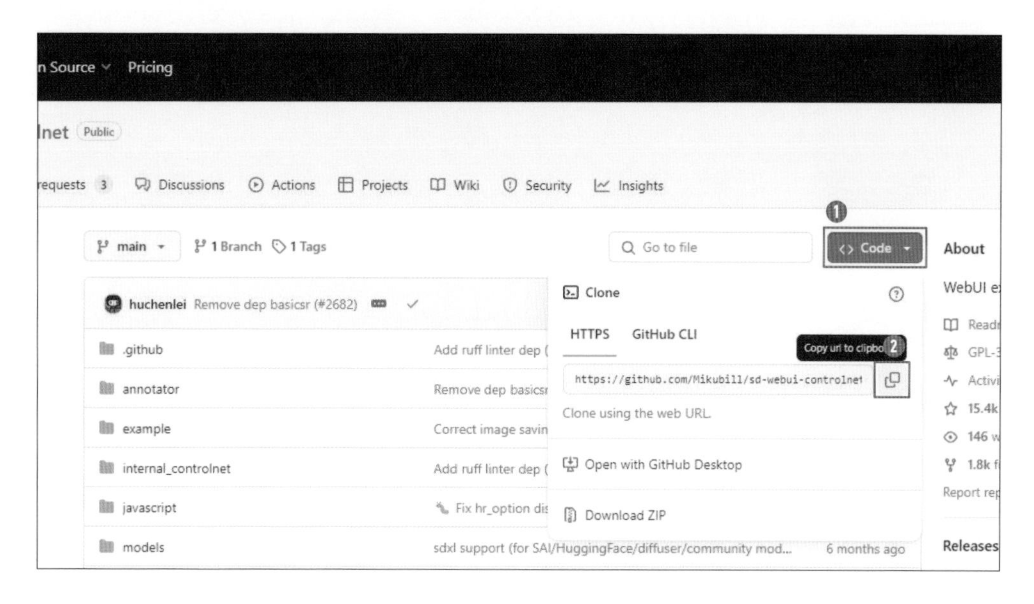

通常の拡張機能と同様に、導入したい拡張機能が公開されている Github の URL を WebUI の [Extensions] タブの [Install from URL] → [URL for extension's git repository] ❶に [https://github.com/Mikubill/sd-webui-controlnet.git] を貼り付けて [Install] ❷ボタンをクリックします。

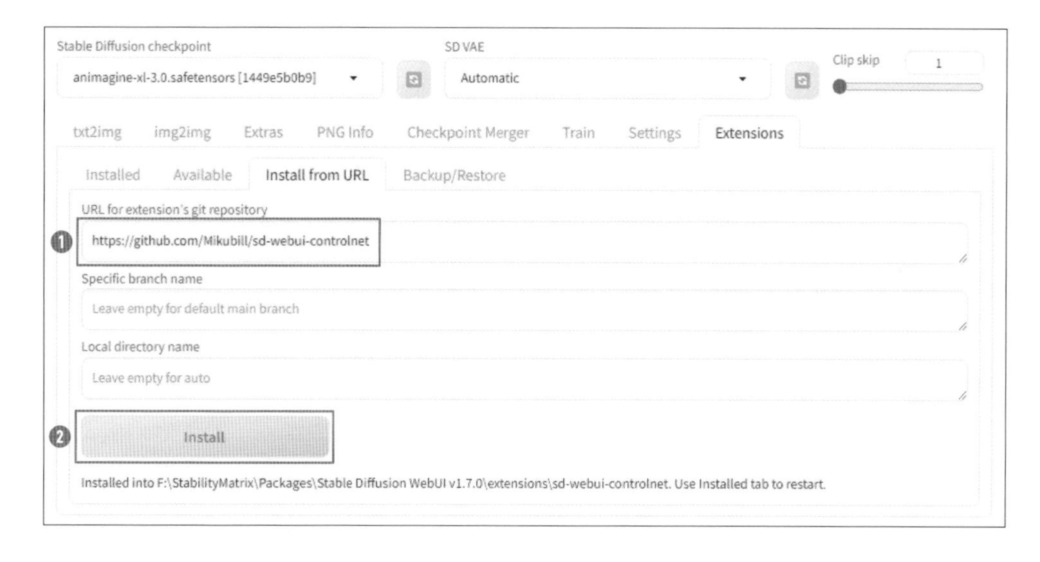

[Install] ボタンを押して、5 秒待ち、[Installed] ❸タブ→ [Check for updates] ❹→ [Apply and restart UI] ❺でインストールできます。[Installed] のリストに入っていることを確認したら、Stability Matrix を再起動します（公式によると PC ごと再起動するほうがよいとのこと）。この段階で、ControlNet 本体は [Data/Extentions/] に配置されている状態です。このあとモデルダウンロードに入ります。

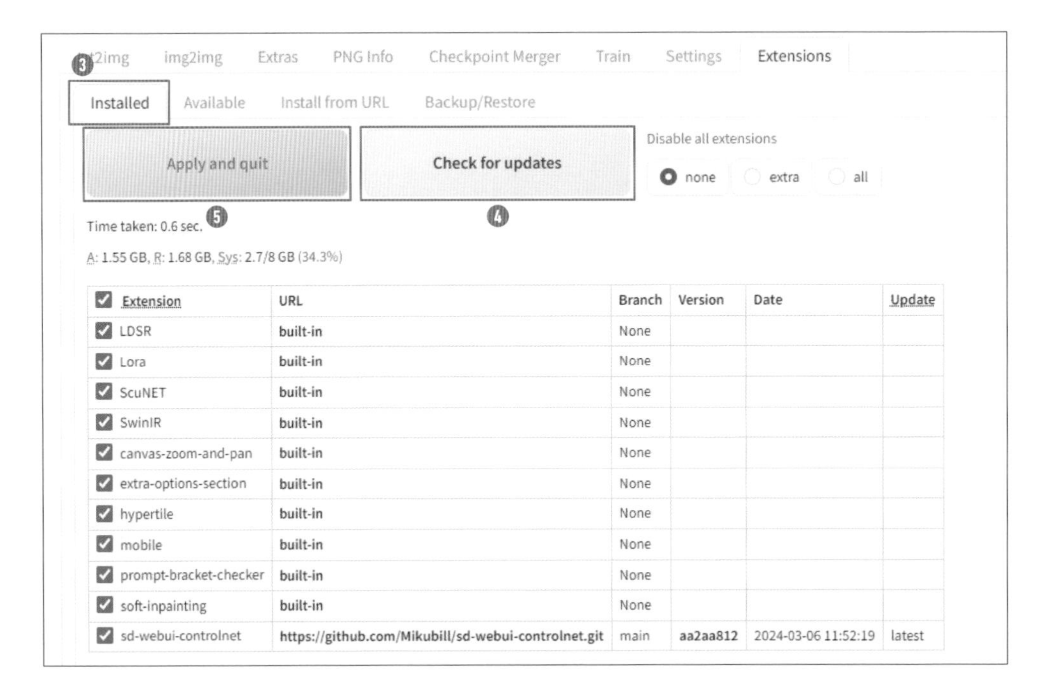

Stability Matrix の [Model Browser] から Extensions 本体とプリプロセッサをチェックボックスで選んでインストールすることが可能です。実際に試してみたところ、一部動作に不明瞭な点があるので、不具合があった時は以下のプリプロセッサのモデルのローカルインストールの手順に従ってください（そのうち快適に使えるようになると予想します）。

次にプリプロセッサのモデルをダウンロードしましょう。ControlNet のモデルは、SD1.5、SD2.0、SDXL のベースモデルごとにそれぞれ別のものが公開されており、使用している Stable Diffusion のモデルに合ったプリプロセッサのモデルを使う必要があります（各 SD 間の互換性はありません）。（AUTOMATIC1111 機能拡張を作った Mikubill 氏ではなく）開発者の Illyasviel 氏の Hugging Face で ControlNet のプリプロセッサのモデルが集約されています。

Illyasviel SD Control Collection（SDXL 用モデルファイル）
https://huggingface.co/lllyasviel/sd_control_collection/tree/main

Illyasviel ControlNet1.1（SD1.5 用モデルファイル）
https://huggingface.co/lllyasviel/ControlNet-v1-1/tree/main

それではダウンロードしていきましょう。ファイル名の右にあるダウンロードアイコンをクリックするとダウンロードが始まります。あまり重くないファイルなので全てダウンロードしても問題ないと思いますが、空き容量が少ない場合はまず試しに Canny ❸ のモデルをダウンロードして、随時他のプリプロセッサのモデルも追加してみてください。

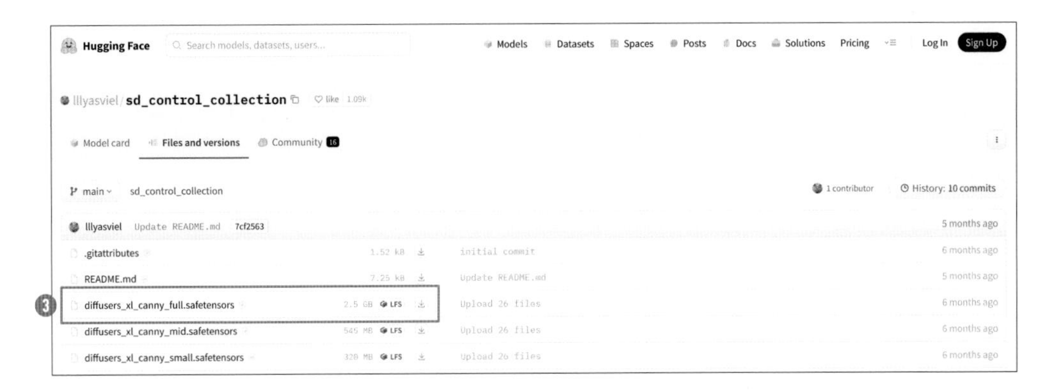

ダウンロードが終わったら、プリプロセッサのモデルファイルを移動させます。今回は StabilityMatrix-win-x64（または Applications）> Data > Packages > stable-diffusion-webui > extensions > sd-webui-controlnet > models にダウンロードしたモデルを格納します。終わったら Web UI を再起動します。これで ControlNet の導入は完了です。

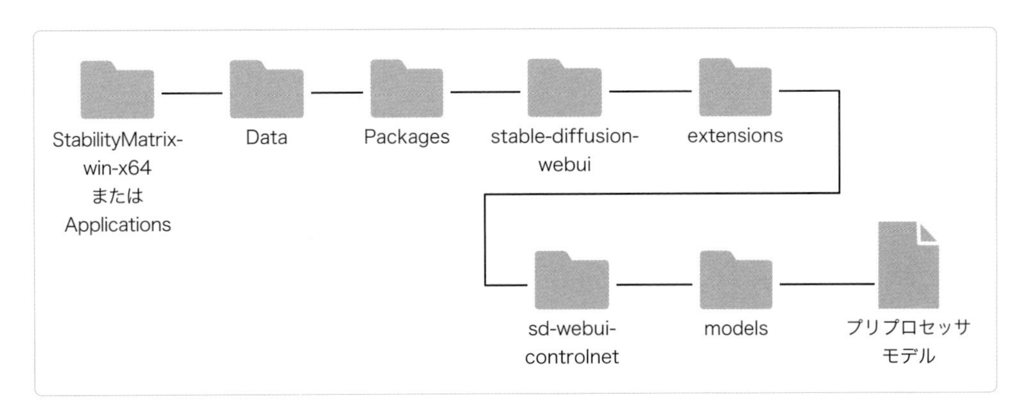

WebUI を再起動すると、[txt2img] → [Generation] タブに [ControlNet バージョン名] ❹ が追加されているはずです。以降はこの ControlNet の使い方を解説します。

Section 5-3

ControlNet を使って画像を生成する

このセクションでは、実際に ControlNet を使用して画像を生成する方法を解説します。

ControlNet を使って画像を生成する

[txt2img] → [Generation] タブの [ControlNet] をクリックすると ControlNet のメニューが表示されます。非常に項目が多いため全ての機能を試す必要はありませんが一旦先に進み基本的な操作を通じて全体の流れを掴んでから各項目を確認していくことをおすすめします。

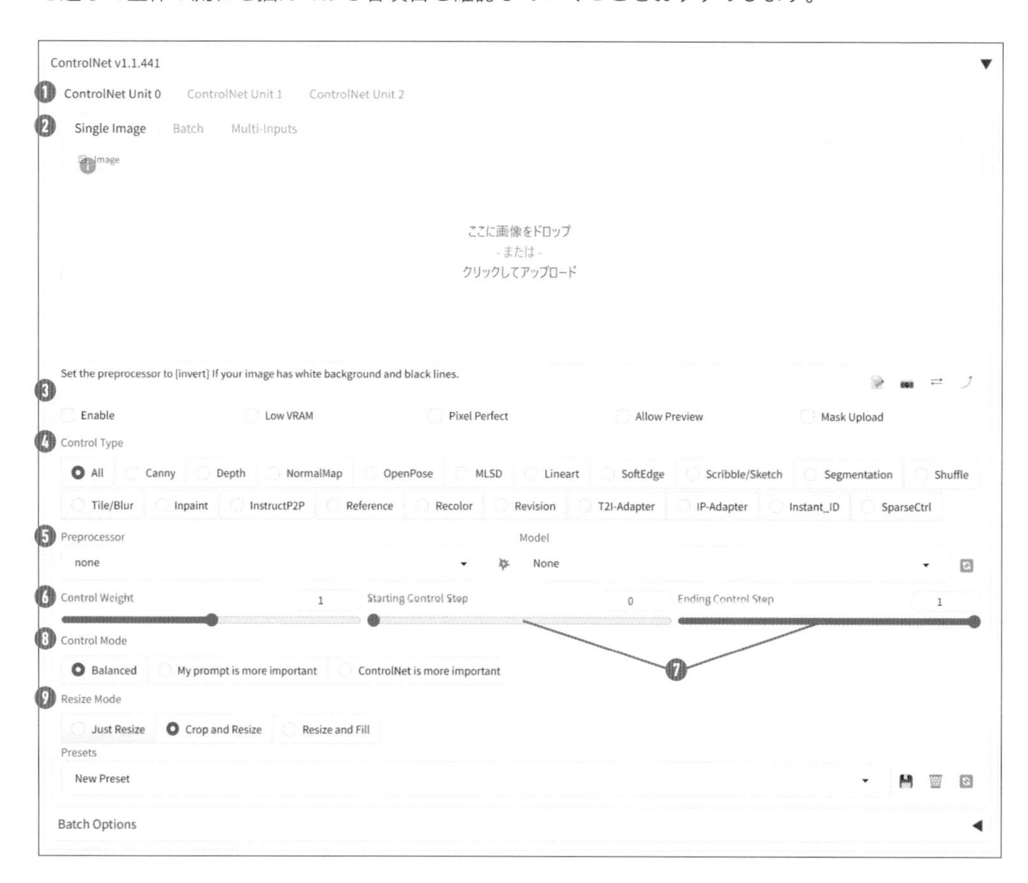

❶ ControlNet Unit タブ

ControlNetを使用するために、入力画像をアップロードしパラメータを設定するタブです。複数のControlNetを同時に利用することもでき、その場合は別のタブを開いてパラメータを設定する必要があります。

❷ Single Image/Batch/Multi-inputs タブ

Single Imageタブ：単体の入力画像をアップロードします。Inpaintのようにマスクを設定することもできます。

Batchタブ：あらかじめ画像を同じフォルダにまとめておき、そのフォルダパス指定して複数の入力画像をまとめて処理する際に使用します。

Multi-inputsタブ：複数の入力画像をアップロードしてまとめて処理をする際に使用します。同一フォルダにまとまっていなくて使用できます。

❸ Enable/Low VRAM/Pixcel Perfect/Allow Preview/Mask Upload オプション

[Enable]: オンにすることでControlNetを有効化します。

[Low VRAM]: 使用しているVRAM容量が足りず生成できないときに使用します。かわりに生成速度が遅くなります。

[Pixcel Perfect]: Preprocessor resolution（プリプロセッサの解像度）を自動設定させられます。基本的にオンにします。

[Allow Preview]: オンにした状態で、後述の💥ボタンを押すとプリプロセッサの抽出情報が確認できるようになります。

[Mask Upload]: 入力画像のマスクをアップロードする場合に使用します。

❹ Control Type

ここから使用するプリプロセッサの種類を選択するとPreprocessor/Modelの候補が自動的に設定されます。主に絞り込みのために使用します。

❺ Preprocessor/Model

使用するプリプロセッサとモデルを選びます。💥ボタンをクリックすると[Allow Preview]が生成プレビューで生成画像と一緒に確認できます。

❻ Control Weight

ControlNetの重み（影響力）を設定します。1を基準に生成結果を見ながら調整します。

❼ Starting Control Step/Ending Control Step

ControlNetを有効化させる開始と終了のstepを設定できます。ControlNetは非常に強い制御力を持ちしばしば画像を崩壊させる原因となるため、働くstepを限定させることでそれを防ぐ目的があります。どちらも0%が最初のstep、100%が最後のstepを表し、例えば[Starting Control Step: 0.2/Ending Control Step: 0.7]のとき生成開始20%から70%のstepのみControlNetが働きます。崩壊が発生してしまう際に使用しましょう。

❽ Control Mode (Balanced/My prompt is more important/ControlNet is more important)

ControlNetとプロンプトの指示のバランスを設定します。

❾ Resize Mode

入力画像の補完方法を設定します。選択肢はimg2imgのときと同様です。

Canny を使って画像を生成してみよう

まずは入力画像をドラッグ＆ドロップ、またはアップロード欄をクリックしてアップロードします。写真、イラストのどちらでも問題なく、人物以外の画像でも問題ありません。

画像のアップロードができたら、[Enable] ❶ のチェックが自動でオンになっていることを確認して下さい。オフにした状態では ControlNet が無視されます。また、[Pixcel Perfect] ❷ もオンにしておきます。

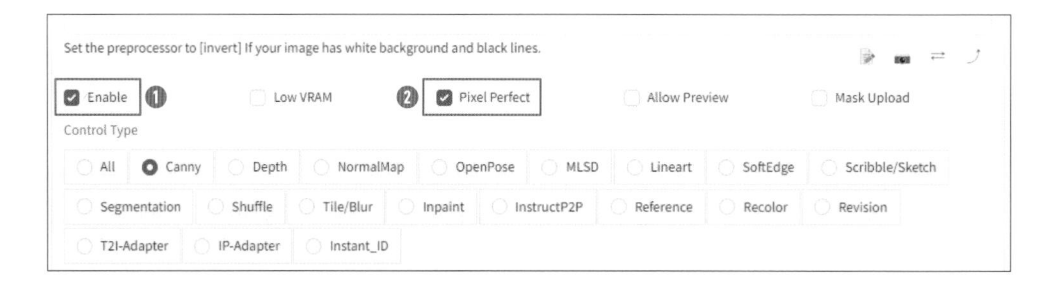

次に使用するプリプロセッサのモデルを選択します。[Control Type] のメニューでプリプロセッサを選択するとモデルの絞り込みができます。デフォルトは [All] になっており、[Preprocessor] から直接使用したいプリプロセッサを選択することもできますが、今回は [Control Type: Canny] ❸ を選択します。

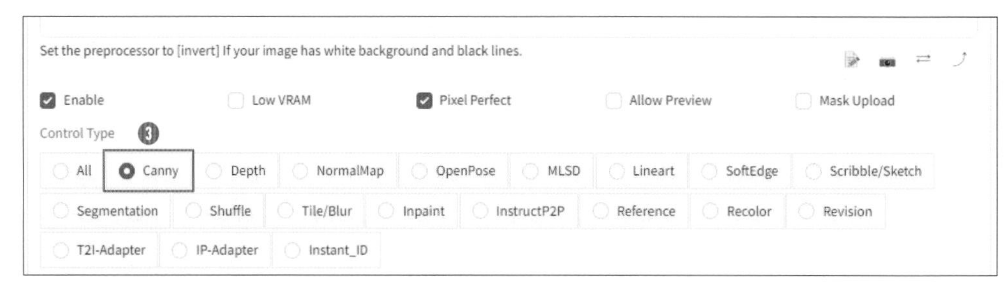

▲ 最初は [Control Type] で選択してからモデルを選択する方が迷わず操作ができます。

[Control Type] メニューからプリプロセッサを選択すると、自動で下の [Preprocessor] ❹ と [Model] ❺ が選択されます。もし自動で進まない場合は、を押して [control_v11p_sd21_canny] のように処理の名前とモデル名を含む選択肢を選んでください。

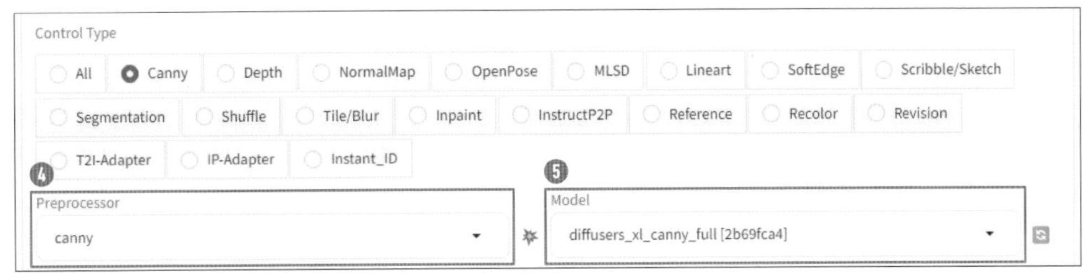

▲ プリプロセッサによってはモデルが複数あるため、使いたいモデルを選択しましょう。

これで ControlNet の適用は完了です。通常の txt2img と同様にプロンプトやパラメータを設定し、[Generate] をクリックして生成しましょう。

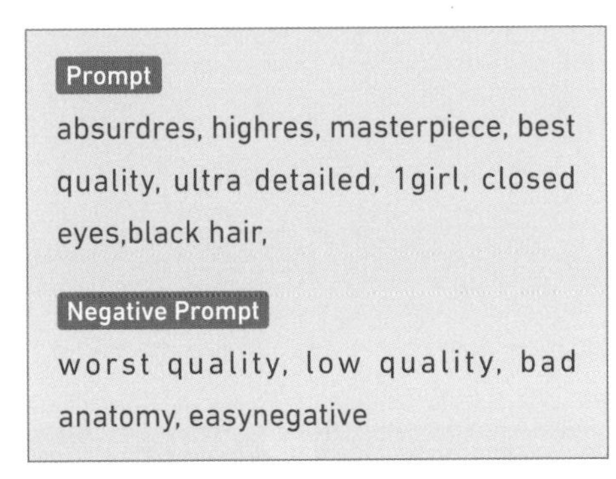

また、Section3 の一覧にあったようなプリプロセッサで抽出した特徴の様子を確認したい場合は、プリプロセッサとプリプロセッサのモデルを選択した状態でをクリックします。すると [Allow Preview] にチェックが入り、アップロードした画像の右に抽出した要素の画像（Preprocessor Preview）が表示されます。この画像は右上の [ダウンロード] ❻ をクリックして保存することもできます。

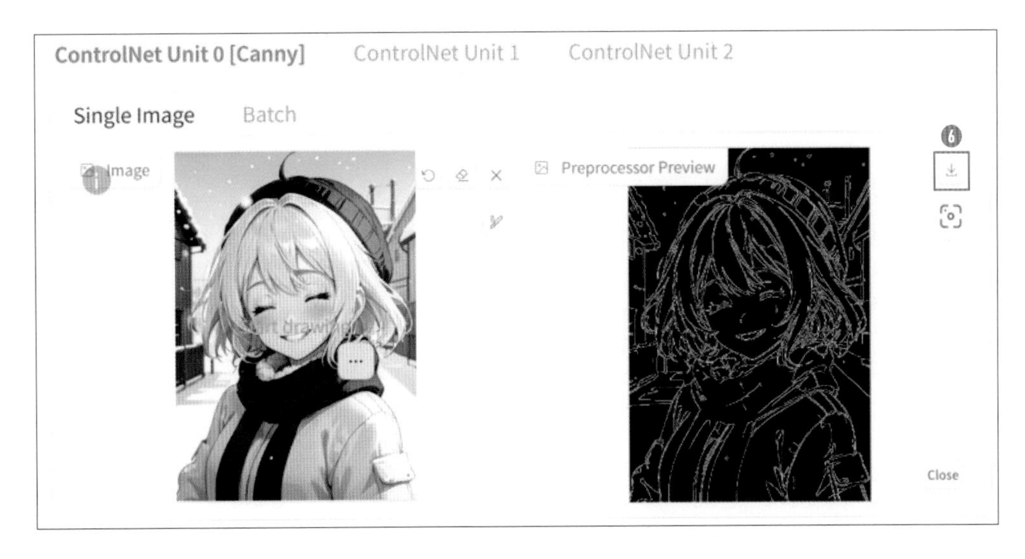

ControlNet の重みを調整する

ControlNet を使って生成していると「もっと ControlNet の指定通りになってほしい」、「ControlNet が強すぎてプロンプトが効かない」といったことが起こることがあります。そのような時には、ControlNet のパラメータを変更して調整しましょう。ここでは [Control Weight] ❶と [Control Mode] ❷を解説します。

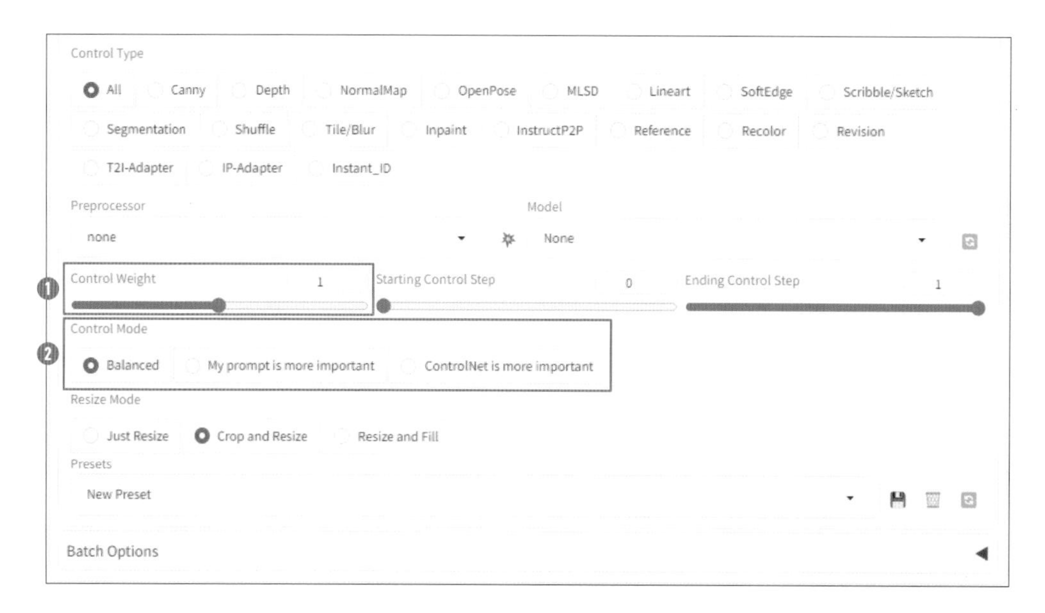

[Control Weight] は ControlNet の重みを変更するパラメータで 0 から 2.0 までの値をとります。1.0 以下で ControlNet の効果は弱くなり、数字が大きいと強くなります。OpenPose の場合は頭身も入力画像に近づきます。

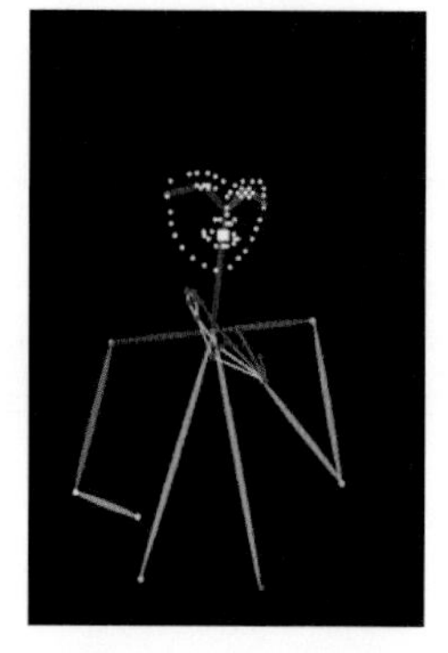

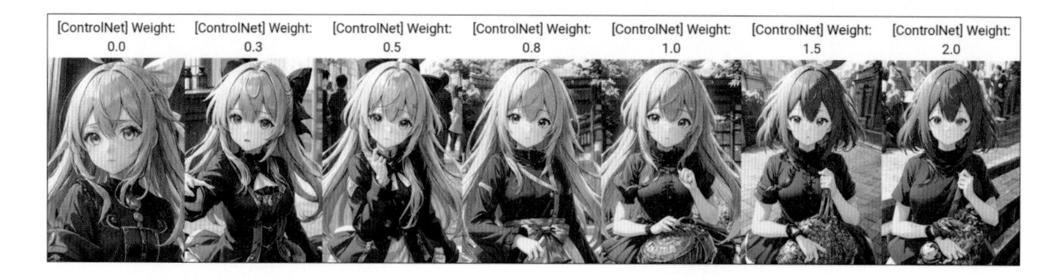

また、[Control Mode] ではプロンプト指示と ControlNet の影響のバランスを変えることもできます。デフォルトは中間の [Balanced] ❸ですが、[My prompt is more important] ❹でプロンプト優先、[ControlNet is more important] ❺で ControlNet 優先になります。

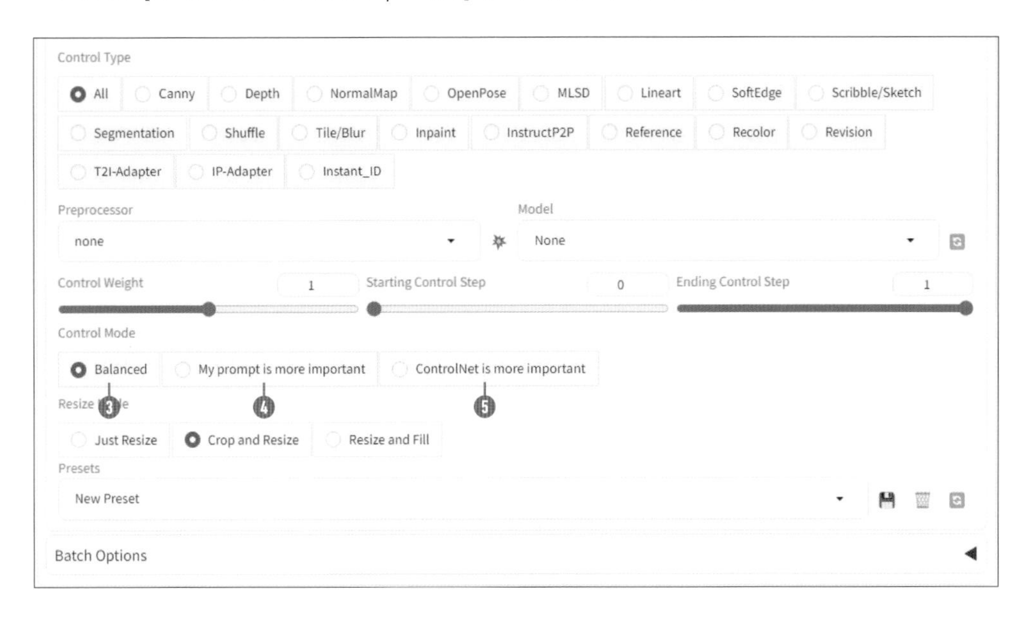

このように、生成したいイラストに合わせて ControlNet の重みを調節してみてください。基本的にはここまでと同様に生成結果を見ながら調整が必要になります。最初は難しく感じるかもしれませんが、自分の環境に適切な設定を見つければ自由自在に生成をコントロールできます。多様なプリプロセッサを使いこなしていきましょう！

COLUMN 複数の ControlNet を使用する

ControlNet は同時に複数使用することができます。ただし、同時に使用する数が増えるほど制御が難しくなり画像の破綻が目立つようになるので注意が必要です。[Setting] タブの [Uncategorized] → [ControlNet] → [Multi ControlNet: Max models amount (requires restart)] ❶の値が併用できる ControlNet の最大数となります。変更後、[Apply settings] をクリックして WebUI をクリックすると指定した数だけ ControlNet Unit タブが表示されるようになります。

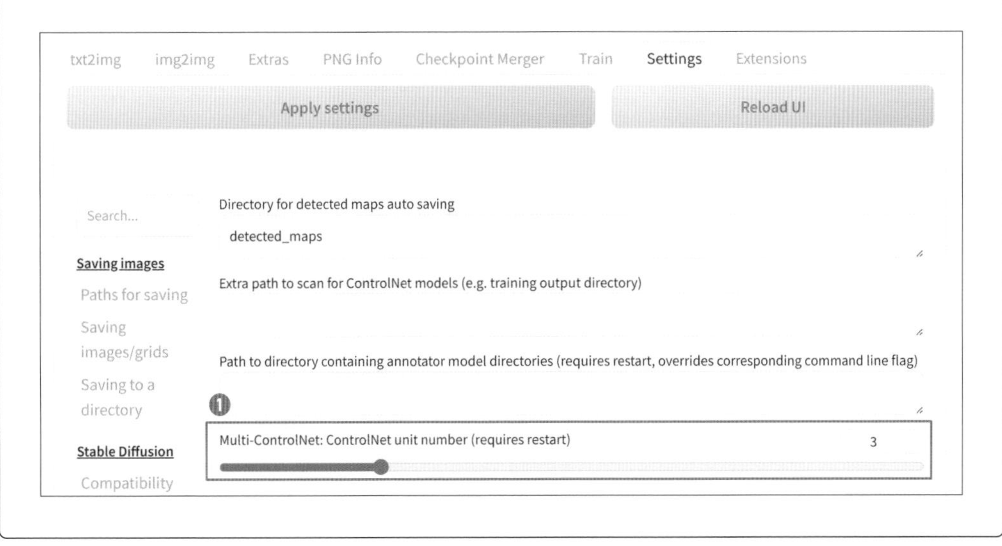

Section
5-4

プリプロセッサの働きを理解しよう

このセクションでは、ControlNet のプリプロセッサの機能を解説します。ControlNet を使いこなすには自分の目的に合わせたプリプロセッサを選ぶことが欠かせません。

代表的なプリプロセッサの働きを抑えよう

まずは代表的なプリプロセッサから順番にその働きと事前処理で得られる情報の様子を見ていきましょう。このセクションの入力画像は生成画像もしくはフリー写真サイト「Pexels」(https://www.pexels.com/ja-jp/)からダウンロードしたものを使用しています。

Canny

入力画像の輪郭(canny)を抽出し、それをもとに画像を生成します。

入力画像

Preprocessor Preview

生成画像

入力画像

Preprocessor Preview

生成画像

Depth

画像の深度を抽出します。手前にあるものと奥にあるものの区別がしっかりつきます。

入力画像

Preprocessor Preview

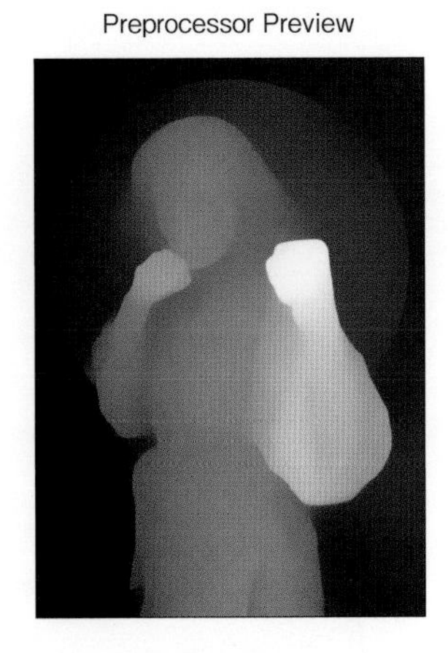

生成画像

Scribble / Sketch

画像から輪郭線を抽出しますが、Canny よりも大まかに抽出します。「Scribble」は落書きや走り書きという意味です。自分で描いたスケッチを使うこともできます。

入力画像

Preprocessor Preview

生成画像

Recolor

画像の陰影を抽出し、陰影はそのままに画像の色を変更します。

入力画像

Preprocessor Preview

生成画像

OpenPose

画像の人物がとるポーズを 3D 座標として抽出します。身体だけでなく、顔の向きや表情も抽出します。

入力画像　　Preprocessor Preview　　生成画像

COLUMN　Openpose をもっと使いこなそう

Openpose のモデルには、通常の [openpose] に加えて、表情の抽出ができる [openpose-face]、5 本の指の座標を抽出できる [openpose-hand]、これらすべてを行う [openpose-full] などいくつか種類があります。もっとも性能の高い full は処理が重くなってしまうため、表情が必要ない場合は [openpose-hand] を使用するなど、用途に合わせて使い分けましょう。

入力画像

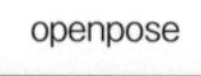

openpose

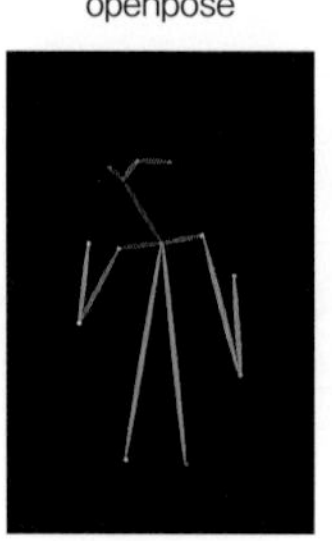

Openpose-face

Openpose-hand

Openpose-full

また、抽出された 3D 座標は [SD-WEBUI-OPENPOSE-EDITOR] を利用すればブラウザ上で簡単に編集することができます。例えば左腕の位置を低くすると、それに従って画像を生成することができます。

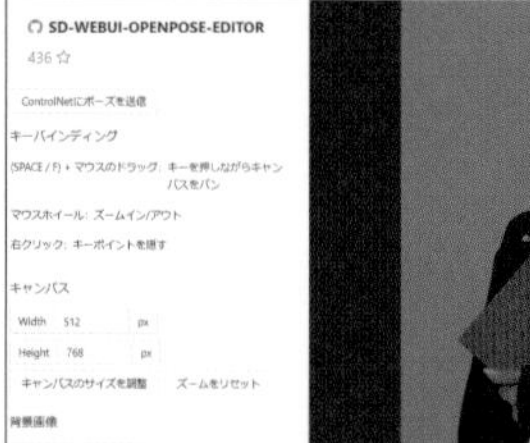

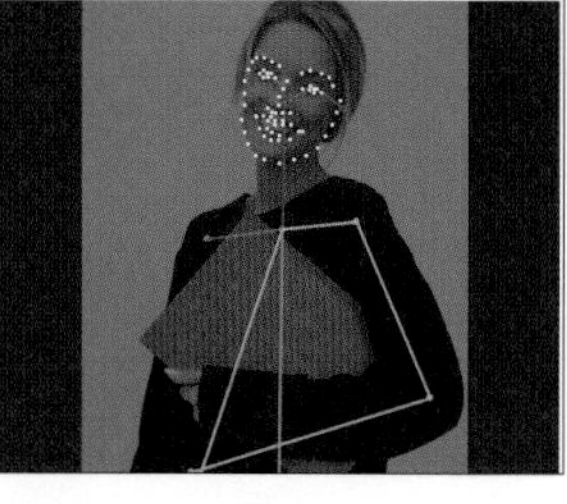

SD-WEBUI-OPENPOSE-EDITOR
https://huchenlei.github.io/sd-webui-openpose-editor/

》》多様な情報を処理するプリプロセッサも知っておこう

ここまでで紹介してきたプリプロセッサの他にも以下の働きを持ったものが実装されています。自身でモデルをダウンロードして使用してみましょう。

LineArt

画像からより繊細に輪郭線を抽出します。

MLSD

画像から輪郭線を抽出しますが、Canny などとは異なり、簡易的な直線のみ抽出します。建造物などの描写に便利です。

SoftEdge

画像からやわらかいタッチで輪郭線を抽出します。

NormalMap

画像の法線マップを推定し抽出します。法線マップとは、奥行きや凹凸など面の向きを RGB に変換したもののことです。細かい奥行きを作ることができるため、3DCG のテクスチャマップなどに使用されます。

Segmentation

画像に含まれているものをそのオブジェクトごとに認識し、分割して、それをもとに画像を生成します。構図やもとからある要素をそのままに画像を生成したい時に使います。

Shuffle

元の画像の雰囲気を保ちつつ少し違う画像に変えます。キャラクターの差分を生成したい時や、少しランダム性が欲しいときに便利です。

Tile

主に画像のアップスケールに使用します。元の画像をタイルのように分割してそれぞれアップスケールすることで、高精度なアップスケールができます。

Inpaint

前の章で行ったインペイントと同じです。画像の任意の場所を塗りつぶして生成すると、その塗りつぶした箇所のみ新たに生成されます。

たくさんの機能で構成される ControlNet ですが、ひとつひとつのプリプロセッサは画像処理のテクニックによって構成されています。どれも名前と機能は難しそうな専門用語に見えますが、歴史ある画像処理のテクニックであり、それぞれ異なる技術なので丁寧に試して、使える技術を覚えておいて損はありません！

Chapter

LoRAを作って使ってみよう

LoRA(Low-Rank Adaptation)を使った画像生成と、学習ファイルの作成に挑戦しましょう。学習は画像生成AIを扱う中でも最も複雑で難解な内容です。試行錯誤を重ねて応用ができるようになりましょう。

Section 6-1

追加学習でできることを知ろう

この章では主に追加学習について学びます。Chapter1 では Stable Diffusion のベースモデルがテキストから画像を生成するために行う

Stable Diffusion の追加学習について知ろう

ここまで Stable Diffusion の使い方は、「テキストや画像による命令で、AI モデルに描かせる」という使い方でした。したがってプロンプトや画像の情報を入力してきましたが、それらの内容は一切学習されていません。ここから先は扱うのは学習、つまり「テキストと画像を使って、AI モデルを調教する」という使い方になります。この章の前半では他者がファインチューニングした便利な成果を再利用する方法と、後半には「自分で追加学習ファイルを作る方法」を学んでいきます。

LoRA とは何か

Stable Diffusion におけるファインチューニング手法の中で最も使いやすく普及している方法が「LoRA」と呼ばれる手法になります。LoRA は「Low-Rank Adaptation of Large Language Models」という 2021 年 6 月 17 日に公開された研究論文で提案された手法で、直訳すれば「大規模言語モデルの低ランク適応」というタイトルになります。

GitHub - LoRA: Low-Rank Adaptation of Large Language Models
https://github.com/microsoft/LoRA

大規模言語モデル (LLM) とは、ChatGPT 等で有名な「世界中の言語を学習したモデル」のことで、LLM におけるファインチューニングとは、「関西弁だけ喋る LLM」とか「法律用語だけに詳しい LLM」といった特徴的な調整を行うことです。すなわちベースとなる超巨大な事前学習済みのモデルファイルはそのままに、後の工程で「そのモデルからさらに特徴的な差分だけ学習させたもの」これを「低ランク適応」、LoRA と呼びます。この正体も機械学習の用語では同じく「weights」、つまり追加の「重み」を載せる数値ファイルになります。

Stable Diffusion における LoRA は、上記の言語モデルの場合と同じように、次元の少ない画像を適応学習させることでチューニングを効率的に行うことです。つまり「世の中のありとあらゆる画像を生成できる大規模な画像生成モデル」から、「目的の特徴を持つ要素だけ」を優先的に生成するための「weights」を追加するための学習データファイルと理解すればシンプルでしょう。

LoRA を使うと、世界観、キャラクターの服装や背景やポーズなどの特徴を固定して画像生成することが可能です。任意のキャラクターや背景、表情演出といった作風を意図して生成しやすくなるため漫画の制作にも向いています。LoRA はこれまで紹介してきたモデルファイルと同様、[.safetensors] ファイル形式で流通しています。

また、ローカル環境の Stability Matrix では [モデルブラウザ] 機能が内蔵されており、そこから簡単に様々な LoRA ファイルを探すことができます。完成済みの LoRA を適用するだけで画風が変わっていきますし、自分の思い描く通りに画像を生成させるためにも LoRA を自分で整備していきたいところです。

COLUMN これからの LoRA の活用方法

インターネット上で流通している LoRA をただ入手して楽しむだけでなく、共通の LoRA を制作し、企業、スタジオや制作チーム内で共有する使い方が知的財産(IP)管理や商品性、品質の管理として重要でしょう。逆に一般ユーザーに「ファンアートを描いてほしい」といった使い方で LoRA そのものや、LoRA 学習のためのデータを提供していく手法も今後広がっていくと考えられます。

▲ 東北ずん子・ずんだもんプロジェクト
(https://zunko.jp/)

画像生成 AI 時代の IP 管理、二次創作やライセンスについても新たな取り組みがあります。
BlendAI 社のオリジナルキャラクター「デルタもん」はクリエイティブ領域での AI 利用を推進する目的で「デルタもん」というキャラクターを展開しています。興味深い点は『AI 関係の利用は商用・非商用問わず自由』『すべてのデルタもん公式・二次創作著作物は、AI 関連の学習をしてもよい』というルールなので、著作権法等の権利問題を気にすることなく AI を利用した創作や学習が可能になっています。
画像や音声などの基本的な素材にとどまらず、LoRA や音声モデルなど既に学習されたデータも積極的に公開していくとのことで、生成 AI を利用したクリエイションの商用利用を含めた IP 活用に逆転の発想を投げかけています。また商業的にもクラウドファンディングを中心とした資金募集を行い、目標額を大きく達成しています。まだまだ小さな動きかもしれませんが、今後、数年をかけて拡大していくと予想します。注目していきたいところです。

▲ アルファパラダイスプロジェクト
(https://blendai.jp/)

BlendAI が提供する「デルタもん公式 LoRA」も存在します。

デルタもん公式 LoRA version1.0
https://blendai.booth.pm/items/5801621

本 Section で紹介する LoRA 学習 Kohya-ss/sd-scripts の原作者 kohya_tech 氏や LoRA の層別適用(LoRA Block Weight)を作った hakomikan 氏のような日本の開発者も多く貢献しています。このようなオープンソースの開発者は必ずしも X(Twitter)で目立った存在というわけではなく、主な活動場所は GitHub でのコード開発です。最新の LoRA 開発に興味がある方はアカウントを作ってフォロー、ウォッチしていくことをお勧めします。

Section 6-2

LoRAを使用して画像を生成しよう

LoRAファイルをダウンロードして、実際に使用するための準備を整えます。また、画像を生成しながらLoRAの効果の調整方法を学んでいきましょう。

LoRAファイルをダウンロードする

まずは公開されているLoRAファイルを利用して画像を生成してみましょう。今回は月須和・那々氏が公開している線画を生成できるSDXL用のLoRAをダウンロードします。

2vXpSwA7/iroiro-lora
https://huggingface.co/2vXpSwA7/iroiro-lora/tree/main/sdxl

Hugging Faceのページを開き、[sdxl-lineart_10.safetensors] ❶をダウンロードします。

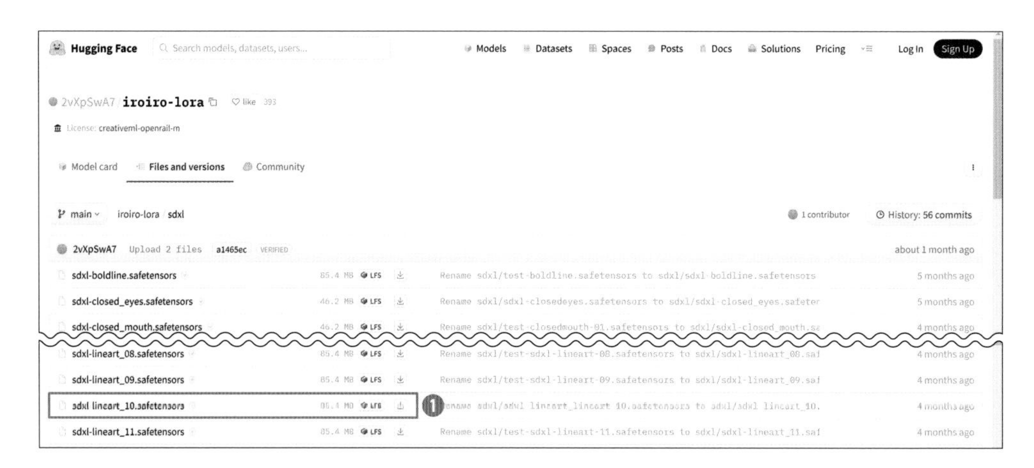

Colab環境の場合

ダウンロードしたファイルを sd > stable-diffusion-webui > models > Lora に保存します。

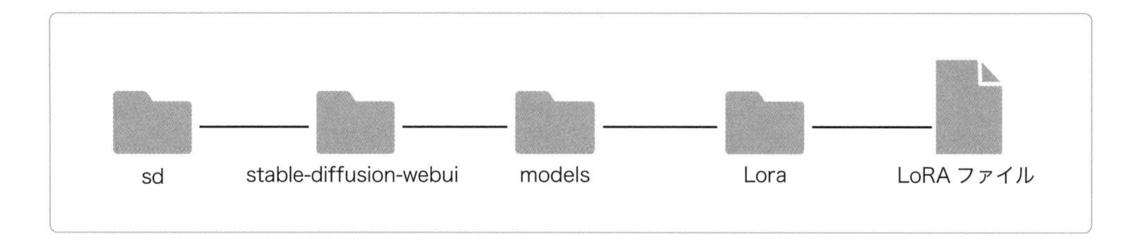

ローカル環境の場合

ダウンロードしたファイルを StabilityMatrixs-win-x64（または Applications）> Date > Packages > stable-diffusion-webui > models > Lora に保存します。

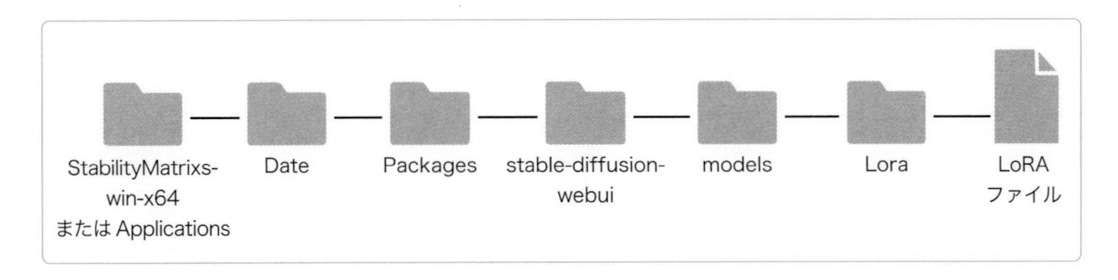

ダウンロードしたファイルを配置できたら、LoRA を使用する準備は完了です。

WebUI で LoRA を適用する

WebUI を再起動し、[txt2img] → [LoRA] ❶タブをクリックしてメニューを開きます。ここではダウンロードしている LoRA ファイルの一覧を確認することができます。先ほどインストールした [sdxl-lineart_10] ❷をクリックします。

▲ LoRA を選択する際、モデルをダウンロードして配置したにも関わらず一覧に表示されない場合は、現在選択しているモデルと LoRA の対応バージョンが同じか確かめましょう。選択中のモデルと同じバージョンの LoRA ファイルのみが一覧に表示されます。

すると自動でプロンプト欄に <lora:test-sdxl-lineart-10:1> が追加されます。これだけの操作で LoRA が使えるようになります。実際に生成して確かめてみましょう。

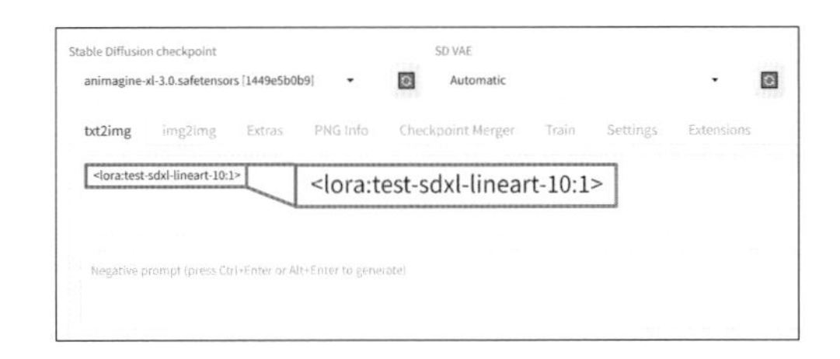

画像を生成し生成ビュアーでログを確認すると使用したLoRAファイルの名前が表示されており、LoRAが適用されたことが確認できます。さらにseedを固定してLoRAの有無を比較してみると、LoRA適用による変化の影響がわかりやすくなります。

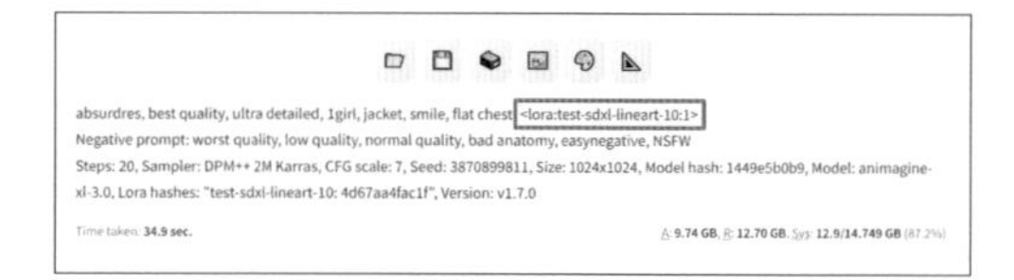

Prompt

absurdres, best quality, ultra detailed, 1girl, jacket, smile, flat chest, <lora:test-sdxl-lineart-10:1>

Negative Prompt

worst quality, low quality, normal quality, bad anatomy, easynegative, NSFW

またプロンプト欄のLoRAの指定は、<LoRA の名称：数値>という書き方になっています。このコロン（：）の後の数値はLoRAの重さを指定しており、この数値を調節することでLoRAの重みを変えることができます。数値は 使用するLoRAファイルにもよりますが、基本的には0～2の間で調節することがほとんどです。

一方で重みを強く指定し過ぎると、構図の大幅な変化や、崩れが生じてしまう原因となるため、LoRAを使いこなすためにはちょうど良い重みを見つける必要があります。

Section
6-3

自分の画風 LoRA をつくる

このセクションでは、画風を学習させた LoRA を制作します。今回は学習時に要求されるメモリ容量と扱いやすさを考慮して SD1.5 モデル用の LoRA を制作します。

データセットを用意しよう

Section1 で述べた通り、LoRA は何枚かの画像の特徴を学習することによって作られます。そのため、共通の要素を持った画像を複数枚用意することが必要です。この学習元の画像群のことを「データセット」と呼びます。今回は絵全体の雰囲気を学習し、画風を再現した LoRA を制作するので、AICU のパートナークリエイターである 9 食委員さんから許諾された 15 枚のイラストをデータセットとして使用します。

9shoku データセット(9shoku0219.zip)
https://huggingface.co/AICU/SDXL-LoRA/resolve/main/9shoku0219.zip

画風を再現するには、LoRA を使った画像生成で再現したい具体的な特徴を決めておく必要があります。まずは評価の基準とする再現したい特徴をあらかじめピックアップしておきましょう。今回のデータセットでは ❶ ブラシストロークが目立っていること、❷ 全体的に明度とコントラストが低いこと、❸ 虹彩のコントラストも低め、口は小さめで、鼻に影かハイライトがかかっている、これら 3 点を評価の指標とします。

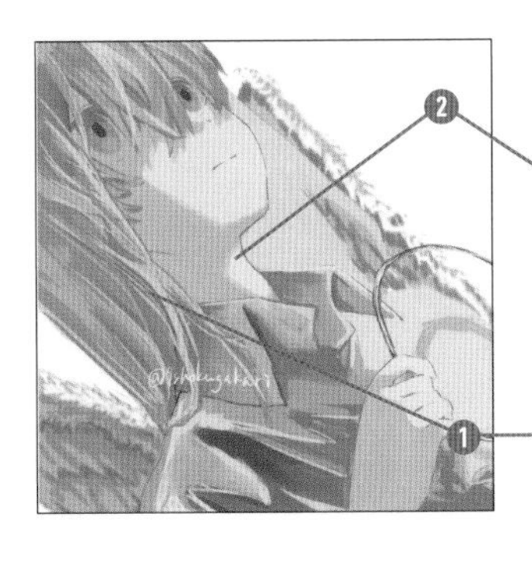

COLUMN　LoRA の学習データで気を付けるべきこと

学習元画像に関して、本書の製作を行っている 2024 年 3 月現在、日本の法律では他人が著作権を持つ画像を「AI の学習に用いること」は可能ですが、その学習結果による「モデルや LoRA そのもの」や「LoRA を使って生成した画像」にはそれらの製作者が責任を持つ必要性が存在します。そのため、「他人が創作した画像」を無許可で学習対象として使用することや出処不明の画像を使用し、インターネット等に公開したり流通させることは個人であっても著作権侵害、商標権侵害として罰される可能性があります。また商用利用する場合はライセンスの解決が必要であり、レピューテーション（reputation: 風評被害）などの責任を負う可能性があります。したがって本書ではこれらを「推奨しない行為」とします。またフリー素材サイト等から画像をダウンロードして使用する際も、必ず利用規約を読み、学習・生成・商用利用・再配布などの問題が無いことを確認し、理解してから使用しましょう。

データセットの正規化を行おう

AI の学習を行う際は事前準備が非常に重要です。まずは学習させるデータの整理からはじめます。今回解説する LoRA の学習では最大 1024 × 1024 px の画像を学習させるため、あらかじめ画像のサイズを調整する必要があります。Photoshop などの画像エディタで 1024 × 1024px にトリミング、縮小または不足部分は塗り足します。このようにデータを一定ルールに合わせて整理することをデータセットの正規化と呼びます。今回のデータセットは学習画像を増やすために、画像を複製し左右反転したものを追加し、30 枚に増やしています。

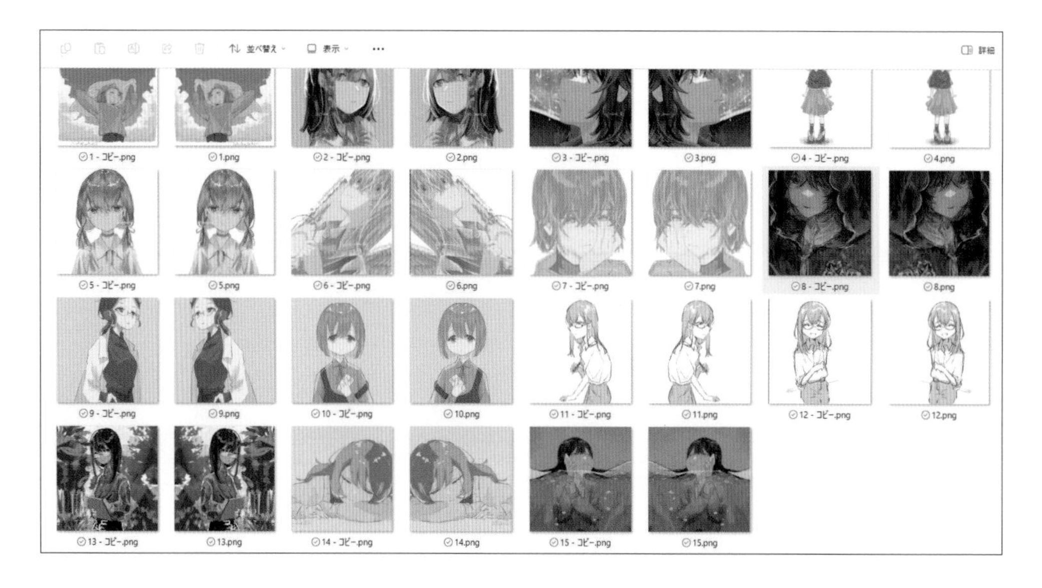

LoRA による作風の学習をする際は、30 枚～ 50 枚の画像を学習させると品質を安定させられることができます。枚数が不足する場合はこのような方法で増やしましょう。また学習する画像に左向きの顔が多いなどの LoRA に反映させたくない偏りが生じていると、それも特徴の 1 つとして学習されてしまうため、左右反転したコピーを追加しておくことが有効です。

LoRA 学習用の環境を準備しよう

一般的なデータセットの準備の仕方が理解できたら、次は実際に LoRA 学習を行うための準備を進めていきます。今回は Google Colab を用いて LoRA 作成が体験できる環境を用意しているので、それを利用してください。初めて Google Colab を利用する場合は P.041 を参考に Colab Pro を契約しておきましょう。

まずは LoRA を作成するための Google Colab ノートブックを開きます。ここではサンプルのデータセットを利用して LoRA 作成を体験できるように準備した「AICU_SDLoRA2_Lora_Trainer_Hollowstrawberry」を使用します。このスクリプトは Hollowstrawberry さんがデータセット準備ツールと学習部分を切り分けてシンプルにしてメンテナンスしている「Lora_Trainer_XL」を AICU media 編集部が日本語訳と操作方法の説明を追記したものです。

AICU_SDLoRA2_Lora_Trainer_Hollowstrawberry
https://j.aicu.ai/SDLoRA2

この「Lora_Trainer_XL」の原作は、日本人の開発者 kohya-ss さんが開発制作した「sd-scripts」を Linaqruf さんが Colab notebook で使用できるようにした Dreambooth 形式と呼ばれる LoRA 学習スクリプトがベースとなっています。現在は、これを uYouUs さんがメンテナンスして Hollowstrawberry さんが使える状態を維持しています。これらはオープンソースの賜物ともいえます。

LoRA 作成は利用するデータセットによって適切な設定が異なるため、まずは本書で提供するデータセットを使って制作し、評価を行うプロセスを体験しましょう。そして一通りの手順やパラメーターの調整に慣れてきたら、オリジナルのデータセットを用意して挑戦してみましょう。

上記のリンク先の GitHub ページから [Open in Colab] ❶ボタンを押し、Colab ノートブックを開きます。

「AICU_SDLoRA2_Lora_Trainer_Hollowstrawberry」Colab ノートブックが開きます。

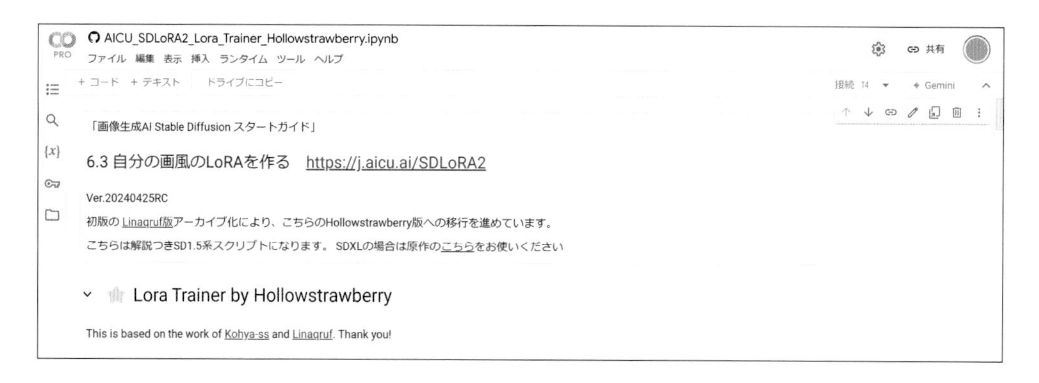

Colab ノートブックが開いたら、まずは［ファイル］→［ドライブにコピー］❷を押して、自身の Google Drive に保存しておきます。

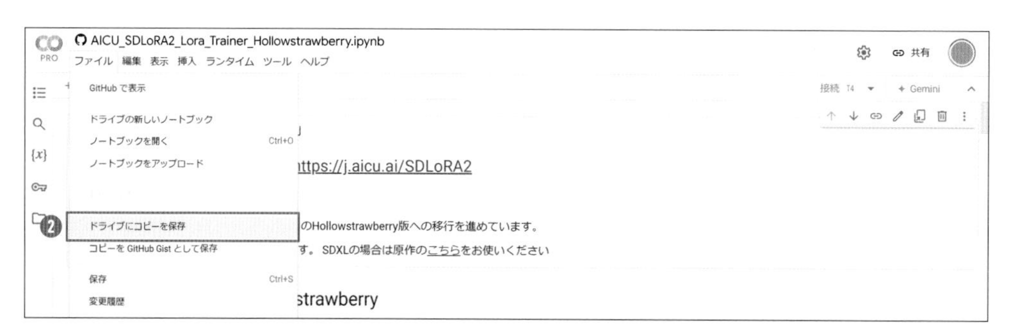

続いて、［ランタイム］→［ランタイムのタイプを変更］❸をクリックして、高速な処理ができるメモリを選択します。

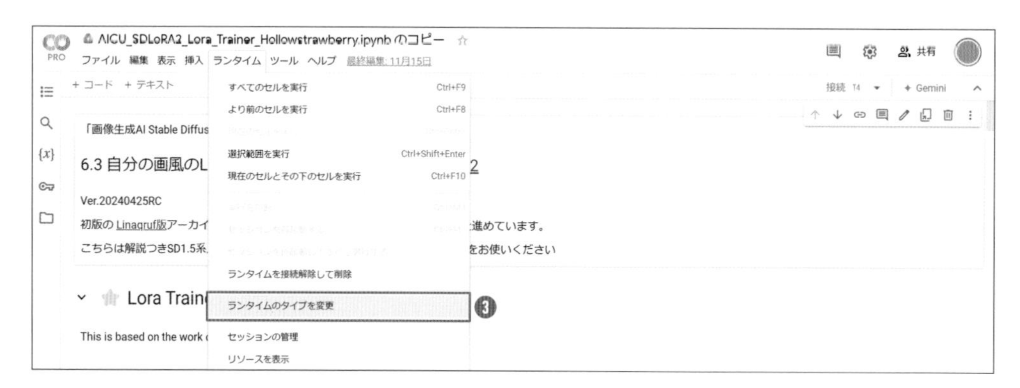

利用するGPUは［A100 GPU］❹もしくは［L4 GPU］を選択します。時間に余裕がある場合は、これまで同様に［T4 GPU］を選択したままでも問題ありません。

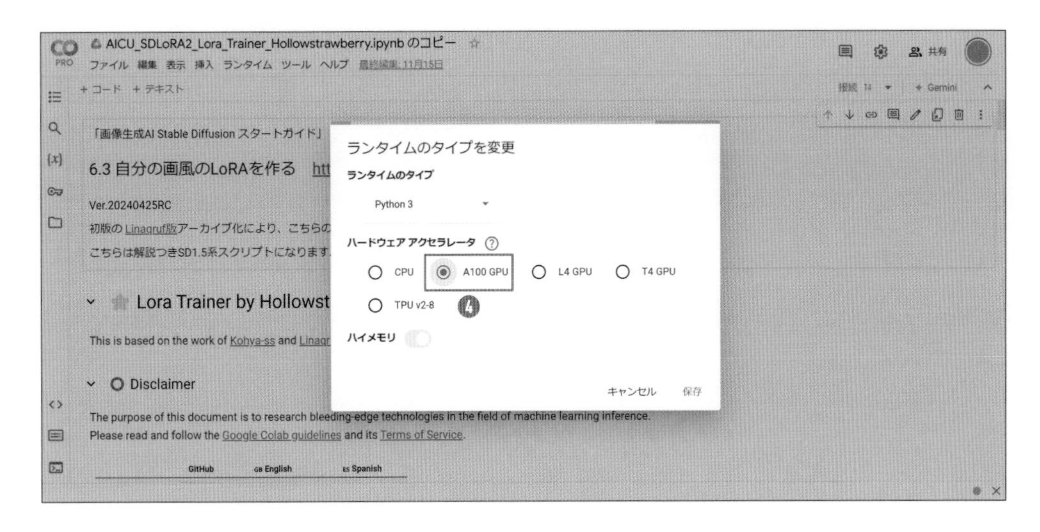

ランタイムに接続出来たら、順番にコードセルを実行していきます。

》用意されたデータセットを展開しよう

まずコードセル［AICUデータセットの準備］は、書籍で紹介しているサンプルデータセットをダウンロードして自身のGoogleドライブに保存します。はじめてLoRA作成を行う場合は［セルを実行］❶して必要なデータセットを保存しておきましょう。

このときノートブックの実行確認および、Googleドライブへのアクセスを求められた場合はどちらも許可して進めます。

コードセル［AICU データセットの準備］が完了すると、新たに［MyDrive］フォルダの下に［Loras］フォルダ❷が作られて、さらにその中に個別のプロジェクトフォルダを作成してサンプルデータセットが展開されます。

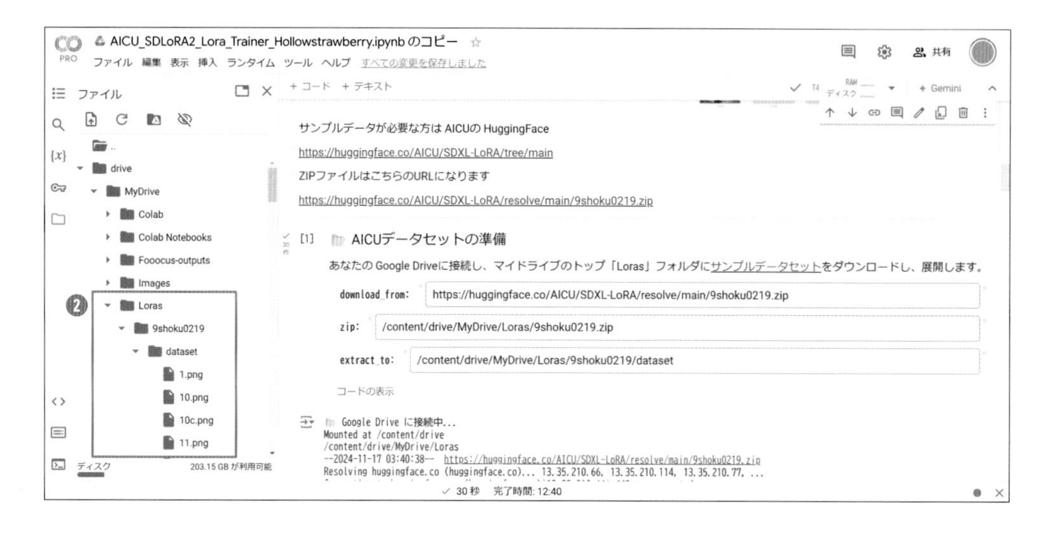

LoRA 学習の設定を確認してみよう

続いてコードセル［Start Here］は学習に必要な設定を 1 つのコードセルで指定し実行することができます。［Setup］の項目で学習素材のフォルダを指定して［コードセルの実行］をクリックすると、必要なデータのダウンロードと学習が開始され LoRA ファイルの作成を行うことができます。

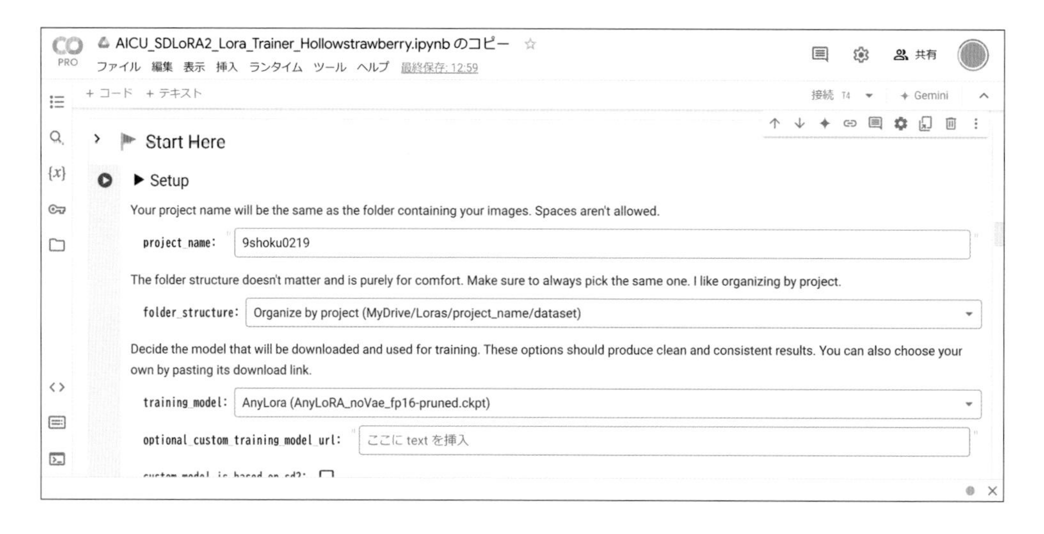

このコードセルには既に LoRA 作成体験用の設定になっています。そのため各設定を変更する必要はありませんが、コードセルを実行する前に設定項目がどのような内容になっているか確認していきましょう。

[Setup]

ここでは学習に利用する画像とモデルを設定します。

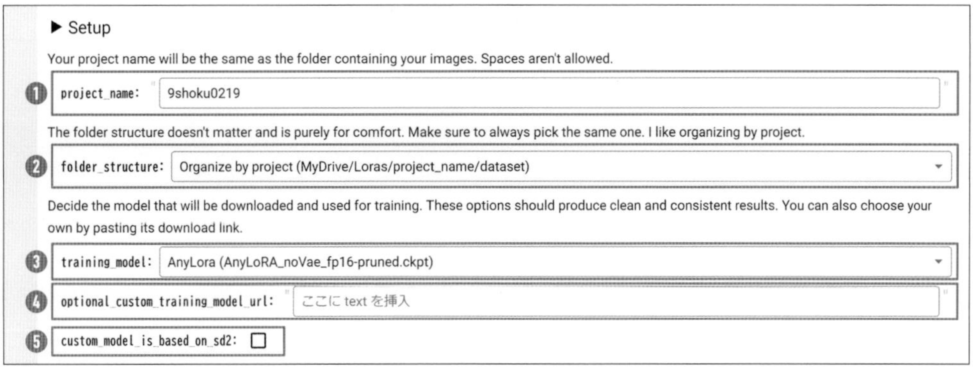

▶ Setup

Your project name will be the same as the folder containing your images. Spaces aren't allowed.

❶ project_name: 9shoku0219

The folder structure doesn't matter and is purely for comfort. Make sure to always pick the same one. I like organizing by project.

❷ folder_structure: Organize by project (MyDrive/Loras/project_name/dataset)

Decide the model that will be downloaded and used for training. These options should produce clean and consistent results. You can also choose your own by pasting its download link.

❸ training_model: AnyLora (AnyLoRA_noVae_fp16-pruned.ckpt)

❹ optional_custom_training_model_url: ここに text を挿入

❺ custom_model_is_based_on_sd2: ☐

[project_name] ❶は作成される LoRA ファイルの名前に該当します。ここでは学習素材が保存されているファイルと同様の名称を指定します。あらかじめ正規化した画像を保存した [/content/drive/MyDrive/Loras/ 任意のプロジェクト名 /dataset] の [プロジェクト名] 部分を入力しましょう。例えば、[/content/drive/MyDrive/Loras/9shoku0219/output] に画像が保存されている場合は [9shoku0219] がプロジェクト名になります。

[folder_structure] ❷では今回のプロジェクトのフォルダの階層構造のルールを指定しています。[Organize by project] のまま変更の必要はありません。

[training_model] ❸では学習時に使用するモデルファイルを選択します。今回はイラスト画風を学習させるので、イラスト系のモデル [AnyLoRA] を指定します。実写風の画像の学習を行う場合はプルダウンメニューから [Stable Diffusion] を選択すると良いでしょう。

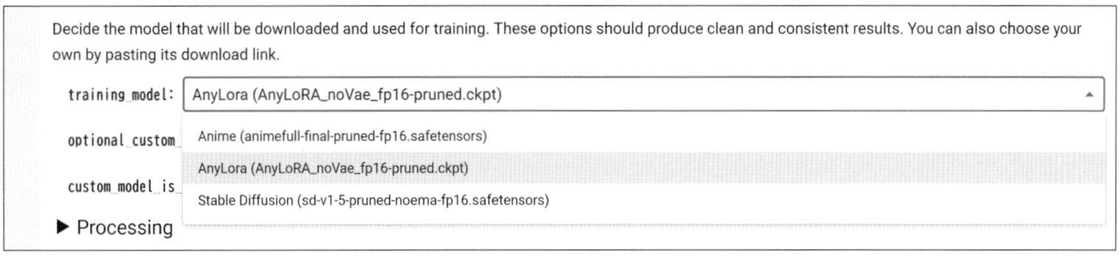

Decide the model that will be downloaded and used for training. These options should produce clean and consistent results. You can also choose your own by pasting its download link.

training_model: AnyLora (AnyLoRA_noVae_fp16-pruned.ckpt)

Anime (animefull-final-pruned-fp16.safetensors)

AnyLora (AnyLoRA_noVae_fp16-pruned.ckpt)

Stable Diffusion (sd-v1-5-pruned-noema-fp16.safetensors)

optional_custom_

custom_model_is_

▶ Processing

また、上記のプルダウンメニューにないモデルを利用したい場合は [optional_custom_training_model_url] ❹に利用したいモデルファイルのパスを入力することで指定することもできます。インターネット上で公開されているモデルや自分の Google ドライブにアップロードしたモデルが対象となります。この時 SD2.X シリーズのモデルをベースにしたい場合は、[custom_model_is_based_on_sd2] ❺オプションにチェックを入れてオンにしておきましょう。さらにこのノートブックでは SDXL の LoRA ファイル作成はできないので、SDXL シリーズに対応する LoRA ファイルを作成したい場合は P.167 の方法を参照してください。

[Processing]

ここでは学習前の画像の正規化およびアノテーションを設定します。

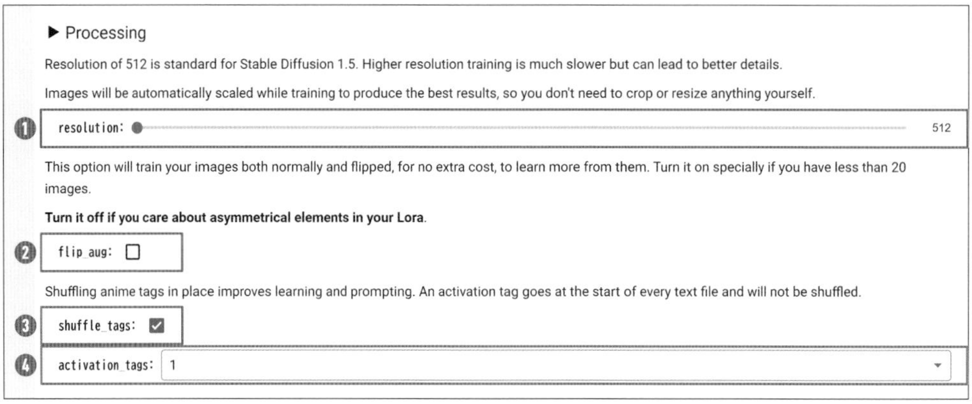

▶ Processing

Resolution of 512 is standard for Stable Diffusion 1.5. Higher resolution training is much slower but can lead to better details.

Images will be automatically scaled while training to produce the best results, so you don't need to crop or resize anything yourself.

❶ resolution: 512

This option will train your images both normally and flipped, for no extra cost, to learn more from them. Turn it on specially if you have less than 20 images.

Turn it off if you care about asymmetrical elements in your Lora.

❷ flip_aug: ☐

Shuffling anime tags in place improves learning and prompting. An activation tag goes at the start of every text file and will not be shuffled.

❸ shuffle_tags: ☑

❹ activation_tags: 1

[resolution] ❶は学習する画像の解像度を指定しています。学習させる画像のデータセットが高解像度（512から1024px）で正規化を行っている場合は、この数値をその値に合わせます。この時、解像度が高いほどトレーニングに時間がかかりますが、より良いディテールを得ることができます。

今回は学習のモデルにSD1.5系を利用しているので設定は512pixとしています。このスクリプトでは最適な結果が得られるようにトレーニング中に自動的に拡大縮小されるので、自分でトリミングやリサイズをする必要はありません。

[flip_aug] ❷は画像の左右反転をオンにするオプションです。学習用の画像が20枚以下で、正規化時に左右反転を行っていない場合はオンにします。サンプルのデータセットのように、事前に正規化を行っている場合はこのオプションはオフのままで進めます。

続いてはアノテーションを行う設定を確認していきましょう。アノテーションとは画像に対応するタグと呼ばれるテキストを付ける作業です。例えば、モノクロの女の人の画像には「monochrome」や「1girl」などのタグが付きます。学習においてはこのタグが画像の特徴を結びつけるために必要です。タグは画像を確認して1枚1枚手動で付けることもできますが、膨大な数になるため通常は事前訓練されたAIを利用してタグ付けを行う、もしくはその後に人間が確認して修正を加える方法が一般的です。

[shuffle_tags] ❸は学習時にアノテーションによるタグ付け結果の順番を入れ替える設定です。オンにしておくことでより効率的な学習ができるようになります。

また、[activation_tags] ❹は3段目 [shuffle_tags] に関連し、前からいくつまでのタグの順番を入れ替えないか指定します。この前に固定しておくタグはLoRA使用時に入力することでLoRAの強度を高める役割があります。インターネット上からダウンロードして利用できるLoRAファイルによっては、使用時に特定の単語をプロンプトに入力するように指示があるものがありますが、その理由は作成時にアノテーション時の1番最初もしくは先頭に近いタグを固定することでLoRAの強度を高めるという方法を採用しているためです。

[Setup]

ここでは学習時の繰り返し設定を指定します。

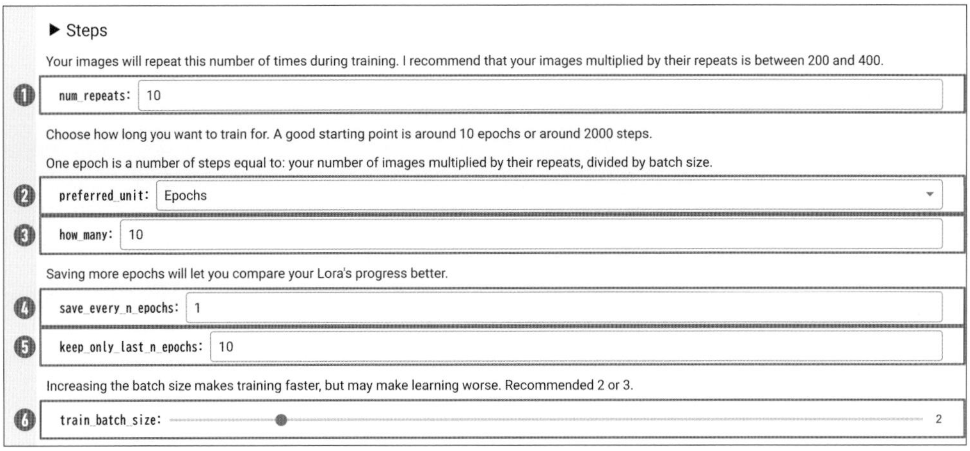

▶ Steps

Your images will repeat this number of times during training. I recommend that your images multiplied by their repeats is between 200 and 400.

❶ num_repeats: 10

Choose how long you want to train for. A good starting point is around 10 epochs or around 2000 steps.

One epoch is a number of steps equal to: your number of images multiplied by their repeats, divided by batch size.

❷ preferred_unit: Epochs

❸ how_many: 10

Saving more epochs will let you compare your Lora's progress better.

❹ save_every_n_epochs: 1

❺ keep_only_last_n_epochs: 10

Increasing the batch size makes training faster, but may make learning worse. Recommended 2 or 3.

❻ train_batch_size: 2

[num_repeats] ❶は学習の繰り返し数を指定します。データセットの画像枚数× [num_repeats] の結果が200～400の範囲になるように設定すると良いとされています。

[preferred_unit] ❷は繰り返し数を指定するのに利用する単位を選択します。本書ではリピート数の上の階層となる [Epochs] (世代) を選択した場合での考え方を解説します。

[how_many] ❸では学習の繰り返し期間 (今回は世代) を指定します。今回はEpochs (世代) を選択しているため、何世代学習を繰り返すかを指定することになります。

[save_every_n_epochs] ❹は指定したEpochs (世代) 数ごとに個別のLoRAファイルとして保存する設定です。例えば [1] を選択すると毎Epochs (世代) ごとにLoRAファイルを保存することができます。さらに [keep_only_last_n_epochs] ❺は、学習の最後のEpochs (世代) から数えて、いくつ前の世代までのLoRAファイルを保存するか設定できます。

[train_batch_size] ❻ではデータセットの中から一度に学習する画像の枚数 (batch_size) を指定します。この設定ではデータセットの画像を複数枚ずつ処理していくうえで余りが出ないよう、データセットの画像枚数の約数となるように設定します。また、同時に学習する枚数が多くなると必要となるVRAM容量が大きくなりすぎて処理することができなくなってしまいます。
このことから2または3を設定することをおすすめします。学習を開始した際にメモリ不足のエラーが発生した場合は、batch_sizeの設定が多すぎることが原因である可能性が考えられます。その時はこの値を小さくしてみましょう。

また、1 Epochs (世代) あたりのステップ数 (バッチ数) は以下のように考えます。

Epochs (世代) あたりのステップ数 (バッチ数) ＝
学習する画像データセットの枚数 ×学習の繰り返し数 ÷ バッチサイズ

今回のサンプルの場合を考えてみましょう。30枚のデータセットの画像をバッチサイズ2で10回繰り返し学習を行います。したがってEpochs（世代）あたりのステップ数（バッチ数）は150となります。さらにこれが、10世代まで続くので総ステップ数は1500となります。一般に、10 Epochs（世代）または総Step数が2000くらいから始めるのがよいとされています。

[Learning]

ここでは学習時の各ユニットへの学習率と学習に利用するノイズとその除去方法に関する設定を指定します。

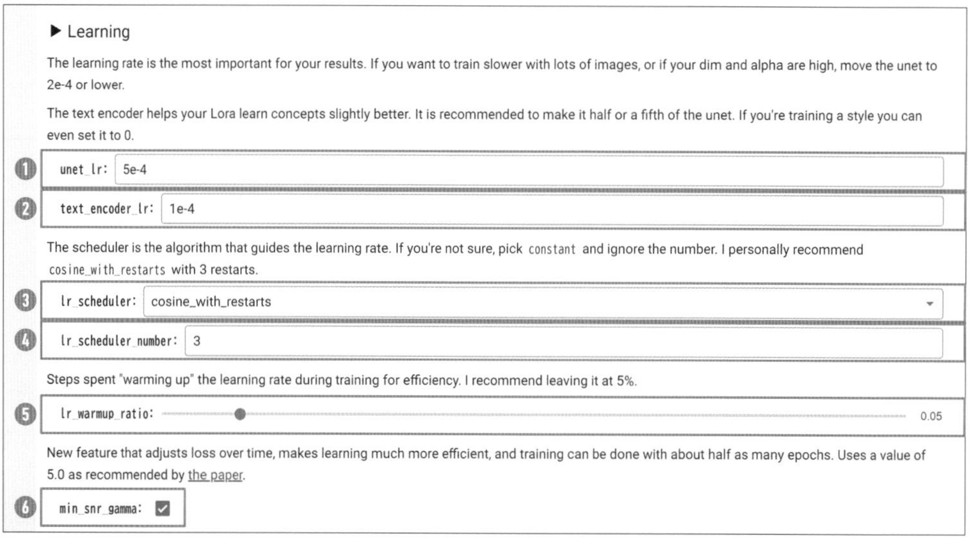

▶ Learning

The learning rate is the most important for your results. If you want to train slower with lots of images, or if your dim and alpha are high, move the unet to 2e-4 or lower.

The text encoder helps your Lora learn concepts slightly better. It is recommended to make it half or a fifth of the unet. If you're training a style you can even set it to 0.

❶ unet_lr: 5e-4

❷ text_encoder_lr: 1e-4

The scheduler is the algorithm that guides the learning rate. If you're not sure, pick `constant` and ignore the number. I personally recommend `cosine_with_restarts` with 3 restarts.

❸ lr_scheduler: cosine_with_restarts

❹ lr_scheduler_number: 3

Steps spent "warming up" the learning rate during training for efficiency. I recommend leaving it at 5%.

❺ lr_warmup_ratio: 0.05

New feature that adjusts loss over time, makes learning much more efficient, and training can be done with about half as many epochs. Uses a value of 5.0 as recommended by the paper.

❻ min_snr_gamma: ☑

[unet_lr] ❶はUnetへの学習率を設定します。学習率は非常に重要な要素のため、後述のColumnにて改めて解説します。学習率は高過ぎても低すぎてもLoAR学習は失敗してしまうため適切な値を設定する必要があります。この時に必要なのが、先程も登場した「何度学習が行われるか」という総Step数の考え方です。ここまでに「学習する画像データセットの枚数」、「バッチサイズ」、「学習の繰り返し数」、[Epochs数]を設定してきましたが、これらを使うと総Step数は以下のようにあらわすことができます。

総Step数 = Epochs数 × 学習の繰り返し数 × 画像データセットの枚数 / バッチサイズ

この総Step数を使っておおよその目安となる[unet_lr]を計算することができます。

[unet_lr] = 目標とする学習完成度 / 総Step数 × 学習率に関係する係数

学習率に関係する係数は利用するスケジューラーの種類によって変わってきますが、ここでは理解しやすいように、常に1で一定の[constant]を選択した場合を考えます。

すると **[unet_lr]' = 目標とする学習完成度 / 総Step数** と考えることができます。

この時に、例えば目標とする学習完成度を100%（すなわち1）、総ステップ数を2000とすると

[unet_lr] = 0.0005 が目安の数値となります。実際には利用するスケジューラーによって学習率に対する補正が生じるため、あくまで目安として考えましょう。

[text_encoder_lr] ❷ はテキストエンコーダーへの学習率を設定します。この数値は [unet_lr] の 5 分の 1 程度が適切とされていますが、画風の学習の場合はそれよりも低い、もしくは 0 に設定するという方法もあります。

[lr_scheduler] ❸ は学習に使用するスケジューラーの種類、[lr_scheduler_number] ❹ はスケジューラーのリスタート数を指定します。原作プログラムでは [cosine_with_restarts] でリスタート数 3 の設定が勧められています。迷ったときは、この設定もしくは常に一定の [constant] を選択すればよいでしょう。また、関連して [lr_warmup_ratio] ❺ は warmup 方式のスケジューラーを指定した際に、全ステップ数の何パーセントを warmup にするかを指定するオプションです。

[min_snr_gamma] ❻ は LoRA ファイルの学習時に使用するノイズ強度のばらつきを補正するオプションオンです。オンのままで問題ありません。詳細を知りたい場合はノートブックのリンクから確認することができます。

[Structure]

この設定では LoRA のネットワークの数や発展型である Locon 形式の選択オプションの切り替えなどを行うことができますが、これらの内容は本書では取り扱っていませんので、ノートブックに記載されている奨励設定のままで使用するようにしてください。

このように各設定が複数あるのは、画像のデータセットや LoRA を作成したい目的によってさまざまなパラメーターの調整が必要になるためです。また、どのような効果を持った LoRA なのかという、最初の評価基準をしっかりと定めておかないと、学習が上手くいったかどうかという評価も正しく下すことができず、その後の試行錯誤にもつながりません。そのため、しっかりと事前に学習の目的と評価基準を定めてから LoRA の作成を行うことが大切です。

学習の実行と LoRA ファイルの入手

それでは最上部に戻って、コードセル [Start Here] の [セルの実行] ❶ をクリックして学習を開始させましょう。必要なデータのダウンロードと総 Step 数が計算され学習が開始されます。

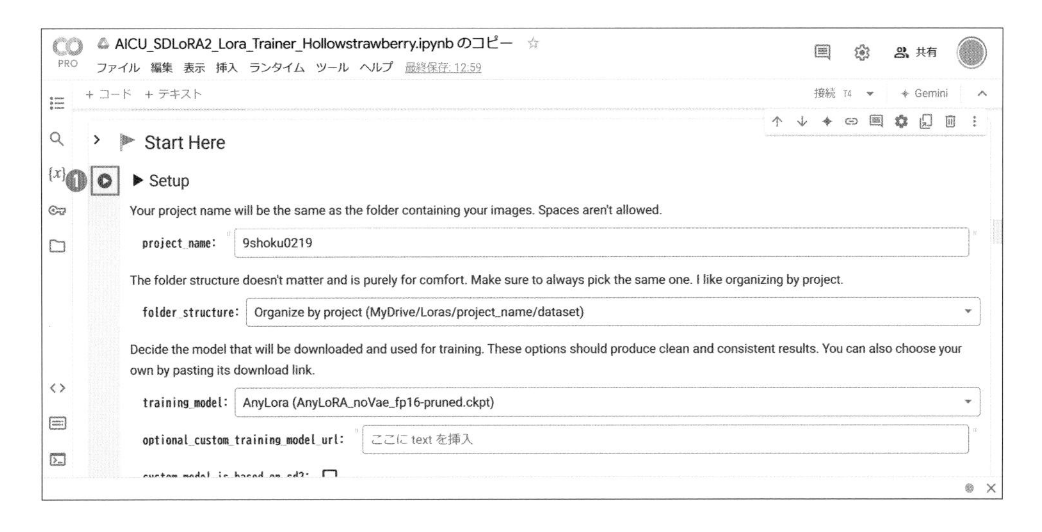

Colab ノートブックで表示される出力上で、[epoch 10/10] になれば学習完了です。最後の行には「完了！グーグルドライブから Lora をダウンロードします。いくつかのファイルがありますが、最新版を試してみてください」と英語でメッセージが表示されています。

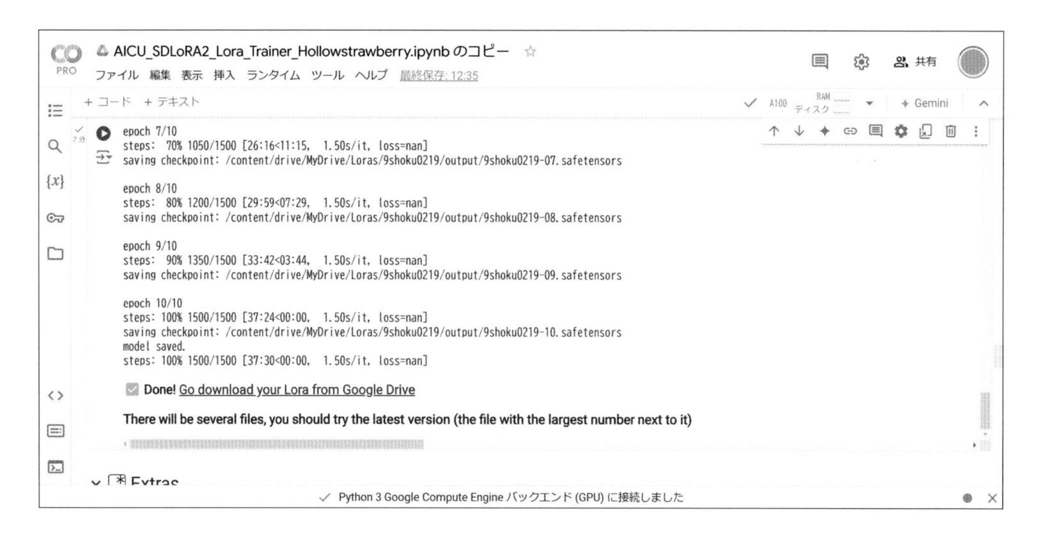

上記のように学習が完了したら Google Drive に 新 た に [MyDrive/Loras/9shoku0219/output] のフォルダが作成され、その中にプロジェクト名＋ [01 ～ 10] と名前の付いた safetensors ファイルが保存されています。数字は Epochs 数(世代)を表しており、一番最後の[9shoku0219-10.safetensors] にマウスカーソルを合わせて、表示される三点リーダーのメニューを開いてダウンロードし、WebUI で使用してみましょう。

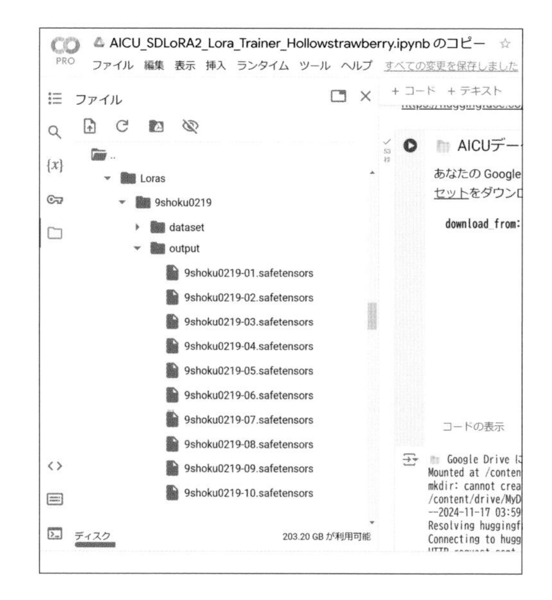

LoRA ファイルは Google ドライブ上からもダウンロードすることができます。

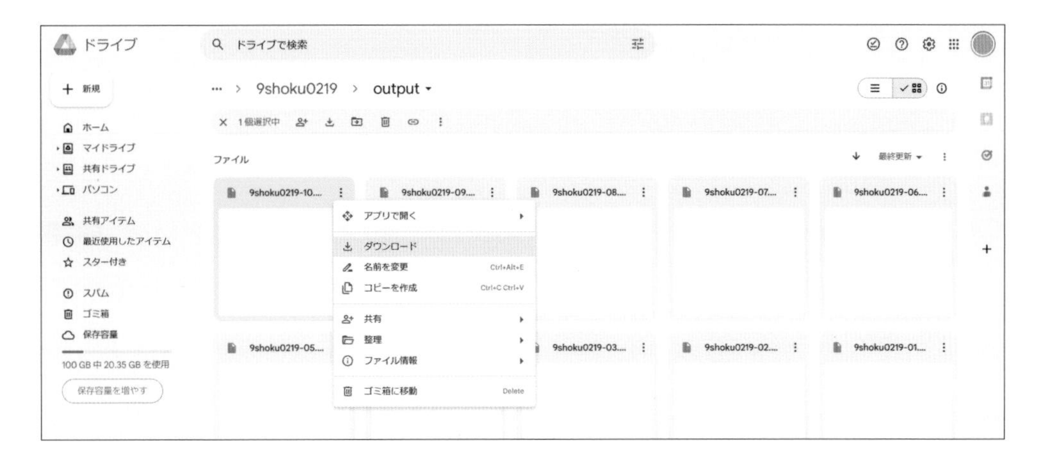

また、Colab 環境を利用している場合は、Google Drive 上でファイルを移動させるとファイルをダウンロードする必要がありません。[sd/stable-diffusion-webui/models/Lora] に移動させます。

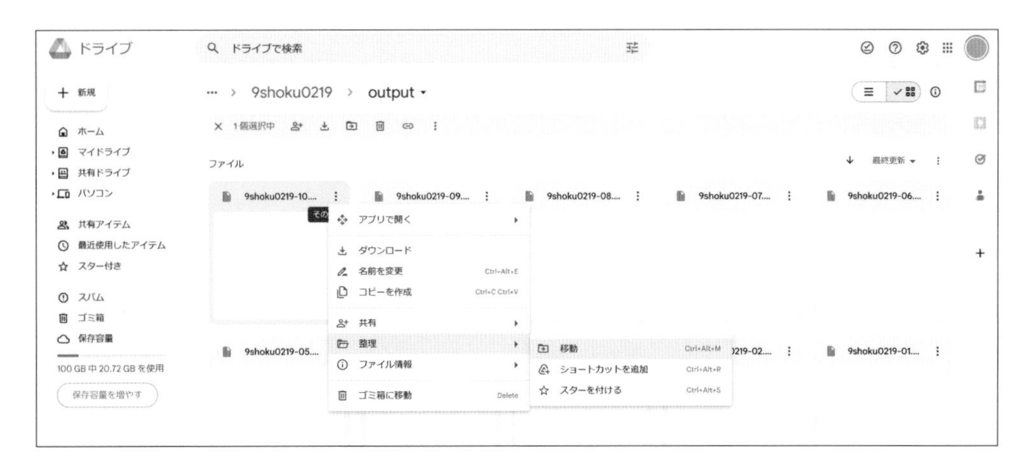

LoRA ファイルの動作確認を行う

続いて作成した safetensors ファイルを利用できるか試験してみましょう。今回は学習にも利用した、以下のリポジトリに保存されているモデルを利用するようにしてください。

[Files and versions] のタブに移動し、[AnyLoRA_noVae_fp16-pruned.safetensors] ❶をダウンロード、もしくはパスをコピーして利用します。

また、デフォルトのモデルが [AnyLoRA] になっている Colab ノートブックは以下から利用することができます。

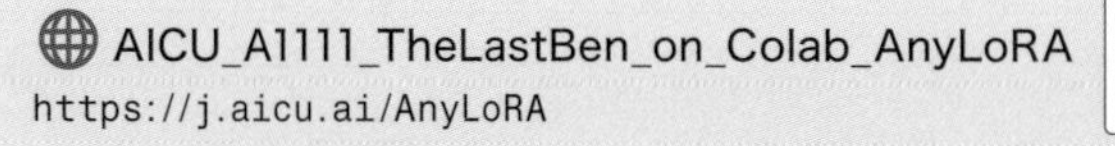

上記のモデルと作成した LoRA ファイルを使って、データセットの持つ画風のような特徴を持った画像が生成できればひとまず学習は成功です。次は設定を変えてみたり、オリジナルのデータセットでの LoRA 作成に挑戦してみるのも良いでしょう。続く Section4 では様々な LoRA の事例の紹介、Section5 では LoRA ファイルで作成した画像を見ながら評価を行います。

自分で用意したデータセットで LoRA を作成する

サンプルデータセット以外の画像を学習させる場合は、前述のコードセル [AICU データセットの準備] は実行せずに、あらかじめ学習用の画像を正規化してフォルダにまとめて Google ドライブにアップロードしておきます。当該のフォルダには [/content/drive/MyDrive/Loras/ 任意のプロジェクト名 /dataset] という名前を付けます。このとき [任意のプロジェクト名] はスペースを除く半角英数字で設定してください。

また、前述のとおり「AICU_SDLoRA2_Lora_Trainer_Hollowstrawberry」はSD1.5もしくはSD2.Xシリーズに対応するLoRAを作成する設計になっているため、SDXLに対応するLoRAを作成したい場合は以下の、「Lora_Trainer_XL」を利用するようにしてください。

Lora_Trainer_XL
https://colab.research.google.com/github/hollowstrawberry/kohya-colab/blob/main/Lora_Trainer_XL.ipynb

COLUMN 学習率について知っておこう

ここで改めて「学習率」という機械学習の専門用語について解説しておきます。

学習率(Learning rate;LR)とは、機械学習や統計学における最適化アルゴリズムにおけるチューニングパラメータのひとつです。「正解値」と、モデルから出力された「予測値」とのズレの大きさである損失関数を最小値に向かって移動しながら、各反復におけるステップサイズを決定していきます。大きな値を設定すると粗い学習は進みますが、目標とするゴールには辿り着けない可能性があります。画像認識のような「正解が必ずある」タスクと異なり、画像生成AIのモデルがゴールとする状態はあいまいであるため、学習に求める内容やその品質、費やすコストとのバランスを考えたうえで、適切な値を設定する必要があります。

今回体験してもらったLoRA作成では、デフォルト値が[unet_lr：5e-4]、[text_ecorder_lr：1e-4]となっています。[5e-4]は[5.0 × 10の-4乗]、つまり[0.0005]であり、同様に[1e-4]は[0.0001]のことを指しています。これは、「2,000枚や10,000枚の中に、与えたサンプルを確率的に混ぜる」という意味になります。一方、学習率の値を仮に[1.0]とすると、「全サンプルが教師画像」という意味になります。学校の教室で例えるなら、そのクラスにいる学習者は「教師と全く同じ画像を数千回学ぶ」という命令をすることになります。これは「過学習」という状態で、多様な画像を学ぶことができず、結果的に学習効率は下がってしまいます。

ある程度一般的な画像の中に教師画像を入れることで効率よく学習させるテクニックがあります。これを「汎化性能」といい、より柔軟で多様性のある画像が生成できるようになります。学習率の調整としては、まず「与えた画像を全く学習していない」という状態であれば、学習率を「1.0」に近づけていきます。逆に「元の画像にそっくりな画像ばかり生成される」という状態であれば、まずは[unet_lr]を[1e-2]、[1e-3]、[1e-4]、[1e-5]というようにより小さな数字に変更することで汎化性能を上げていくことができます。これにより、コピー機のようなLoRAから、より多様な画像が生成できるLoRAになっていくはずです。

大きな値を設定すると、トレーニングには数分から数時間、数日といった規模になります。Google Colabを利用する場合は、Pro以上のライセンスにして処理能力の高いGPUを利用するコンピューティングユニットが必要になります。初心者に向けてそのような難度が高い機械学習タスクを設定することは適切ではないので、このサンプルの場合は小規模の数字で結果が出るように調整しています。また機械学習とその調整には正答がはっきりあるわけではありません。セオリーとしてはColabのテキスト欄の情報を頼りに学習計画を立てて管理することで、運や感覚のみに頼るのではなく仮説検証型で試していくことをおすすめします。そうすれば有限回の試行でも目的のLoRAを獲得できるはずです。

Section

6-4

様々な種類のLoRAをつくってみよう

このセクションでは、画風以外のLoRAを生成する際のポイントを解説します。LoRA学習を行う際の手順はSection3と同様の方法です。

キャラクターの特徴以外の要素を分散させる

LoRAには、絵柄を学習したものやキャラクターなど特定の被写体を学習したものなどがありますが、今回はキャラクターを生成するためのLoRAを制作するためのデータセット作りのポイントを学んでいきましょう。今回使用するキャラクターはAICU社のチャットボット「全力肯定彼氏くん」の「LuC4」を使用します。

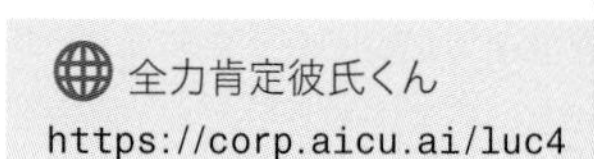
全力肯定彼氏くん
https://corp.aicu.ai/luc4

Stable Diffusionは画像の特徴とプロンプトをセットにして学習しているので、最初は言葉と画像の関係を理解していません。LoRA学習を行う際も同様で、キャラクター「LuC4」の画像を学習させようとしても、「LuC4」がどういった情報の集合なのか、人物か景色かなどが不明な状態で学習を始め、そこから共通する特徴を見つけ出して「LuC4」という情報の答えを得ようとします。

そのため、もし用意された学習用の画像の背景が全て浜辺だった場合、浜辺も合わせて「LuC4」の特徴だと学習してしまい、「浜辺にいるLuC4」しか生成しないLoRAが作られてしまいます。

そのような状況を避けるため、データセットはできるだけ異なる背景、ポーズ、構図の画像で構成します。他にも、そのキャラクターが様々な服を着るのであればそれぞれ異なる服を着ている画像を用意するなど、LoRAで抽出したい特徴のみを共通させたデータセットを用意しましょう。今回はStable Diffusionで生成したLuC4の画像を14枚用意しました。ミニキャラにも対応できるよう、頭身の低い画像も用意しています。

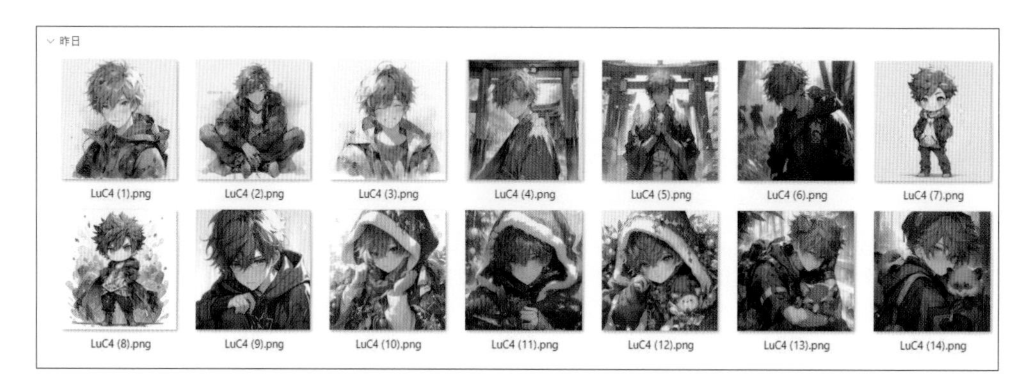

学習用の画像は 1 枚からでも学習することは可能です。しかし画像の枚数が少ないと、前述のように十分に特徴の絞り込みができないため、なかなか意図したとおりの学習結果が得られません。また多すぎても学習に膨大な時間がかかるうえに、一定以上は精度が変わらない、また逆に精度が落ちるといった学習結果になることがあります。初心者の推奨枚数は 20 ～ 40 枚です。慣れてきたら枚数を変えて、LoRA にどのような影響が出るか試してみてください。

VRoid Studio のスクリーンショットから LoRA を作ろう

株式会社 pixiv が運営している「VRoid Studio」という 3D キャラクター制作ツールを用いてスクリーンショットを撮影し、それをもとにキャラクター LoRA を制作します。

VRoid Studio
https://vroid.com/studio

まずは公式サイトから VRoid Studio をインストールし、自分の好きなようにキャラクターを制作しましょう。キャラクターが完成したら、画面右上のカメラアイコンをクリックして撮影に移行し、ポーズや角度、構図を変えて 20 枚程度撮影します。

今回は 25 枚撮影し、それぞれ左右反転した 50 枚をデータセットとして用いました。VRoid の立体感や服の 3D 感、また特徴的なチャイナドレスと髪型を再現することができました。

モデル : AnyLoRA
画像枚数 : 50
dataset_repeats: 10
num_epochs: 20
train_batch_size: 2
総 step 数 : 5000

子供が描いたような絵を学習させる

今まで高品質な画像、イラストを生成するための操作を解説してきましたが、逆に子供が描いたような味のある絵を学習させることもできます。紙などアナログの画像を学習する場合は、まずスキャナー、カメラ等で画像をPCに取り込み、トリミング、ノイズ除去、色調補正を行った画像を使用します。今回は漫画のようにページそのままの画像とイラストのみをトリミングした画像を計32枚学習させました。

2Dのイラストを学習する場合でも、今回のように整ったアニメ風イラストでない場合はSD1.5ベースモデルを選択すると再現性が高いです。色鉛筆のストロークといびつなデッサンを再現することができました。

モデル : Stable-Diffusion-v1-5
画像枚数 : 32
dataset_repeats: 10
num_epochs: 50
train_batch_size :4
総step数 : 4000

Section 6-5

学習内容を評価してみよう

ここでは、Section3 で作成した LoRA を使用して画像を生成します。生成された画像を確認して、目的通りの LoRA が作成できているか評価してみましょう。

学習した LoRA で画像を生成してみよう

作成した LoRA を利用して画像を生成してみましょう。使い方は外部からダウンロードして利用する通常の LoRA と同様です。注意点としては、Section3 で作成した < 9shoku0219 > LoRA は SD1.5 シリーズをベースとして学習をしているため、SD2.X や SDXL シリーズのモデルには利用できません。

まずは、最終 Epochs まで学習させた LoRA ファイルを [LoRA: 1] の強度で使用してみましょう。この条件で、再現したい画風の特徴が現れることが理想です。うまくいかない場合は強度を 0.1 単位で変えて画像を生成して、自分好みの強度を探してみてください。比較するときは Seed 値を固定すると良いでしょう。

Section3 では AnyLoRA をベースに LoRA を作成しました。続いては SD1.5 シリーズの他のモデルでこの LoRA を使って画像を生成したときも同様に有効に働くか試してみましょう。自分が使いたいモデルと相性が悪い場合は、学習に利用するモデルを AnyLoRA から自分が使いたいモデルに変更してみましょう。また、プロンプトも [1girl] のような単純なものだけでなく、75 トークンいっぱいになるような複雑な条件も試してみましょう。

Prompt
1girl, detailed, beautiful, intricate design, delicate, flowing hair, soft lighting, pastel colors, ornate dress, lace, floral patterns, long hair, glowing, ethereal, serene expression, detailed eyes, highly detailed background, flowers, soft shading, elegant, fantasy setting, fairy tale atmosphere, sparkles, graceful, warm tones < lora:9shoku0219:1 >

Negative Prompt
bad hands, bad anatomy, ugly, deformed, (face asymmetry, eyes asymmetry, deformed eyes, deformed mouth, open mouth)

学習する解像度を上げて LoRA を作成する

続いては学習に利用する解像度を 1024 に変更して学習を行って結果を比較してみます。学習する解像度が上がると、生成する画像のサイズが同じでもより綺麗で精巧な画像を生成することができました。学習する画像の解像度が大きくなるほど、学習に必要となるコスト（メモリの要求量、時間など）が増える点には注意が必要です。

Prompt

1girl, detailed, beautiful, intricate design, delicate, flowing hair, soft lighting, pastel colors, ornate dress, lace, floral patterns, long hair, glowing, ethereal, serene expression, detailed eyes, highly detailed background, flowers, soft shading, elegant, fantasy setting, fairy tale atmosphere, sparkles, graceful, warm tones < lora:9shoku:1 >

Negative Prompt

bad hands, bad anatomy, ugly, deformed, (face asymmetry, eyes asymmetry, deformed eyes, deformed mouth, open mouth)

このように学習の条件を変更することで、LoRA ファイルが生成画像に与える影響は大きく変わってきます。学習の条件の要素としては、ベースとなるモデル、学習データセットの枚数、解像度、繰り返し数、タグ付け、学習率、Epochs（世代）数、総ステップ数、アルゴリズムなど複数の条件があります。Section3 で解説したように、それぞれが学習においてどのような役割を持っているかという点をしっかり理解しておくことが重要です。

LoRA を作成する場合のポイントは、「多様性のある画像」です。Section4 でも触れましたが、学習データセットの画像に共通する特徴が LoRA の学習する内容になることに注意が必要です。例えば「黒髪ショートカットの少女」ばかりのデータセットでは「黒髪ショートカットの少女」が特徴として抽出されますし、「顔が右向き」ばかりのデータセットでは「顔が右向き」が特徴となります。これらは本来 LoRA に学習させたくない特徴となるため、必要のない共通点ばかりのデータセットにならないように注意しましょう。

また、学習の Step 数を調整する段階では Epochs（世代）数を増やして小刻みなサイクルで LoRA ファイルを保存しておくと良いでしょう。 Epochs（世代）数を増やす場合は、代わりに繰り返し数を減らします。これにより、だいたいどのくらいの学習率で何ステップ学習するとちょうど良いかが絞り込めるようになってきます。

⟫ LoRAの評価をしてみよう

では作成した画風LoRAを使用して生成した画像を確認してみましょう。生成画像にもSection3の最初に決めた評価基準である❶ブラシストロークが目立っていること、❷全体的に明度とコントラストが低いこと、❸虹彩のコントラストも低め、口は小さめで、鼻に影かハイライトがかかっている、を再現することができました。どの程度の完成度を目指すかはLoRAの使用目的によって変わってきます。学習画像の準備や設定値を追求することで、自分に最適なLoRAを作成しましょう。また、狙い通りにAIの学習を行うことは専門家でも非常に難しく、日々試行錯誤が繰り返されている内容でもあります。もし、1度失敗しても根気強く続けてみましょう。

この本で解説してきた、LoRAやControlNet、img2imgの手法はtxt2imgだけの画像生成と比べて格段に表現の幅を増やし、より自分の思い通りの画像を生成することができる手段です。学習を使いこなすことで、画像生成AIを「ただ使う側」から、調教して使いこなす側に立つことができます。自らの画風や、現在の画力、特定のキャラクターや服装、表情や姿勢を .safetensors ファイルにすることで、ひとりの人間の人力だけでは不可能な表現や速度、制作フローの改善などを行うことができます。

LoRA以外にもモデル自身を生成、融合(マージ)、蒸留するといったテクニックも存在します。今後、HuggingFaceやCivitaiで配布している方々だけでなく、商業スタジオなどでプロ用のモデルやファインチューニングを保有・管理するようなプロ用途の事例も多く出てくると想像します。

Chapter

7

画像生成 AI をもっと活用しよう

もっと Stable Diffusion をはじめとする画像生成 AI を活用するためのヒントとテクニックを知りましょう。また、画像生成 AI を活用する上での注意点についても学ぶことでこの技術を新たなツールの 1 つとして活用していきましょう。

Interview Guest

01 フィナス

finasu

https://twitter.com/finasu

profile

使用デバイス　ノート PC

制作環境　Windows 11 Home / NVIDIA GeForce RTX 3050 Ti Laptop GPU (VRAM 4GB)

使用ソフトウェア　CLIP STUDIO（32 ビット）Version 2.0.6 / PhotoScape X Pro 4.2.1

普段使用する画像生成 AI　Stable Diffusion / DALL-E3

Stable diffusion で使用している拡張機能

- a1111-sd-webui-tagcomplete
  https://github.com/DominikDoom/a1111-sd-webui-tagcomplete
- sd-dynamic-prompts
  https://github.com/adieyal/sd-dynamic-prompts
- sd-webui-controlnet
  https://github.com/Mikubill/sd-webui-controlnet

普段の作風は？

銀髪の狼娘のキャラクターをメインに、全身立ち姿のイラストを作成することが多いです。2D のイラスト調でやわらかい雰囲気の絵が好みです。加筆や色の調整を行うなど、出来る限り自分の意図をイラストに表現することを楽しんでいます。

製作上のコツや意識していることは？

AI のランダム性のある生成結果からアイデアを得られることが多くあるため、プロンプトには曖昧な部分を持たせることを意識しています。また、大雑把な色塗りをして img2img で補正を行う修正方法を好みます。ControlNet で修正内容を具体的にするよりも AI の表現力を借りられる方法だと考えています。

画像生成 AI によってよくなった事や今後期待することは？

私は絵を描くことが出来ませんが、AI によってイラスト制作ができるようになりました。アイデアがあれば面白い作品を作れるので、グッズのような形あるものを作ることにも挑戦したいと思っています。まだ AI を使うだけでは手描き方の作品のような緻密な表現には及ばないと感じています。ただ、多彩な画風で描くことが出来るなど、AI ならではの強みがあると思っていますので、新しい表現方法の開拓・利用が広がることを楽しみにしています。

▲ checkpoint merged by Meina

私は画面を構成するなどの絵を描くスキルを持っていないため、AIの力を借りて生成画像からアイデアを得ながら加筆して完成に近付ける方法でイラストを制作しています。txt2imgだけで完成とはせずに、img2img、Inpaintも繰り返し行うことで細部の模様や形状などを自分好みに近付けながら制作することを楽しんでいます。

制作ワークフロー

STEP 1 txt2imgで素材を生成する

生成した画像を素材として、下絵となるイラストを作成します。曖昧でも良い部分は具体的にし過ぎないようにプロンプトを構築して、幅を持った生成結果からアイデアを集めることを意識しています。

▼

STEP 2 加筆による下絵イラストの作成

txt2imgで生成した画像をベースに下絵イラストを作成します。修正・追加する部分は大まかな形状と色を描き込めていればAIが上手く補正してくれます。色のベタ塗りにならないように半透明の色を重ねて塗るのが良いと思います。

▼

STEP 3 キャラクターイラストの仕上げ

下絵イラストにimg2imgとInpaintを掛けて、キャラクターイラストを完成させせます。衣装の模様や顔の表情など、細部がしっかりと描かれていることを確認しながら仕上げます。

▼

STEP 4 背景イラストの作成

キャラクターの雰囲気に合う背景を作成します。キャラクターとは別に生成する手間はありますが、キャラクターの雰囲気に合わせた背景を用意できるため、イラスト全体の雰囲気をコントロールしやすいです。

▼

STEP 5 キャラクターと背景の合成

キャラクターと背景のイラストをCLIP STUDIOで合成します。キャラクターと背景のバランスが良くなるように明暗などの調整を行って配置します。

▼

STEP 6 色や明暗の調整

イラスト全体の色や明暗の調整を行います。全体的に明るく彩度を高めに調整して、一目見た時の印象を強くすることを意識しています。

STEP 1

txt2imgで素材を生成する

(目安時間　作業40分　生成300分)

txt2imgで複数の画像を生成します。これら画像は、アイデアを得たり、部分要素の合成や加筆をして下絵イラストを作るために使用します。プロンプトを微調整しながら10～20枚、調整後に200枚ほど生成します。プロンプトの構築で意識しているのは、ポーズなどの全体的な形状を重視しつつ、細部の模様や色などは具体的にしすぎないようにして生成結果に幅を持たせることです。これにより思いがけないアイデアを得られることがあります。後の工程でimg2imgやInpaintで仕上げ作業を行うので、ここでは少しの破綻や指定色と異なるなどの状態であっても気にしません。また、キャラクターのポーズ・表情などの雰囲気に合った背景を付けたいので、背景を別に生成してCLIP STUDIOでキャラクターと背景のイラストを合成する方向で制作を進めます。今回は和の雰囲気をベースとした全身立ち姿のイラストを作成しました。着物のような上着とショートパンツを組み合わせた創作的な衣装としています。学習モデルは長身キャラクターを生成しやすいものを選択しており、後の工程で塗り方を変える際に別のモデルに切り替えることもあります。最終候補となったのは次の3枚で、その中から**図1-1**をベースにすることにしました。

プロンプトの考え方

プロンプトの並びは、品質＞画風＞キャラクター特徴＞ポーズ＞表情＞衣装＞背景という順番に構築しており、意味ごとにまとまりのある構造にすることで視認性を良くして、重複などの記述ミスがないようにしています。いつも同じ構造にすることで、各要素の強弱調整の感覚を掴みやすいと感じています。また、プロンプトは長くても150トークン以内とすることを心掛けています。これは短く、明確に記述した方が指示が伝わりやすいと考えているためです。この理由で自然言語による記述よりもタグでシンプルにプロンプトを構築するようにしています。タグの入力には拡張機能の[a1111-sd-webui-tagcomplete]を重宝しています。プロンプトの決め方・探し方としては、普段はCivitaiやchichi-puiなどの投稿サイトで日頃からプロンプトを見つけておく場合や、ChatGPTやGeminiで質問したり、Google検索結果の画像表示を使って物の名称を知り、拡張機能であるtagcompleteのサジェスト機能でタグが存在するか確認して利用する場合があります。

1-1

1-2

1-3

▲ まずは大量に生成し、その中から制作のベースとなる候補をピックアップします。

STEP 1 の生成 parameters

(best quality, masterpiece:1.1), (highres:1.1), (highly detailed:1.1), <lora:flat2:-0.3>, (illustration:1.3), (anime:1.1), (traditional media:0.4), (octane render:0.6), 1girl, (solo:1.1), (adult:1.2), (wolf girl:0.9), wolf ears, sexy, (cool:0.9), bullish, (eight heads tall, tall female:1.1), (legs, thick thighs:0.4), [(skinny:0.9), (narrow waist:0.6):(medium breasts:0.8), (shiny skin:0.8):0.3], (short hair:1.2), (silver hair:0.9), (short twintails:1.2), blunt bangs, sidelocks, wavy hair, yellow eyes, tsurime, <lora:shihaku-eye:0.6>, (sanpaku:1.1), eyelashes, (full body:1.1), (contrapposto:1.3), outstretched arms, (looking at viewer:0.8), smug, (open mouth:0.9), (yellow shirt:1.1), japanese clothes, high-waist shorts, black shorts, (high heels:1.1), gloves, (japanese background:1.2), (pastel ivory background:1.1)
Negative prompt: (worst quality:1.4), (low quality:1.4), (normal quality:1.1), (lowres:1.3), (jpeg artifacts, sketch, blurry, 3d:1.2), (greyscale, monochrome:1.1), (loli, child, teenage, petite, short stature:1.1), (cute, kawaii:0.8), (nsfw:0.9), (wolf tail:1.4), wolf, covered nipples, covered navel, cleavage, monster
Steps: 33, Sampler: DPM++ 2M Karras, CFG scale: 8, Seed: 323196327, Size: 512x912, Model hash: 54ef3e3610, Model: meinamix_meinaV11, Denoising strength: 0.6, Clip skip: 2, Hires upscale: 1.7, Hires upscaler: Latent (nearest-exact), Lora hashes: "flat2: 80f764dfb478, shihaku-eye: 1fa1f0865224", Version: v1.5.2

STEP 2

加筆による下絵イラストの作成

(目安時間　作業 30 分)

STEP 1 で作成しベース素材として選んだ画像に加筆をして下絵イラストを作成します。今回は背景を別に用意して組み合わせるため、キャラクターを切り出しやすいように単色背景に修正します。背景除去ツールを使う場合もありますが、今回は CLIP STUDIO で不要部分を白塗りしました。後の工程で img2img を行うため、細部に塗り残しやギザギザなどの粗があっても問題ありません。次に STEP 1 で得たアイデアの追加と細部の加筆修正を行います。完成した下絵イラストが**図 2-2** となります。今回は華やかになるように着物に花柄素材で模様を追加しましたが、色をまばらに塗るだけでも AI が補正して柄を描いてくれます。また、ショートパンツのように色を変更する場合は黒でベタ塗りするのではなく、半透明にして衣装のしわ表現などを残すのがコツだと考えています。下半身の情報を増やすために尻尾を出すことにしましたが、ここも灰色のベタ塗りではなく影が生まれるように濃い色をノイズ的に乱雑に塗って AI が毛並みを描くのを誘導しています。片脚にだけ網タイツを履かせるなどのちょっとしたこだわりを表現できるのが、この工程の楽しいところだと思っています。

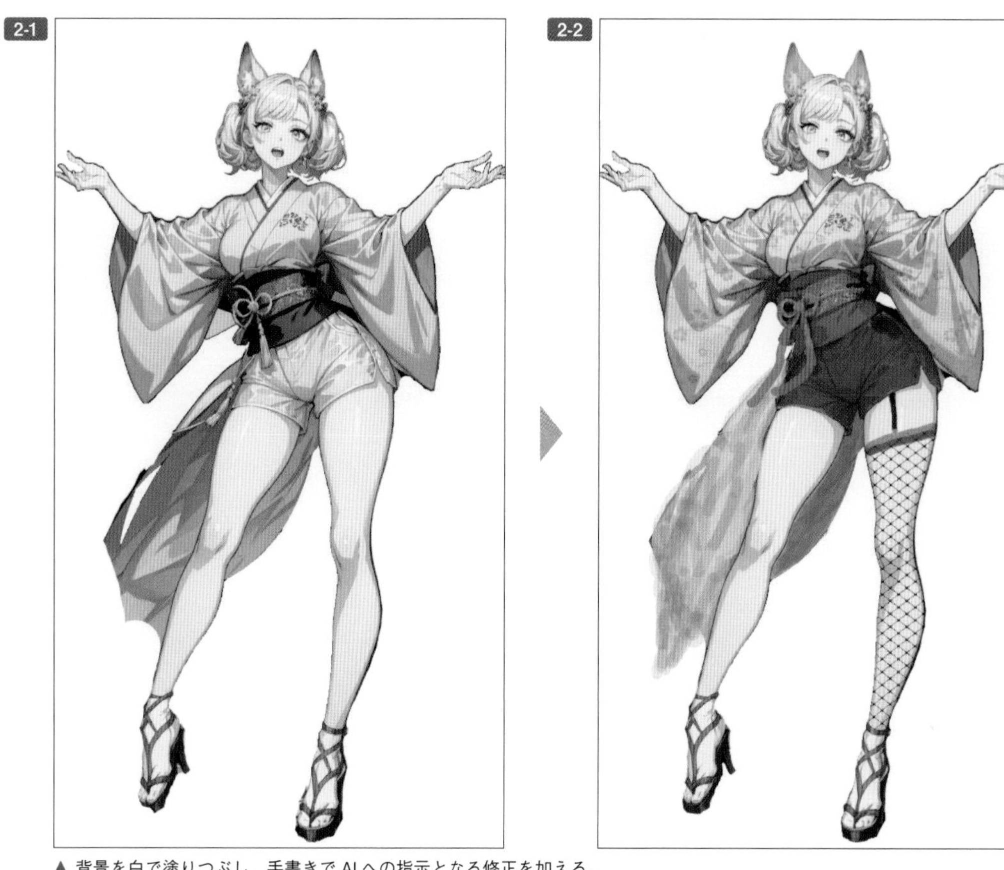

▲ 背景を白で塗りつぶし、手書きでAIへの指示となる修正を加える。

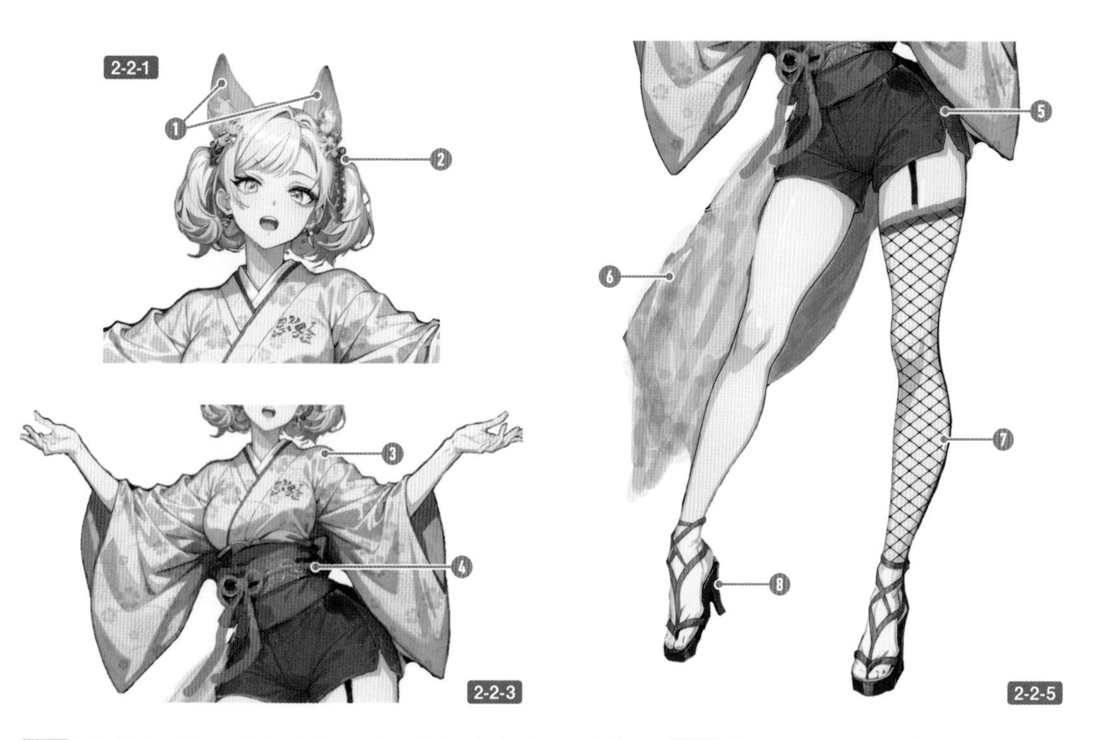

2-1-1 修正部分の詳細。❶狼耳の色をシルバーに修正。❷赤い髪飾りを追加。 2-2-3 ❸ CLIP STUDIOの素材を乗算レイヤーで重ねて着物に花柄を追加。❹着物の帯を紫、紐を赤に変更。 2-2-5 ❺ショートパンツの色を黒に変更。❻尻尾を追加。❼左脚に網タイツを追加。❽靴の形状を修正。

キャラクターイラストの仕上げ

（目安時間　作業 40 分）

下絵イラストに img2img と Inpaint を掛けて仕上げ作業を行います。前 STEP での下絵イラスト作成時に着物の花柄の追加など変更を行ったので、まずはプロンプトを微調整します。今回は花柄の floral print や靴の具体的名称の okobo などを追加しています。必要に応じてタグの強弱調整や削除もこの段階で行います。

STEP 3 の生成 parameters

(best quality, masterpiece:1.1), (highres:1.1), (highly detailed:1.1), <lora:flat2:-0.3>, (illustration:1.3), (anime:1.1), (traditional media:0.4), (octane render:0.6), 1girl, (solo:1.1), (adult:1.2), (wolf girl:0.9), wolf ears, sexy, (cool:0.9), bullish, (eight heads tall, tall female:1.1), (legs, thick thighs:0.4), [(skinny:0.9), (narrow waist:0.6):(medium breasts:0.8), (shiny skin:0.8):0.3], (short hair:1.2), (silver hair:0.9), (short twintails:1.2), blunt bangs, sidelocks, wavy hair, yellow eyes, tsurime, <lora:shihaku-eye:0.6>, (sanpaku:1.1), eyelashes, (red eyeshadow:0.9), (full body:1.1), outstretched arms, (looking at viewer:0.8), smug, (open mouth:0.9), (yellow shirt:1.1), (floral print:0.8), japanese clothes, high-waist shorts, black shorts, fishnet thighhighs, (okobo, high heels:1.1), earrings, hair ornament, (white socks:1.1), (white background:1.1)
Negative prompt: (worst quality:1.4), (low quality:1.4), (normal quality:1.1), (lowres:1.3), (jpeg artifacts, sketch, blurry, 3d:1.2), (greyscale, monochrome:1.1), (loli, child, teenage, petite, short stature:1.1), (cute, kawaii:0.8), (nsfw:0.9), wolf, covered nipples, covered navel, cleavage, monster
Steps: 33, Sampler: DPM++ 2M Karras, CFG scale: 8, Seed: 26151904, Size: 864x1544, Model hash: 54ef3e3610, Model: meinamix_meinaV11, Denoising strength: 0.35, Clip skip: 2, Mask blur: 4, Lora hashes: "flat2: 80f764dfb478, shihaku-eye: 1fa1f0865224", Version: v1.5.2

img2img や Inpaint を行うにあたり、好みの塗り方にするために画風プロンプトの調整やモデルの変更を行うことがありますが、今回は好きな絵柄を出力できているので変更なしとしました。STEP 2 で作成した下絵イラストと微調整したプロンプトで img2img を行います。

このイラストを元にさらに細部の加筆と Inpaint で修正を行っていきます。この作業は何度か繰り返し行うのですが、例えば靴の紐の修正は Inpaint の UI 上で直接書き込んでいます。

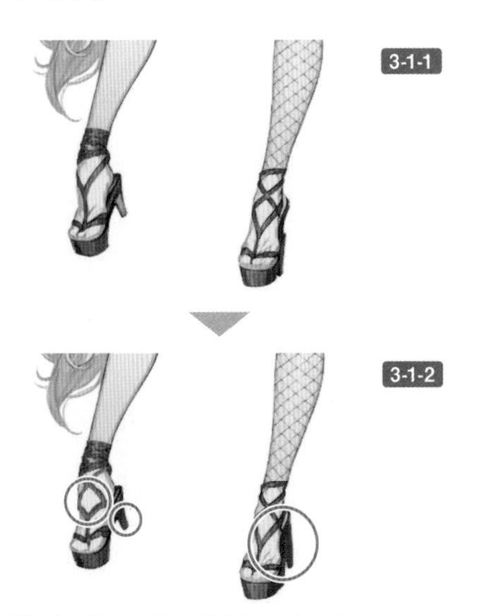

▲ 靴の紐が左右で同じデザインになるように Inpaint で修正の準備を行う。

▲ 加筆に合わせてプロンプトを調整し img2img した画像。修正した部分が AI によって元の画像に馴染んだのが分かる。

Inpaint upload を使った編集

今回は着物の柄、尻尾の毛並み、網タイツの濃度のバランスによって全体の印象が変わると感じたので、細部の修正と合わせて全身も描き換えながらの修正としました。そのため、修正する部分を指定するために Inpaint upload で使用する全身マスク画像を用意しました。Inpaint upload はその名の示す通り、通常 Web UI 上でマスク領域の選択操作が必要な Inpaint とは異なり、マスク画像をアップロードすることができます。キャラクターに沿ったマスクの作成は Web UI 上で行うより外部ツールでマスク画像を作る方が楽なため、今回の画像は CLIP STUDIO で作成しています。

単色背景のイラストなので、[自動選択ツール] で背景のみを選択し、[選択領域の反転] によってキャラクター部分の選択を行い、白と黒に塗りつぶします。今回の作例では行いませんでしたが、複数の画像からコラージュする場合もあるので、その際にもキャラクターに沿ったマスクを作ることで Inpaint での調整時にポーズの形状を保ちやすくすることができます。Inpaint する際の [Denoising strength] は 0.50-0.55 の範囲として、元の印象が大きく変わらない程度に描き換えを行うことを意識しています。

3-3 Inpaint upload の作業フロー

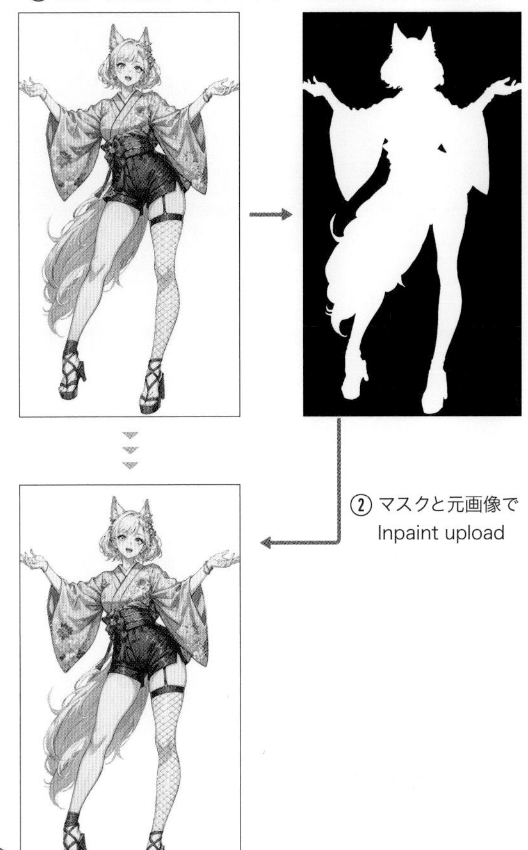

WebUI では細かいマスクを作成するのは難しいため、外部ツール ▶ を使ってマスクを作成するのがおすすめ。

3-4

3-5

3-6

▲ Inpaint upload でシルエットを保ちながら修正を繰りかえし、理想の形へ近付けていく

補足図 3-2

◀ 顔のみ手動マスクして inpaint した表情の修正過程。

そして、最後に必ず行うのが Inpaint による顔の修正です。目の大きさや眉毛の角度などのちょっとした変化で大きく表情の印象が変わりますが、私は手描きによる調整をすることができないため Inpaint で描き換えることでより良い表情を探します。顔のように細部の調整を行う場合には Inpaint area の設定を [Only masked] にします。この修正では [Denoising strength: 0.35] として変化は抑えめにしています。分かりにくい変化ですが、修正を繰り返して右端の表情が良いと思い採用しました。

STEP 4 背景イラストの作成 （目安時間　作業 30 分）

キャラクターとは別に背景を作成します。キャラクターの雰囲気から無邪気で可愛い完成イメージを持ちましたので、背景はピンク基調としました。モデルはイラストスタイルの [meinapastel_v5AnimeIllustration] に変更して生成しています。キャラクターイラストの修正と同様に、背景も加筆と img2img で仕上げを行いました。

4-1

4-2

4-3

▲ 順に Text2Image、加筆、img2img の状態。主に不自然な部分を加筆で修正している。

STEP 4 の生成 parameters

(best quality, masterpiece:1.1), (highres:1.1), (highly detailed:1.1), (illustration:1.3), (japanese ink painting:0.9), (traditional media:0.6), (no humans:1.3), pastel pink theme, (japanese pattern background:1.2), (flower:0.8)
Negative prompt: (worst quality:1.4), (low quality:1.4), (normal quality:1.1), (lowres:1.3), (jpeg artifacts, sketch, blurry, 3d:1.2), (greyscale, monochrome:1.1), kimono
Steps: 33, Sampler: DPM++ 2M Karras, CFG scale: 8, Seed: 3759780745, Size: 512x912, Model hash: ff1bb68db1, Model: meinapastel_v5AnimeIllustration, Denoising strength: 0.5, Hires upscale: 1.7, Hires upscaler: Latent (nearest-exact), Version: v1.5.2

STEP 5

キャラクターと背景の合成

（目安時間　作業 20 分）

続いてキャラクターと背景のイラストを CLIP STUDIO で合成します。キャラクターと背景が一体となったイラストを生成するのも迫力があって好きですが、分離して作成することでより意図的なイラストを作成できると考えています。キャラクターと背景は外部ツール Clipdrop を使ってアップスケールしたものを使用します。サイズが大きい方が、後の色を調整する工程での仕上がりが良くなるからです。アップスケールは使用している GPU スペックの問題で生成サイズが制限されるため外部ツールを使用しています。

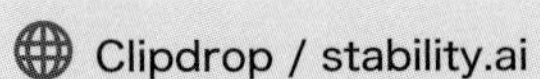
Clipdrop / stability.ai

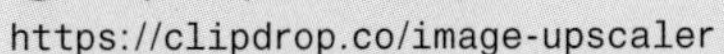
https://clipdrop.co/image-upscaler

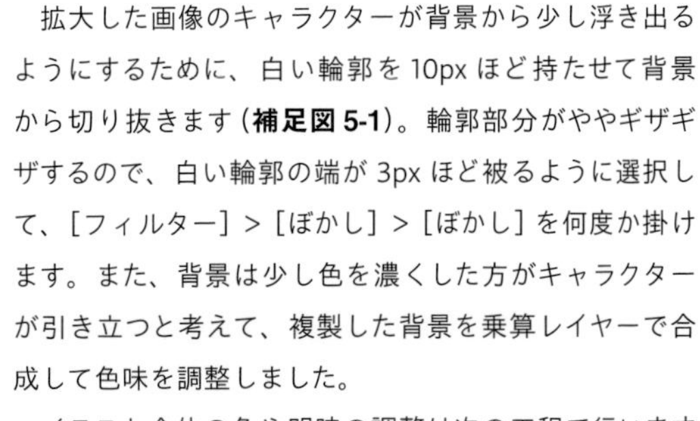

拡大した画像のキャラクターが背景から少し浮き出るようにするために、白い輪郭を 10px ほど持たせて背景から切り抜きます（**補足図 5-1**）。輪郭部分がややギザギザするので、白い輪郭の端が 3px ほど被るように選択して、[フィルター] > [ぼかし] > [ぼかし] を何度か掛けます。また、背景は少し色を濃くした方がキャラクターが引き立つと考えて、複製した背景を乗算レイヤーで合成して色味を調整しました。

イラスト全体の色や明暗の調整は次の工程で行いますが、続けて瞳の明暗の調整を行います。キャラクターの瞳部分のみを複製したレイヤーを 3 つ用意します。それぞれ合成モードと不透明度を目がくっきり見えるように調整して、上から順に、[覆い焼き（発光）18%]、[通常 58%]、[焼き込み（リニア）63%]、として元イラストの上に重ねました。ここまでの編集を統合して画像を書き出しておきます。

補足図 5-1

▲ 最後の細かい調整は既存のツールで行っていく。

▲ 切り抜きと合成モードを駆使して瞳を調整する。

5-1

▲ 乗算によって背景のトーンを落としたことで、白い輪郭がより強調されている

STEP 6 色や明暗の調整

（目安時間　作業 20 分）

最後に PhotoScape を使って色や明暗の調整を行います。普段は X でイラストを投稿していることもあり、一目見た時の印象を強めるために彩度を高めにしています。また、暗部を明るくして全体的に明るい雰囲気に調整しています。今回はピンクの爽やかさを出すために色が濃くならないように特に注意しました。アニメ的なつやつやした質感を抑えるために、全体に小さなノイズも追加しています。調整の好みとして、トーンカーブで赤色と青色を少し強めています。赤色を強めることで肌が健康的に見えるようになります。また、青色を強めることで影のグレー部分がやわらかい印象になります。これで完成となります。

6-1

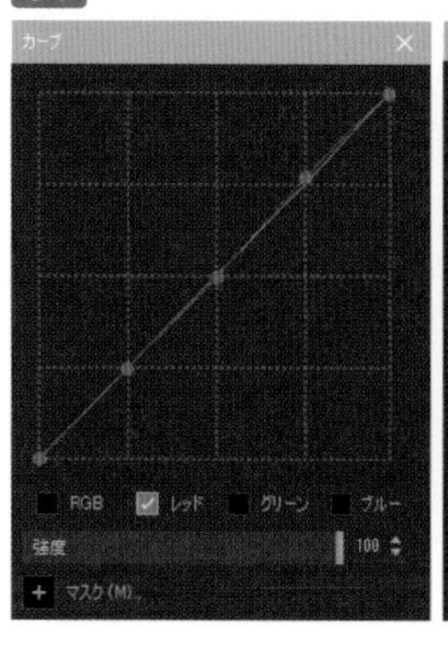

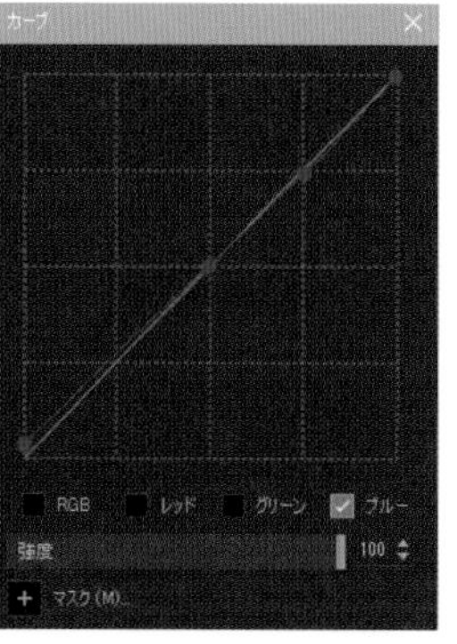

PhotoScape X
https://apps.microsoft.com/detail/9nblggh4twwg?hl=ja-jp&gl=JP

PhotoScape X Pro
https://apps.microsoft.com/detail/9nblggh511n0?hl=ja-jp&gl=JP

調整前

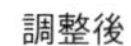

調整後

Interview Guest

02 らけしで

lakeside

https://twitter.com/lakeside529

profile

使用デバイス	PC のみ
制作環境	windows11/NVIDIA GeForce RTX 3090
使用ソフトウェア	photoshop
普段使用する画像生成 AI	Stable Diffusion/nijijourney/DALLE/NovelAIDiffusion

普段の作風について

ファンタジーイラスト、特に剣などの武器をテーマに、戦闘シーンなどワクワクするようなカッコイイ場面、動きのあるイラストを作ることが好き。作るイラストは、ほとんどがオリジナルキャラクターである4人の少女とその世界観をベースにしたもの。

使用する生成 AI について

ほとんどが Stable Diffusion の自作マージモデルを t2i で使用。モデルマージ時にはそれまで使用していたモデルを部分的に引き継がせることで、オリジナルキャラクターの一貫性を高めつつ、新しいモデルでの表現を取り入れている。i2i 用として nijijourney や DALLE を併用することもある。

AI イラストを始めたきっかけ・活動内容・経歴

2022 年 10 月頃に当時 Stable Diffusion で流行していたモデルである Waifu Diffusion や NovelAIDiffusion でのプロンプト研究に魅力を感じ、AI イラストに没頭。
その後、AI イラストのコンテストや合同誌に参加したり、シェアワールドでユーザーが自由に AI イラストを投稿する大規模企画「AI イラストファンタジー ～サラトバ 4 ヶ国対抗戦～」や「AI イラストファンタジー第二弾 グランシュライデ」に企画として参加し、世界観などを考案。AI イラスト投稿サイト「ちちぷい」（株式会社 ccpp）で開催された「第 2 回 AI 手コンテスト」で最優秀賞を受賞。他にも、AI イラストと ChatGPT を活用した AITuber「クリムちゃん」の開発など、新しくて楽しい AI の活用・表現を模索しながら活動中。

制作ワークフロー（各ステップでのコツ）

全体の流れ
一つの単語だけをテーマとして決めただけでも作れてしまうのがAIイラストの良さであり、そのランダム性を楽しむことも多いです。例えば、"剣を振るう少女"というプロンプトだけで、「txt2imgで良い感じのものが出て来るまで生成する」のみでワークフローとして完結、ということもあります。しかし今回は、「頭に明確に思い浮かべたシーンをイラストとして作り出す」ためのワークフローを紹介します。

STEP 1 のポイント

主なテーマ、バックストーリーなどを思い浮かべながら、作りたいシーンをイメージしていきます。バックストーリーがあるとキャラクターの表情や姿勢、背景などにこだわりが生まれ、良い作品ができると考えています。

STEP 2 のポイント

今回のイラストはtxt2imgのみで作ることが非常に難しいため、ベースイラストを生成し、Inpaintを使って修正することで作り上げます。ローカルモデルやWebサービスの特徴を理解しておくと、ベースイラストが作りやすくなります。

STEP 3 のポイント

ベースイラストを選び、加筆修正したり、構図を検討します。Inpaintによる修正には得意・不得意があることを意識しながら、今回はかなり大胆に、そして雑に修正しています。

STEP 4 のポイント

Inpaintで加筆修正部分を修正します。Inpaintに使用するプロンプトで画風や光の当たり方が変わるので、txt2imgでも綺麗に生成されるようなプロンプトを設定しておくことが重要です。

STEP 5 のポイント

全体的にInpaintで修正します。キャラクターを修正する際は、その特徴や表情をプロンプトに入れ、それぞれを個別に修正していくようにします。

STEP 6 のポイント

Inpaintが苦手とする部分は、再度加筆したり、LamaCleanerを使って修正していきます。視線誘導なども意識して修正していきます。

STEP 7 のポイント

最後に、フィルターを使って好みの雰囲気に仕上げます。SNS用では、シャープネスを向上させると、サムネイルサイズでも描かれているものが伝わりやすいと思います。

メイキング詳細

STEP 1

テーマ決め（目安時間　5分）

はじめに、作りたいテーマを考えます。今回は「二人の少女が背中合わせに共闘するシーン」を作りたいと思います。そして二人とも、私が普段から好んで制作しているオリジナルキャラクターの特徴を持たせることにします。一人目は、赤髪ミディアムヘアで赤い眼をした女の子で、笑みを浮かべ、赤いドレスを着て、剣を構えた感じにします。二人目は、黒髪ロングヘアで黄色い眼をしたエルフの少女で、こちらを睨みつけ、黒いドレスを着て魔法を発動させている感じにします。幻想的で静けさを感じるようなイラストにしたいので、背景は青い月が浮かぶ荒野にしましょう。

STEP 2

ベースイラストの生成
（目安時間　作業5分　生成10分）

AIイラスト生成において、複数人のイラストを作ることは難易度が高いです。特に強いこだわりなく複数人を出すことは容易ですが、作りたい特徴が決まっていてそれぞれの特徴が異なる場合、それぞれの要素が混ざり合って出て来ることがほとんどです。したがって、それらの混ざり合いは後のSTEP 3のInpaint (img2img) で修正していくことを前提として、まずは完成度6割程度のベースイラストを生成します。キャラクターの顔立ちなどはInpaintで修正するのであまりこだわりません。

ベースイラスト生成は基本的にどんなモデル・サービ

スでも問題ないです。例えばnijijourneyは、作りたい要素やテーマが決まっている場合に、少ない指示でオシャレな構図・画風を出してきてくれるので、使用することもあります。今回は構図を重視したいのでプロンプトの理解度が高いDALLE3を使います。DALLE3では日本語が使えるので、プロンプトは以下としました。(**図1**)

DALLE3のプロンプトは一般的な画像生成のプロンプトと同じく単語を並べていくこともできますが、上記のように作ってほしいイラストを説明してお願いすることもできます。こうすると、**図2**のようにプロンプトをDALLE3が作ってくれたうえで生成してくれます。「限界を超えて」とか「あなたならできる！」は、そういった応援するような文言を入れるとクオリティが上がる、という研究成果を見たことがあり、おまじないのように入れています。

このプロンプトのまま、あるいは他にもプロンプトの表現をちょっと変えたりしながら、何枚か生成します。(**図3-6**)

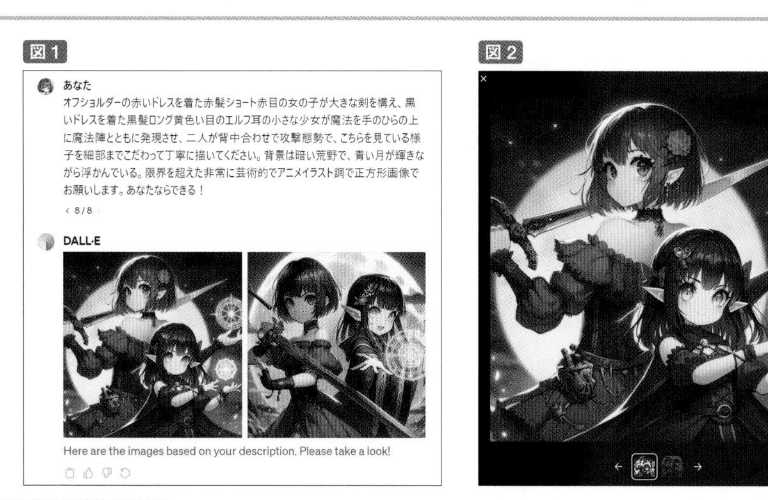

DALLE3 の Prompt　オフショルダーの赤いドレスを着た赤髪ショート赤目の女の子が大きな剣を構え、黒いドレスを着た黒髪ロング黄色い目のエルフ耳の小さな少女が魔法を手のひらの上に魔法陣とともに発現させ、二人が背中合わせで攻撃態勢で、こちらを見ている様子を細部までこだわって丁寧に描いてください。背景は暗い荒野で、青い月が輝きながら浮かんでいる。限界を超えた非常に芸術的でアニメイラスト調で正方形画像でお願いします。あなたならできる！

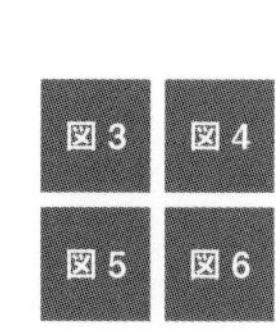

◀ まずは細部を気にせずにベースとなるイラストを生成していく

STEP 3

ベースイラストの加筆修正 （目安時間　作業 30 分）

作りたい構図・イメージへの修正のしやすさを考慮してベースイラストを選びます。今回は**図 3** を採用し、イメージに近づけていきます。採用理由は以下の通りです。①魔法を扱う手の形がカッコイイ。②剣をしっかり握っている。③背景の構図がイメージ通り。④少女の身体の向きなどがイメージ通り。⑤幻想的な雰囲気。つまり、これらが「Inpaint で大幅な修正が難しい」と判断した部分です。逆に大きく修正が必要なポイントは以下の通りです。①剣と魔法が逆（赤い少女が剣、黒い少女が魔法）。②2 人の背中が離れている（もたれかかったような雰囲気にしたい）。③アスペクト比（完成品は1：$\sqrt{2}$）。つまりこれらは、「Inpaint で修正が比較的容易」と判断した部分です。

図 3

では、修正していきます。まずは剣と魔法を逆にします。胸元あたりから手までを投げ縄ツールで選択し別レイヤーにコピーして、反転させてそれぞれ逆に重畳します。（**図 7、8**）

続けて不要な部分を消しゴムツールで消し、途切れてしまった剣をブラシツールで簡単に作成します。細かな部分は Inpaint で修正されるため、このくらい雑に加筆しても大丈夫です。（**図 9**）

図 7

図 8

図 9

図 7 修正に利用したい部分を大雑把に投げ縄ツールで選択。　図 8 このあと修正に使用するので別レイヤーにコピー＆ペースト　図 9 消しゴムツールとブラシツールで修正と加筆を行う

次に服の色を変更します。細かな服の形状や皺などもこの後のInpaintで修正するため、一色で塗りつぶす程度で十分です。不要な装飾なども塗りつぶします。(**図10**)

次に、もう少し2人を近づけるため、なげなわツールで黒い少女を切り取ってずらします。(**図11**)

最後に、完成品のアスペクト比に合わせます。バランスを意識して、先ほどの少女のずらし分も調整していきます。拡張したことによる空白部は、構図をイメージしながら色を塗っていきます。これで、ベースイラストが出来上がりました。(**図12**)

上から **図10** 大雑把に完成形の色 **図11** 同じように投げ縄ツールを中心に修正と加筆で構図を調整します。**図12** 調整後

STEP 4

加筆部分の Inpaint

(目安時間　作業 5 分　生成 20 分)

では次に、WebUI の Inpaint 機能を使用し修正していきます。まず、ローカルモデル用のプロンプトを、今回のシーンに合わせて作ります。私はおおよそ、クオリティ > テーマ / 塗り > 人物の説明 > 行動 / 構図 > 背景 > エフェクトのような順でプロンプトを考えています。厳密にルールがあるわけではありません。この順で記述すると、上手く行くことが多いという経験則です。今回、構図は大きく変えないため構図関連のプロンプトは入れていません。また、img2img であればプロンプトの強弱も大きくは影響しないので、自然言語で英文を入れても問題ないでしょう。しかし、画風や光の当たり方などを制御する anime coloring や strong rim light などはしっかり入れておきます。

STEP 4 の生成 parameters

Prompt : ((best quality,detailed background, fantasy,2d,game cg,anime coloring:1.1)) ,BREAK kawaii two girls, (red hair medium hair,detailed red eyes,black hair long hair,detailed yellow eyes) ,bare shoulders,medium breasts, detailed red dress,detailed black dress skirt, shining sword, magical circle, forest wilderness under a glowing large blue moon, strong rim light
Negative prompt: EasyNegative:1.2,NSFW, ((animal ears:1.2)) , (worst quality,low quality:1.2) , (bad anatomy:1.4) ,text,logo, (3d,realistic,makeup, nose,teeth, lip:1.3)
Steps: 30, Sampler: DPM + + 2M Karras, CFG scale: 7, Denoising strength: 0.52, Clip skip: 2, Mask blur: 4

そして、STEP 3 で加筆修正した部分を中心に Inpaint 箇所として指定し、Denoising strength は 0.5 程度に指定します。strength の感覚的には、0.4 程度は元絵の色・形状を維持しながら調整する時、0.6 程度は元絵の色情報を残して形を少し変えたい時、0.8 ～ 0.9 は色を含めて大きく変化させる時に使います。(**図 13、14**)

図 13

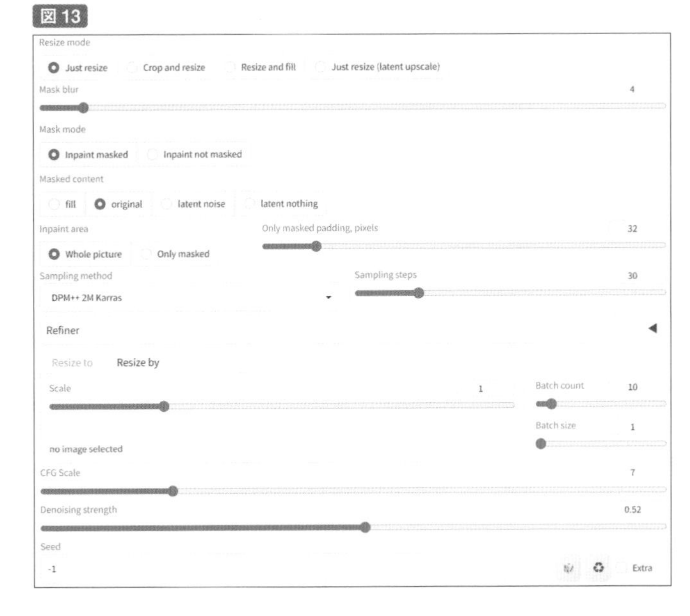

図 14

一度に全ての Inpaint 箇所がイメージ通りに修正されることは少ないので、ある程度全体的に整ったら、気になる個所を個別に Inpaint で指定し、strength を調整しながら順番に修正していきます。(**図 15**)

図 15

▲ inpaint によって大雑把な修正を掛けた状態。

STEP 5

全体的に Inpaint

(目安時間　作業 10 分　生成 40 分)

次にキャラクターの顔や表情も Inpaint で修正します。この際、キャラクターは 2 人別々で修正するため、プロンプトはそれぞれのキャラクターの特徴のみを記述します。例えば、赤の少女を修正する時には black dress や long hair は削除し、表情は smile にします。

黒の少女を修正する時は、red dress や medium hair を削除し、pointy ears を追加し、表情は glaring, disdain, angry にします。Negative prompt に blush を追加し赤面を防ぎます。またジト目 Lora を使用しました。strength は 0.5 程度で修正していきます。

ジト目 Lora:
https://civitai.com/models/93681/eyecontrol-jitome

他にも気になる所を、一気に修正するのではなく順番に Inpaint で修正していきます。(**図 16**)

図 16

STEP 6

加筆や LamaCleaner での修正

(目安時間　作業 30 分　生成 10 分)

Inpaint は、「元絵の色やおおよその形状を維持しながら良い感じに馴染ませる」ことを得意としています。逆に、「不要なものを削除する」や、「新しいものを出現させる」ことは余り向いていません。そういった場合は加筆してから Inpaint をしたり、LamaCleaner を使います。LamaCleaner は削除に特化した AI を使った修正ツールで、WebUI とは独立したアプリですが、私は WebUI に LamaCleaner を追加できる拡張機能を使っています。

github aka7774/sd_lama_cleaner
https://github.com/aka7774/sd_lama_cleaner

例えば、こちらの腕輪は不要なので削除します。使い方は簡単で、削除したい箇所を指定するだけです。プロンプトは不要で、「これが腕の一部である」と AI が勝手に判断して、補完してくれました。(**図 17、18**)

また。魔法陣は Photoshop を使って反転コピーで右側を修正しました。指についても加筆でだいたいの形を作り、Inpaint で修正します。(**図 19**)

他にも LamaCleaner を使って、気になる部分を削除していきます。詳細に構造を見ていき、「よく考えると説明が付かない構造」や「無意味に特徴的な構造」を探します。

AI イラストは背景などの描き込みが非常に緻密になりますが、今回作りたいイラストは人物と月がメインなため、それら以外は目立たせないようにするために、この作業を行っていきます。(**図 20**)

図 17

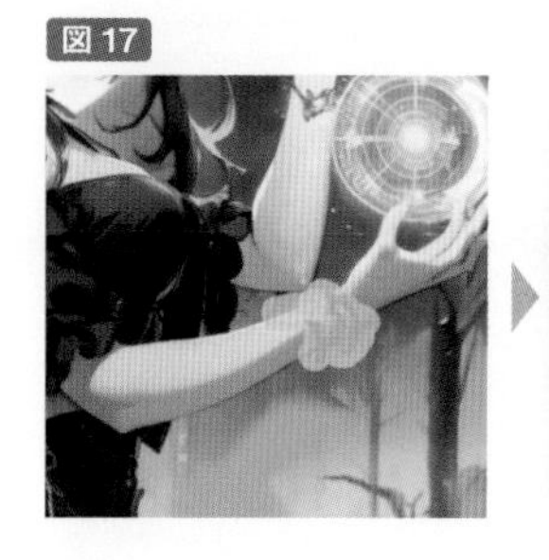

図 18

図 19

図 20

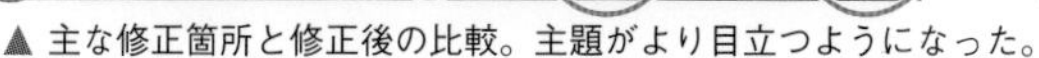

▲ 主な修正箇所と修正後の比較。主題がより目立つようになった。

仕上げ（目安時間　作業 10 分）

仕上げに画像全体に Photoshop でフィルターをかけます。コントラストや露光量、彩度を調整したり、幻想的な雰囲気にするため明瞭度を下げて光源が柔らかく光るようにします。また、今回はキャラクターを目立たせたいため、背景は少しボカしました。SNS 用ではシャープネスを上げることで、サムネイルサイズでも描かれているものやキャラクターの顔がはっきり見えるようになるのでおすすめです。（**図 21**）

図 21

エフェクトをかけたあとでも、Inpaint による修正は可能です。実際に、剣の向きやエフェクトに満足できなかったのでこの後に加筆 &Inpaint 修正しました。他にも気になった箇所をいくつか修正しています。やり方はこれまでと変わらず、「追加したいものは加筆→ Inpaint」、「削除したいものは LamaCleaner/ 加筆→ Inpaint」です。最後に、今回は画像のアップスケールも行いました。私は Real-ESRGAN-GUI というソフトウェアを使っています。（**図 22**）アップスケールを行った後も、気になる所を加筆修正します。これで完成です。

 GitHub - tsukumijima/Real-ESRGAN-GUI
https://github.com/tsukumijima/Real-ESRGAN-GUI

図 22

ついに本書の「旅」の最終工程になりました。これまでテキスト画像生成、画像からの画像生成、ContolNet によるポーズや表情の仕上げ、さらに画像生成 AI の「脳」ともいえる .safetensors ファイルの作り方を学んできました。次なるステップは何でしょうか。

画像生成 AI クリエイター仕草 (v1.0)

ここまで、テクノロジーとテクニックの話を中心に解説してきましたが、これからは画像生成 AI の倫理や法律についての理解も常に柔軟にアップデートされていく必要があると考えます。AICU media 執筆チームのこれまでの経験で「画像生成 AI クリエイター：するべきこと・すべきでないこと」をまとめてみました。

すべきでないこと

- 他者の迷惑になること。
- 技術的な可否と法律上の可否とマナーやモラル、過去の常識やリスクや感情を混ぜて混乱させること。
- (スキルがあるからといって) 他者の作品を上から目線で批判すること。
- 画像生成 AI だから安いとか、自動だとか、無償で何かを作れるとか「楽して儲かる」など世間を誤解させるようなこと。

すべきこと

- 楽しむこと。作品を作る情熱を持ち続けること。
- わからないことは自分で調べて、共有し、コミュニティや Issue で共有すること。
- あいさつ、返事、お礼、質問を具体化、質問時は「わからない」だけでなく詳細な情報、進行具合を報告するなど誠意、他者に対するリスペクトや理解する姿勢を持つこと。
- 「ぬくもりティ」だいじ。オープンソースコミュニティの開発者には敬意をもって接しよう。

AICU 社も note にコミュニティを運営しています

AICU: AI Creators Union
https://note.com/aicu/membership/join

画像生成 AI の活用と注意点

生成 AI を活用するにあたって、多くの方々が気になることや不安に感じる点を阿部・井窪・片山法律事務所所属の柴山弁護士と柴崎弁護士に質問し、回答を頂きました。

Q1 生成AIの利用に関しては、主にどのようなことが問題になるか、全体像を教えてください。

Answer

生成AIの利用に関する問題については、①プロンプト入力段階、②プロンプトを入力して得られたAI生成物の利用段階、③そもそも利用する生成AIのモデルを選定する段階、の3つの段階に分けて考えることができます。

①プロンプト入力段階

プロンプト入力段階においては、特に以下のようなことが問題となります。

・入力してはいけないデータを入力していないか

プロンプトへの入力は、生成AIを管理する企業等に入力データがわたることを意味します。したがって、例えば秘密保持契約を締結している先から取得した秘密情報等、秘密にしておくべき情報を入力してよいか否かは慎重な検討が必要でしょう。また、個人データを構成する個人情報は原則として同意なしに第三者に提供することが禁止されていますので、この点にも注意が必要です。このような情報を入力することが必ず違法になるわけではなく、生成AIの利用規約等によっても結論は変わりうるのですが、慎重な検討が必要です。

・問題のある目的での利用ではないか

例えば、プロンプトとして他人の著作物を入力する場合、原則としてこれだけで著作権を侵害することにはなりませんが、当該入力の対象となった他人の著作物と同一・類似するAI生成物を生成する目的がある場合には、入力行為自体が著作権侵害になる可能性があります。[1]

・プロンプトの内容等が利用規約に違反しないか

上記の利用目的の点とも関連しますが、利用規約でも利用目的や方法について一定の制限が課されていることがあります。例えば、Stable Diffusionの場合、未成年者を搾取し、危害を加えるような目的での利用等が禁止されています。

②プロンプトを入力して得られたAI生成物の利用段階

AI生成物の利用段階では、まず、AI生成物が第三者の著作権等の権利を侵害しないかを確認する必要があります。また、法的には権利の侵害はないとしても、類似の作品が存在している場合等には、利用方法によっては炎上などの問題が生じることがありますので、その観点からも検討が必要です。さらに、生成AIから出力された情報には誤った情報が含まれることがありますので、AI生成物に誤った内容が含まれていないかを確認する必要もあります。加えて、例えばわいせつな画像・グロテスクな画像など、不適切な内容が含まれていないかも確認する必要があるでしょう。

1　一般社団法人日本ディープラーニング協会「生成AIの利用ガイドライン」参照。

③そもそも利用する生成 AI のモデルを選定する段階

本書は Stable Diffusion の利用時の解説を目的としているため、この点は詳しくは扱いませんが、主に以下のような点の検討が必要になります。

・利用規約上、AI 生成物の利用に制限がないか（商用利用の禁止等）
・入力したプロンプトに含まれるデータはどのように利用されるか（学習に用いられるか等）
・AI 生成物が著作権を侵害するリスクは高いか（特定の作風を出力する等）
・データが保存される国はどこか

生成 AI 利用時の主な問題点

プロンプト入力段階

プロンプト

・入力してはいけない情報を入力していないか（個人データ、秘密情報等）
・問題のある目的ではないか（著作権の侵害等）
・プロンプトの内容が利用規約に違反しないか

利用するモデルの選定

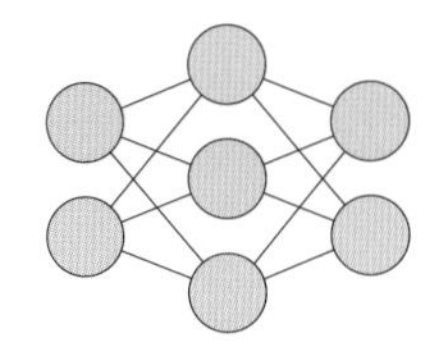

・利用規約上、AI 生成物の利用に制限がないか（商用利用の禁止等）
・入力したプロンプトに含まれるデータはどのように利用されるか（学習に用いられるか等）
・AI 生成物が著作権を侵害するリスクは高いか（特定の作風を出力する等）
・データが保存される国はどこか

AI 生成物の利用段階

・AI 生成物が第三者の著作権等を侵害しないか
・著作権等の権利の侵害はないとしても、類似の作品が存在している等、利用時に注意すべき点はないか
・誤った内容が含まれていないか
・わいせつな画像・グロテスクな画像など、不適切な内容が含まれていないか

Q2 知的財産権とはどういった権利なのでしょうか。生成AIの利用にあたって特に重要になる権利は何ですか。

Answer

知的財産権は、人が創造的な活動により生み出した物に関する権利(著作権や意匠権等)や営業上の標識についての権利(商標権等)を含む複数の権利の総称で、「知的な創作活動によって何かを創り出した人に対して付与される『他人に無断で利用されない権利』」です[1]。

知的財産権の中でも、生成AIの利用にあたって特に重要な権利は著作権です。その他に意匠権や商標権が問題になり得る場面もありますが、その頻度は著作権ほど多くはないと考えられます。以下、主要な知的財産権について簡単にご紹介します。

著作権

著作権とは、「思想又は感情を創作的に表現したものであって、文芸、学術、美術又は音楽の範囲に属するもの」(著作物)を保護する権利です。著作権に関しては、権利を取得するための登録等の手続は不要であり、著作物が創作された時点で自動的に権利が付与され、この点は後述の意匠権や商標権とは異なります。生成AIの利用との関係で著作権が問題になるのは、以下のような場面です。

・プロンプトに第三者の著作物を含めて入力してよいか(Q3参照)
・AI生成物に著作権が発生するか(Q4参照)
・AI生成物が第三者の著作権を侵害しないか(Q5参照)

意匠権

意匠権とは、物や画像の意匠(デザイン)を保護する権利であり、その取得のためには特許庁への意匠登録の出願が必要になります。生成AIとの関係で意匠権が問題になることは多くありませんが、AI生成物が第三者の意匠権を侵害しないか、という文脈で問題になることがあります。

応用的な問題なので本書では詳しく扱いませんが、例えば、生成AIを用いて自社の商品デザイン案を作成し、それを元に製造した自社商品が他社の意匠と類似してしまった場合等には、意匠権の侵害として損害賠償や差止めの請求を受ける可能性があります。

商標権

商標権とは、自己の取り扱う商品・サービスを他人のものと区別するために使用する標章(マーク)を保護する権利であり、その取得のためには特許庁への商標登録の出願が必要になります。商標登録の出願の際には、その商標を使用する商品や役務を併せて指定する必要があります。

生成AIとの関係では、生成AIが生成した標章が第三者の商標権を侵害しないかという点が問題になり得ます。この点もやや応用的な問題なので本書では詳しく扱いませんが、例えば、生成AIを用いてロゴを作成する場合、当該ロゴが他社の登録商標と同一又は類似してしまい、当該登録商標の指定商品又は指定役務と同一・類似の商品・役務に関して使用してしまった場合は、損害賠償や差止めの請求を受けるリスクがあります。

---

1 文化庁「著作権テキスト(令和5年度版)」2頁。

特許権

特許権とは、産業上利用できる発明を保護するための権利です。画像生成 AI の利用との関係では特許権が問題になることはあまりないので、詳細の説明は省略します。

著作権とはどのような権利でしょうか。画像生成 AI の利用との関係で特に知っておくべきポイントを教えてください。

Answer

著作権とは、「思想又は感情を創作的に表現したものであって、文芸、学術、美術又は音楽の範囲に属するもの（著作物）」を保護する権利のことです。絵画や写真は、通常は「思想又は感情を創作的に表現したもの」であるため、基本的に著作権が認められます。他方、個々の絵画や写真といった作品を離れた抽象的な作風や画風はアイデアに過ぎず、著作権法では保護されないと考えられています。そのため、AI 生成物が単に第三者の作品の作風や画風と類似しているだけでは、著作権侵害には該当しません。

第三者の著作物については、著作権者に無断でコピーしたり、インターネット等で公衆向けに送信したりすることは原則として著作権侵害に該当します。

Stable Diffusion において、画像を入力して別の画像を生成する機能（img2img）を利用するためには画像を複製し、Stable Diffusion に入力する行為が必要ですが、このような行為は、画像が第三者の著作物である場合には、本来であれば著作権を侵害してしまうことになります。しかし、情報解析の用に供する場合等、著作物に表現された思想又は感情を自ら享受し又は他人に享受させることを目的としない場合には、第三者の著作物を利用することができるとされています（著作権法 30 条の 4）。生成 AI にプロンプトとして第三者の著作物を入力する行為は、通常はこの「情報解析」として認められることになります。もっとも、あくまで著作物に表現された思想又は感情の享受を目的としない利用であれば第三者の著作物の利用が認められるにすぎず、生成 AI への著作物の入力行為が全て保護されるわけではありません。例えば、生成 AI に対する入力に用いた既存の著作物と類似する生成物を生成させる目的で当該著作物を入力するような場合には、著作物に表現された思想又は感情の享受を目的とすると認められるため、原則に戻って著作物の利用は著作権侵害となる点には注意が必要です[1]。

なお、著作権法 30 条の 4 は、著作物に表現された思想又は感情の享受を目的としない利用であっても、「著作権者の利益を不当に害することとなる場合」には、著作物の利用はできないとしています。どういった場合に「著作権者の利益を不当に害する」かという問題は、特に AI の開発・学習の場面においては重要ですが、応用的な問題ですので、本書では解説を省略します[2]。

1　文化審議会著作権分科会法制度小委員会「AI と著作権に関する考え方について」（令和 6 年 3 月 15 日）37 頁以下。
2　興味がある方は、文化審議会著作権分科会法制度小委員会「AI と著作権に関する考え方について」（令和 6 年 3 月 15 日）22 頁以下が詳しく解説していますので、ご参照ください。

Q4 画像生成AIを活用するにあたって、著作物性が認められるためにはどうすればよいでしょうか。また、自分が作成したコンテンツについて、著作物であることを証明するにはどのようなことが必要でしょうか。

Answer

1. AI生成物と著作権

AI生成物に関し、生成AIが自律的に生成したものは、「思想又は感情を創作的に表現したもの」にあたらないので、原則としてAI生成物には著作権が発生しないとされています。著作権が発生しない場合、AI生成物を第三者に無断で利用されても、著作権侵害を理由とした請求はできないことになります。

ただし、例外的に、以下のような場合等には、AI生成物に著作権が認められる場合があります。

①AI生成物の生成の過程において、生成AIの利用者による創作的寄与があった場合

②既存のAI生成物に対して、人間が創作的表現といえる加筆・修正を加えた場合

①について、AI生成物の生成の過程において、生成AIの利用者による創作的寄与があった場合、当該利用者を著作者として著作権が発生すると考えられています。具体的に言えば、指示・入力(プロンプト等)の分量・内容、生成の試行回数、及び複数の生成物からの選択の有無といった要素を考慮して、創作的寄与の有無を判断するとされています[1]。ただし、創作的寄与が認められるハードルはそれなりに高いように思われます。

②について、既存のAI生成物に対して、人間が創作的表現といえる加筆・修正を加えた部分については、当該部分のみで「思想又は感情を創作的に表現したもの」に該当すると言えるため、著作物性が認められると考えられます。例えば、AI生成物のサイズを変えるだけでは創作的表現をしたとは通常いえないと思われますが、AI生成物の構図を参考にしつつも手作業で作風を変更するような場合等には、創作的表現といえることもあるでしょう。

2. 著作物であることの証明

AI生成物に原則として著作権が発生しないとすると、①AI生成物に創作的表現といえる加筆・修正をしたのに「AI生成物に著作権は生じない」と主張されて無断利用されてしまうリスクや、②生成AIを用いずに絵画を作成したのに、当該絵画につき「生成AIを使っており著作権が生じない」と主張されて無断利用されてしまうリスクが考えられます。

①については、生成AIをどのように使って、人間はどのような加筆・修正をしたのかを事後的に示すことができるようにしておくことが重要です。そのためには、入力したプロンプトと、当該プロンプトによって生成されたAI生成物を紐づけて保管しておくことが望ましいでしょう。

②については、AIを使っていないことを示す必要があるので、コンテンツの作成過程をできるだけ細かく残しておく等の工夫が必要です。

なお、今後、生成AIの利用は一層増え、世の中にたくさんのAI生成物が出回ることが予想されることから、人間が作成したコンテンツとAI生成物を区別して管理しておくことや、AI生成物には生成AIを利用したことを明記することが望ましいといえるでしょう。

---

1 文化審議会著作権分科会法制度小委員会「AIと著作権に関する考え方について」(令和6年3月15日)39頁以下。

Q5 画像生成AIのAI生成物が既存の第三者の著作物に類似してしまった場合にはどのような問題が生じますか。さらに、類似した既存のコンテンツが画像生成AIによって生成されていた場合は、どのような問題が生じますか。

Answer

1. AI生成物と著作権侵害

AI生成物が既存の第三者の著作物に類似してしまった場合、当該AI生成物が当該第三者の著作物に依拠していると判断されれば、AI生成物を利用することは当該第三者の著作権を侵害することになり得、当該AI生成物の利用の差止めや損害賠償を請求される可能性があります。

著作権の侵害は、AI生成物が第三者の著作物と類似していること（類似性）とAI生成物が第三者の著作物に依拠してつくられたものであること（依拠性）の2点が存在した場合に認められます。

類似性については、創作的表現が同一又は類似である場合に認められるものです。創作的表現ではなく、単なるアイデアのように著作権法上で保護されないものが類似しているにすぎない場合には、著作権侵害にはなりません。

依拠性については、既存の著作物に接して、それを自己の作品の中に用いているといえる場合に認められるものです。例えば、プロンプトに第三者の著作物を入力した場合には、当該著作物に依拠していると認められるのが通常です。これに加えて、プロンプトに第三者の著作物が含まれておらず、生成AIの利用者が既存の著作物を認識していなかったとしても、AI学習用データに当該著作物が含まれる場合には、通常、依拠性があったと推認されるとされています[1]。利用者にとっては、存在自体を知らない著作物の著作権侵害の責任を負う可能性があるということですので、AI生成物を利用する場合には、著作権侵害の有無について調査をする必要があるケースも多いと思われ、注意が必要です。

2. AI生成物が他のAI生成物と類似している場合

類似性が問題になる既存のコンテンツも生成AIにより生成されたAI生成物である場合、Q4で述べたとおり、原則としてAI生成物にはそもそも著作権が発生しないとされています。そのため、自らのAI生成物が第三者のAI生成物と類似してしまった場合であっても、基本的には、著作権侵害の問題は生じません。ただし、同様にQ4で述べたとおり、例外的にAI生成物に関して著作権が発生する場合があり、その場合はAI生成物と類似してしまった場合であっても著作権侵害の問題が生じ得ます。

1　文化審議会著作権分科会法制度小委員会「AIと著作権に関する考え方について」（令和6年3月15日）34頁。

Q6 現在、学習の場面ではなく入力の場面において第三者の著作物を使用する方法(img2imgやControlNetと呼ばれる方法)に関してトラブルになっているケースがあります。このような行為は何らかの権利侵害にあたるのでしょうか？

Answer

img2imgなどで第三者の著作物をプロンプトとして入力する場合、特に以下の3点が問題になり得ます。

① 第三者の著作物を複製等して生成AIに入力する行為が第三者の著作権を侵害しないか
② 第三者の著作物を入力した結果、第三者の著作物に類似したAI生成物が生成された場合、これを利用することは第三者の著作権を侵害しないか
③ 第三者が「生成AIへの入力の禁止」を表明したうえで著作物を公表している場合、当該著作物を入力することが問題にならないか

①について、Q3で解説した通り、著作権法上、第三者の著作物の生成AIへの入力は、著作物に表現された思想又は感情の享受を目的としない利用として、当該第三者の許可なく可能であるとされています。ただし、生成AIへの入力に用いた既存の著作物と類似する生成物を生成させる目的で当該著作物を入力するような場合等には、著作物に表現された思想又は感情の享受を目的とすると認められるため、著作物の利用は著作権侵害となり得る点には注意が必要です[1]。

②については、Q5で解説した通り、第三者の著作物をプロンプトとして入力した場合には基本的に依拠性が認められるため、これに加えて類似性が認められれば、当該AI生成物の利用は著作権侵害となります。

③については、第三者が表明している「生成AIへの入力の禁止」という条件に承諾していた場合、「生成AIへの入力の禁止」を内容とする契約が成立し、生成AIへの入力は契約違反になり得ます[2]。例えば、生成AIへの入力禁止が明記されている利用規約に同意して有償のコンテンツを購入したような場合には、「生成AIへの入力の禁止」という条件を承諾したといえます。他方、このような明示的な同意なく、単に「生成AIへの入力の禁止」という記載があるページから画像をダウンロードして使うような場合については個別のケース次第ではありますが、通常は承諾があったとは認め難く、生成AIへの入力が契約違反になることは少ないと思われます。

1 なお、著作権侵害がない場合であっても、当該生成行為が、故意又は過失によって第三者の営業上の利益や、人格的利益等を侵害するものである場合は、因果関係その他の不法行為責任及び人格権侵害に伴う責任の要件を満たす限りにおいて、当該生成行為を行う者が不法行為責任や人格権侵害に伴う責任を負う場合はあり得ると考えられます(文化審議会著作権分科会法制度小委員会「AIと著作権に関する考え方について」(令和6年3月15日)23頁以下)。

2 ただし、著作権法が情報解析のための利用を認めている以上、これを禁止する契約条項は無効になる場合があるのではないか、という議論があります。このような問題はオーバーライド問題と呼ばれています。

法律・倫理的な観点からAIの学習用データセットを作る際に注意しておくべきことはどんなことがありますか？

Answer

AIの学習用データセットを作る際に注意すべき点は多岐にわたりますが、特に重要なものとして以下のものが挙げられます。

・個人情報が含まれる場合には、個人情報保護法を順守する

学習用データセットに個人情報が含まれる場合、利用目的の通知・公表が必要になるほか、個人データを第三者に提供する場合に原則として同意が必要になったり、取り扱いを第三者に委託する場合には委託先の監督が必要になったりと、様々な義務が課せられます。また、生成AIは、学習データが出力データの中に含まれてしまう可能性があると言われているため、個人情報の漏えいが起こらないよう、学習に用いた個人情報がそのまま出力されないような措置を講じる必要があります。

・秘密にすべき情報が入らないようにする

AIの学習用データセットに含まれるデータについては、生成AIの提供事業者等の第三者に提供される可能性があります。また、上記のとおり、学習データが出力データに含まれてしまう可能性があると言われています。そのため、契約上第三者への開示が禁止されている秘密情報や社内規則等で社外への開示が禁止されている秘密情報について、学習用データセットに含まれないよう注意する必要があります。

・収集するデータが権利侵害複製物ではないかを確認する

AIの学習用データセットには、第三者の権利を侵害することが明らかなデータ（海賊版等）が含まれないよう注意する必要があります。ウェブサイトが海賊版等の権利侵害複製物を掲載していることを知りながら、当該ウェブサイトから学習データの収集を行う行為は、厳に慎むべきとされており、当該学習データを用いて学習した生成AIにより生成されたAI生成物の著作権侵害について規範的な行為主体として責任を問われる可能性があります[1]。

・データの内容を適切に保つ

AIの用途にもよりますが、学習用データセットに含まれるデータの内容が正確であり誤った内容を含まないようにすること、偏ったデータにならないこと等も重要です。

1　文化審議会著作権分科会法制度小委員会「AIと著作権に関する考え方について」（令和6年3月15日）28頁。

Q8 生成AIの利用にあたり、学習データが存在する地域、学習時の処理を行うサーバーがある地域、ユーザーが画像生成を行う地域が異なる場合が想定される点について、主にどのようなリスクが考えられますか。

Answer

学習データが存在する地域、学習時の処理を行うサーバーがある地域、ユーザーが画像生成を行う地域が異なる場合が想定される点について、現時点で特に注意すべきリスクは著作権法の準拠法の問題と、(個人情報を扱う場合には)個人情報保護法の規制の問題の2つです。

・著作権法

Q3で説明したとおり、生成AIの利用にあたって、著作権法30条の4をはじめ、日本の著作権法が適用されるかは重要なポイントになります。AIの開発、サービスの提供及び利用がすべて日本国内で行われている場合には、日本の著作権法が適用されることになります。他方、学習時の処理を行うサーバーが海外に所在しているなど、AIの利用にかかわる行為の一部が海外で行われる場合には、日本の著作権法が適用されるか否かが必ずしも明確ではありません。したがって、海外の著作権法に相当する法令が適用される可能性があることに留意をする必要があります。

・個人情報の取扱い

生成AIにおいて個人情報を取り扱い、当該生成AIの学習時の処理を行うサーバーが海外にあるような場合、個人情報を海外に移転させなければならないことがあり得ます。日本の個人情報保護法においては、個人データの外国への移転に関して、原則として移転先となる外国の名称等の事項を開示したうえで本人の同意を得ることが必要です。また、場合によっては各国の個人情報保護法に相当する法令が適用される場合もあり、その点にも留意が必要です。

今後、AIの利用に関してどういった議論がなされる可能性があるでしょうか。

Answer

AIの利用に関しては、今後も多くの議論がなされると思われますが、現在、議論が盛んになされているトピックの一部を取り上げると、以下のようなものがあります。

・コンテンツの保護に関する議論

本書でも度々取り上げている、文化審議会著作権分科会法制度小委員会の「AIと著作権に関する考え方について」(令和6年3月15日)では、AIと著作権に関する重要な論点が取りまとめられています。今後、著作権法自体の見直しも含め、さらに議論が進められていくと思われます。また、個人の「声」など、著作権では保護されないコンテンツの保護についても議論が進んでいくと思われます。

さらに、著作権についての議論は、日本以外でも活発に行われています。例えば、アメリカでは、イラストレーターがStable Diffusionを開発したStability AI社に対し訴訟を提起していますし、NY Times社がOpenAI社等に対し訴訟を提起したことも報道されています。今後、アメリカの著作権法で非常に重要な「フェアユース」という概念に関して、AIの開発・利用において著作物の利用がどこまで許されるかという点など、注目すべき裁判所の判断がなされる可能性があります。

・AIを提供する事業者の規制等の議論

EUでは、2024年8月1日付けでAI Actが発効し、AIを4つのリスクレベルに分類し、リスクの大きさに応じて規制を課すなどのアプローチが示されています。また、「汎用目的型AIモデル」(General-purpose AI model)についても一定の規制がなされています。

日本では、総務省・経産省「AI事業者ガイドライン(第1.0版)」(令和6年4月19日)が公開されています。また、内閣府においてAI制度研究会が立ちあげられ、AIの法制度についても議論がなされています。

Q10 生成AI関連の法律はどこで最新の情報を得ることができるのでしょうか？また、何らかのトラブルが発生した場合や、自身の著作権が侵害されたと感じた場合はどのような対処をするべきでしょうか？

Answer

AIに関する最近の法的なガイドライン等のうち、特に重要なものとして以下のものが挙げられます[1]。

- 行政機関により公表されているもの
  - 文化審議会著作権分科会法制度小委員会「AIと著作権に関する考え方について」（令和6年3月15日）[2]
  - 個人情報保護委員会「生成AIサービスの利用に関する注意喚起等」（2023年6月2日）[3]
  - 総務省・経済産業省「AI事業者ガイドライン（第1.0版）」（令和6年4月19日）[4]
  - 文化庁著作権課「AIと著作権に関するチェックリスト＆ガイダンス」（令和6年7月31日）[5]
  - 経済産業省「コンテンツ制作のための生成AI利活用ガイドブック」[6]
- 行政機関以外により公表されているもの
  - 自民党AIの進化と実装に関するPT WG有志「責任あるAIの推進のための法的ガバナンスに関する素案」（2024年2月）[7]
  - 一般社団法人日本ディープラーニング協会「生成AIの利用ガイドライン」、「生成AIの利用ガイドライン（画像編）」[6]

また、弁護士等の専門家がSNSでこれらの情報を発信していることもありますので、フォローしておくのも一つの手かもしれません。

トラブルが発生した場合や、自身の著作権が侵害されたと感じた場合には、個別の検討が必要になりますので、専門家に相談することが望ましいです。

【まとめ】

AIに関連する法制度はまだ十分に議論が尽くされているわけではなく、コンテンツの権利等の保護とAI技術の発展との調和を図りつつ、新しい法秩序を作っていく段階にあります。生成AIの利用は様々な場面で避けて通れなくなってきていますので、法令やガイドライン等をキャッチアップすることが非常に重要になるでしょう。

---

1 2024年8月6日時点の情報です。
2 https://www.bunka.go.jp/seisaku/bunkashingikai/chosakuken/pdf/94037901_01.pdf
3 https://www.ppc.go.jp/files/pdf/230602_alert_generative_AI_service.pdf
4 https://www.meti.go.jp/press/2024/04/20240419004/20240419004.html
5 https://www.bunka.go.jp/seisaku/bunkashingikai/chosakuken/seisaku/r06_02/pdf/94089701_05.pdf
6 https://www.meti.go.jp/policy/mono_info_service/contents/aiguidebook.html
7 https://note.com/api/v2/attachments/download/93c178c2f3e28c5b56718c9e7c610357
8 https://www.jdla.org/document/#ai-guideline

AUTOMATIC1111/WebUI おすすめ拡張機能

ここでは画像生成の効率化や、プロンプト研究に役立つ拡張機能を紹介します。また、拡張機能の更新の確認と機能のオン / オフ、プログラム自体の削除方法を解説します。

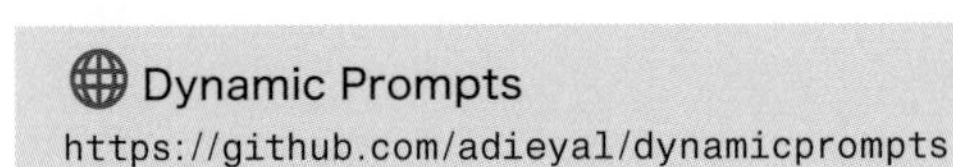

任意の複数のプロンプトからランダムに選択して画像を生成できる拡張機能です。最も簡単な使い方として、プロンプト欄に { red | blue | yellow} のようにプロンプトを {} と | で区切って入力することで、「red」「blue」「yellow」のいずれか 1 つをランダムに取得しプロンプトとして採用します。また「ワイルドカード」という機能を利用することで、テキストファイルを読み込み、外部のファイルに記述したプロンプト群からランダムに選択して入力することもできます。各プロンプトが取得される確率を変更するなど様々な機能が組み込まれています。

Stable Diffusion WebUI Aspect Ratio selector (sd-webui-ar)

https://github.com/alemelis/sd-webui-ar

生成したい画像のアスペクト比をボタンで選択することで、自動的に生成画像のサイズを変更する拡張機能です。頻繁に使用するアスペクト比を計算することなく入力できるので、時間の短縮とミス防止に役立ちます。

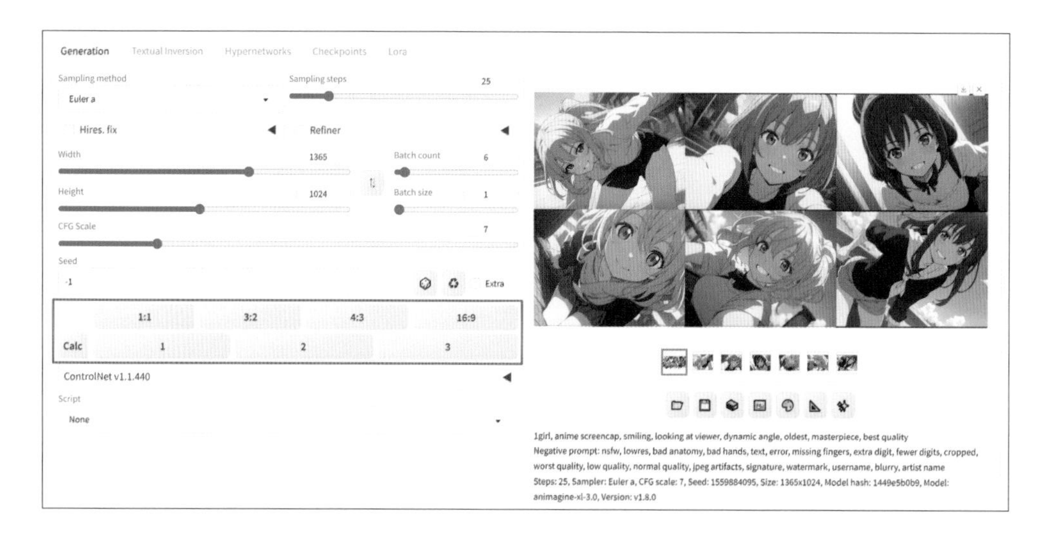

Photopea Stable Diffusion WebUI Extension

https://github.com/yankooliveira/sd-webui-photopea-embed

生成した画像を AUTOMATIC1111 内で編集できるようにする拡張機能です。画像をダウンロードして画像編集ソフトを開く、という手間が無くなるので、気軽に画像を編集することができます。Inpaint などについている加筆修正機能で物足りないときに使うと良いでしょう。

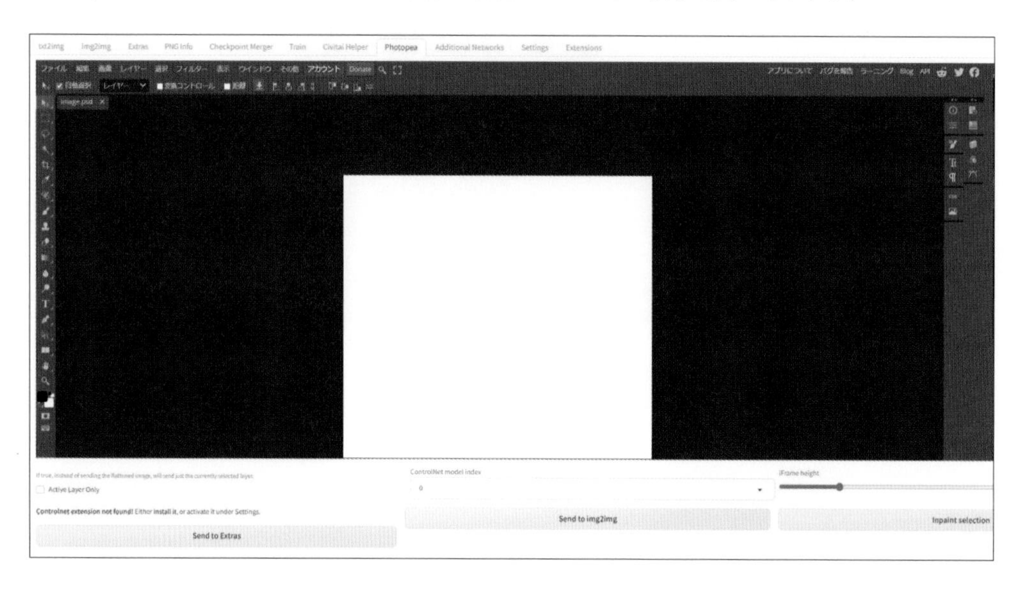

拡張機能を更新する

拡張機能の更新の有無はWebUI上で確認することができます。WebUIの[Extensions]❶タブ→[Installed]❷タブを開くと、ダウンロード済みの拡張機能の一覧が確認できます。[Check for updates]❸をクリックすると、これら一覧のプログラムに更新バージョンがリリースされていないか確認することができます。[Update: latest]❹であれば最新の状態です。[Behind]と表示されている場合は[Apply and quit]❺をクリックすると更新され。WebUIを再起動します。

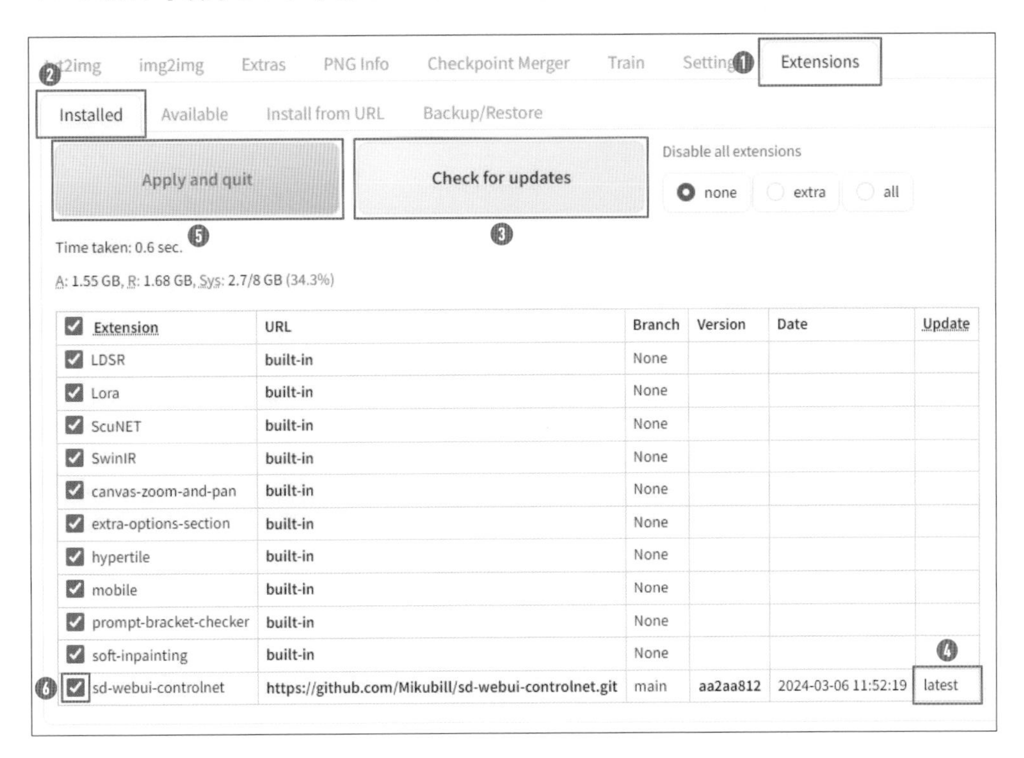

拡張機能をオフにする方法

拡張機能を追加し続けると、UIの取り回しが悪くなったり、稀に動作不良を生き起こす原因となる場合があります。不要になった拡張機能は、[Installed]タブのダウンロード済みの拡張機能の一覧でチェックボックス❻をオフにして[Apply and quit]をクリックすることで反映されます。

拡張機能のプログラムを削除する

拡張機能をオフにしただけの状態であれば、再び一覧でチェックボックス❻をオンにして[Apply and restart UI]をクリックすることで機能を復活させることができます。一方で、完全にプログラムを削除してしまいたいときは、stable-diffusion-webui>extensionsフォルダの中にある拡張機能のフォルダを削除する必要があります。

関連用語

本書籍では LDM (Latent Diffusion Model：潜在拡散モデル) について中心に解説してきましたが、GAN (Generative Adversarial Networks) ついても理解を深めておきましょう。ここでは、GAN の概要と、GAN と LDM を比較してその仕組みを解説していきます。

▶ GAN (Generative Adversarial Networks) とは

2014 年にイアン・グッドフェローらによって提案された GAN は、画像生成に革命をもたらしました。GAN は 2 つのニューラルネットワーク、生成ネットワーク (Generator) と識別ネットワーク (Discriminator) から構成されます。これら 2 つのネットワークは、互いに競争しながら学習を進めます。

生成ネットワーク (Generator) は、ランダムなノイズからデータ (例えば、画像) を生成しようとします。その目的は、本物と見分けがつかないほどリアルなデータを生成することです。識別ネットワーク (Discriminator) は、本物のデータと生成ネットワークが生成したデータを区別しようとします。つまり、入力されたデータが本物か偽物かを識別することが目的です。

学習の過程で、生成ネットワークはより本物らしいデータを生成するようになり、一方で識別ネットワークは本物と偽物のデータをより正確に識別できるようになります。この「敵対的」な学習プロセスを通じて、最終的に生成ネットワークは非常にリアルなデータを生成できるようになります。

GAN は、画像生成、画像の超解像、スタイル変換、画像補完など、様々な分野で応用されています。その能力は特に画像関連のタスクで顕著ですが、テキスト生成や音声生成など、他の種類のデータを生成するためにも使われています。

COLUMN みんなでつくる AI 用語集にご協力を！

AICU Inc. では日本語の AI 用語集「みんなでつくる AI 用語集 (β)」というサービスも試験的に提供しています。「進化が速く、誰もついていけない状態」の生成 AI 分野の新技術や専門用語について、世界中の寄稿者がフォーマットに従い、用語定義や論文解説、サンプルコードや動画へのリンクを提供することができます。

みんなでつくる
AI用語集

AIGE: Global AI Glossary for Everyone

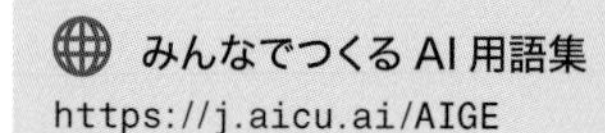

▶GAN と LDM の違い

GAN（Generative Adversarial Networks：生成敵対ネットワーク）と LDM（Latent Diffusion Model：潜在拡散モデル）は、どちらも画像生成モデルですが、そのアプローチと動作原理には大きな違いがあります。GAN は、生成器（Generator）と識別器（Discriminator）の２つのネットワークから構成されます。これらのネットワークは互いに競争しながら学習を進めます。生成器（Generator）はランダムなノイズから新しい画像を生成しようとします。その目的は、識別器が本物と偽物の区別がつかないほどリアリスティックなデータを生成することです。識別器（Discriminator）は本物のデータと生成器が生成したデータを区別しようとします。つまり、入力されたデータが本物か偽物かを識別することが目的です。GAN の学習プロセスは、生成器がより本物らしく、識別器がより正確に識別できるようになるまで続けられます。

対して LDM の生成プロセスは、データに段階的にノイズを加えてランダムノイズに近い状態にし（拡散プロセス）、その後、逆のプロセス（逆拡散プロセス）を通じて元のデータを復元することを目指します。元のデータに時間をかけて徐々にノイズを加え、最終的には完全なノイズの状態にします。逆拡散プロセスではノイズの状態から出発し、学習したモデルを使用してノイズを段階的に除去し、最終的にクリーンなデータを生成します。

GAN と LDM も超解像（Super-Resolution, SR）技術を使って、低解像度の画像から高解像度の画像を生成するプロセスを有しています。特に、SRGAN（Super-Resolution Generative Adversarial Network）のようなモデルは、低解像度の画像を入力として受け取り、生成器を通じて高解像度の画像を生成します。識別器は、生成された画像と実際の高解像度画像を比較し、生成器がよりリアルな高解像度画像を生成するように促しているモデルです。LDM も、拡散プロセスを通じてノイズを加えた後、逆拡散プロセスを用いて高解像度の画像を復元します。

GAN はランダムノイズから直接データを生成しますが、LDM は元のデータからノイズを加えた後、そのノイズを逆プロセスで除去してデータを生成します。両モデルとも多様なデータ生成タスクに適用可能ですが、LDM は特にテキストから画像への生成など、特定の条件付き生成タスクで優れた性能を発揮します。GAN は画像生成だけでなく、スタイル変換、データ拡張など幅広い応用があります。GAN が元のデータそのものを生成することは理論上可能ですが、実際にはその確率は非常に低く、訓練の目的もそれを避ける方向にあります。

おわりに

「生成AI時代に、つくる人をつくる」

本書は「クリエイティブなAIの使い方」という「ゴールのない探求」と「スタートガイド」という幅広い読者を対象にしたため、技術的な解説については非常に高度な技法が求められました。

ニューラルネットワークや潜在拡散モデルとは何か。なぜ文字から画像が生成できるのか、ネガティブプロンプトとimg2imgはどこで生まれた技術なのか、CLIPは「言語と画像の巨大なモデル」、UNetは「領域・アテンション・拡散の時間進行を扱うネットワーク」といったように定義や歴史を含めて「ひとことで他人に説明できるレベル」に到達すれば十分ですし、そのスキルは新しい技術が出てきた時に「結局これは何なのか、表現に役立つのか、制御できるのか」が説明できるようになります。それで十分でしょう。本書が潜在拡散モデルについて、単なる日本語翻訳を超えた常識化が行えたのであれば幸いです。

一方で「生成AIのオカルト（神秘的なもの）」もあります。クオリティタグやMasterpieceちゃん（どこかでみた平均顔の女性が出てくる）のように誰かの創作ではないのに現象としては実際に存在する「集合知としての美」を感じ、理解し、対話し、幽霊でも非科学でもなく「美しいもの」を単なる占有物ではなく「世界とリアルタイムで繋がっていく面白さ」がこれからも生まれてくることを楽しんでいけるといいですね。

本書の主著者・白井暁彦（1973年生）が「コンピューターで絵を描くこと」に出会ったのは10歳の頃、1980年代でした。20代は写真やCG、ゲームやSNSをゼロから作り、30代は海外に渡り科学館やVR作品をたくさん開発し、さらに40代は「つくる人をつくる」という教育者としての活動に目覚め、VTuberなど様々な表現技術に関わってきました。しかし、2022年8月の「Stable Diffusion」との出会いは人生において大きな転機になりました。

画像生成AIという先端の研究者による「表現のAIによる集合知化」は人類にとって未開の大陸です。いままで培ってきたカメラやPhotoshopやGPUやSNSサービスといった「表現を支える道具やスキル」が、いままでとは異なる意味を持ち始めます。時を同じくして、巨大な資本に支えられた技術やサービス、生成AIに関する既存の法律の解釈や、ディープフェイク、絵を描く方々のさまざまな方々の想い、ChatGPT のようなムーブメントが大津波のように押し寄せました。何が正しくて、何が誤りなのか。日々作品を作り続け、自問し続け、このオープンな技術に貢献するべく毎日のブログ「メタバース開拓日誌」(note.com/o_ob)を通して社会に問い続け、手を動かし続け、「つくる人をつくる」を繰り返してきました。

最先端 AI 技術で常識が日々更新されていきますが、驚いてばかりではいられません。活動は個人の活動にとどまらず、単なる技術的興味や研究開発のエンジニアリングだけでなく、ビジュアルやクリエイティブを通して、書籍『AI とコラボして神絵師になる - 論文から読み解く Stable Diffusion』や技術書展 15『自分の LoRA を愛でる本』の出版、講演やワークショップを通して、そして Stability AI の皆さんをはじめとする世界中の方々とのコラボレーション、「AICU media」という大学発スタートアップ企業活動を通して、「生成 AI 時代につくる人をつくる」が花を咲かせ、結実しようとしています。

創作活動を通してたくさんの人たちの笑顔や感動の瞬間に出会える幸せを、読者の皆さんにも届けたいです。AICU 社には単に画像を作るだけでなく、広告やキャラクターグッズ、プログラミング教室といったクリエイティブな「生成 AI 時代につくる人をつくる」を切望している産業からたくさんの良いお仕事の案件をいただいております。いつか、みなさんと一緒にお仕事する日を楽しみにしています。

参考文献

▶ stabilityai/stable-diffusion-xl-base-1.0
https://huggingface.co/stabilityai/stable-diffusion-xl-base-1.0

▶ AUTOMATIC1111/stable-diffusion-webui
https://github.com/AUTOMATIC1111/stable-diffusion-webui

▶ lllyasviel/ControlNet
https://github.com/lllyasviel/ControlNet

▶ kohya-ss/sd-scripts
https://github.com/kohya-ss/sd-scripts

▶ lllyasviel/Fooocus
https://github.com/lllyasviel/Fooocus

▶ TheLastBen/fast-stable-diffusion
https://github.com/TheLastBen/fast-stable-diffusion

▶ Stable Diffusion のモデル構造 | henatips
https://henatips.com/page/47/

▶ 人工知能と親しくなるブログ
https://hoshikat.hatenablog.com/

▶ 世界に衝撃を与えた画像生成 AI「Stable Diffusion」を徹底解説！
https://qiita.com/omiita/items/ecf8d60466c50ae8295b

▶ ディープラーニング G 検定（ジェネラリスト）最強の合格テキスト [第 2 版]
ヤン ジャクリン（著）, 上野勉（著）/SB クリエイティブ

▶ 生成 AI パスポート公式テキスト 第２版
一般社団法人生成 AI 活用普及協会（著）

謝辞

本書の執筆にあたりお世話になった方々（敬称略）

美麗な表紙、装丁、作例をご提供いただいたアーティストのみなさま

Stability AI Ltd、Stability AI Japan のみなさま
　Jerry Chi（ジェリー チー）、Minoru Saito、Naomi Isozaki、Meng Lee

デジタルハリウッド大学　杉山知之　池谷和浩　事務局の皆様　クリエイティブ AI ラボ

レビューにご参加いただいた皆様
　澤田藤洋仁　GMO インターネットグループ株式会社 上倉佑介
　トイメディアデザイン 森山弘樹　　合同会社ブンシン 安藤直紀　ADK myousuke 正木
　University of Alaska Fairbanks　青木美穂
　久米祐一郎　竹島由里子　床井浩平　宮田一乘　三宅陽一郎　草原真知子

AICU Inc. 徳田浩司　インターンの皆様　HEAVEN　Koto　LuC4　ChaTaxAI
　AICU 協力クリエイターのみなさま　852 話　9 食委員
　AICU media 執筆チーム　知山ことね　　QA チーム　Lucas.whitewell

家族。傘寿米寿を超えて健康な両親。息子たち。いつも徹夜を見守ってきた妻・久美子。

すべてのグラフィックスに関わる研究者、開発者、アーティスト、
そして、すべての美と芸と技と表現を愛する人たちへ。　感謝と共に。

白井暁彦

著者略歴

AICU Inc. について（X アカウント：@AICUai　https://corp.aicu.ai/ja　✉ info@aicu.ai）

本書を執筆・開発している AICU Inc. は「生成 AI 時代につくる人をつくる」をビジョンに活動する2023 年に設立された米国シリコンバレーを本拠地にするデジタルハリウッド大学発のスタートアップ企業です。LINE アカウント「全力肯定彼氏くん」「AI 確定申告さん」、Web に住む AI アイドル「AICuty」、クリエイティブ AI レポーター「Koto」など楽しみのある AI 体験を開発する「AIDX Lab」、わかる AI を楽しく届ける AI 総合メディア「AICU media」、AI 人材教育コンテンツ開発、障害者向けワークショップ開発、AI キャラクター開発運用、某有名企業の新技術プロトタイプコンテンツ開発など「クリエイティブ AI」ならではのコンテンツ技術開発・体験開発を世界的な企業に展開している価値開発企業。画像生成 AI「Stable Diffusion」を開発公開した Stability AI 公式パートナーであり、Google for Startups 認定スタートアップでもあります。1994 年に杉山知之が創立したデジタルハリウッド大学（通称「デジハリ」）は CG やデジタルクリエーションを専門に学ぶ学校ですが、開学のころからずっと変わらず伝えていることは『すべてをエンタテインメントにせよ！』。エンタテイメント技術の研究開発で 30 年の経験を持つ CEO 白井暁彦と AI 社員、少数精鋭の人間味あふれる多様なスタッフや協力クリエイターとともに、すべてをエンタテインメントにするまで追求する文化が AICU にも息づいています。

AICU media 編集部（https://note.com/aicu　✉ media@aicu.ai）

「わかる AI を楽しく届ける」総合 AI 情報メディア。AI レポーター「Koto」がクリエイティブ AI を中心に 24 時間 365 日最新情報をお届けしています。 活動メディアは note、X(Twitter)、動画メディア、各種商用サイトへの記事提供、同人誌・商業書籍・電子書籍など書籍企画との開発、子ども向けからお年寄り向けまで「つくる人をつくる」をビジョンに幅広いワークショップやイベントを開発しています。AI 先進企業の新サービスの普及展開のお手伝い、AI 活用したい企業の技術検証や社内展開、学校・スクール等のコンテンツ開発についても案件をお待ちしております。ファンコミュニティは（note.com/aicu/membership）

主著者紹介 **白井暁彦**（Akihiko Shirai, PhD / しらいはかせ）（X アカウント：@o_ob）

エンタメ・メタバース技術の研究開発に関わる研究者、ホワイトハッカー作家、米国スタートアップ「AICU Inc.」「Hidden Pixel Technology Inc.」の CEO。東京工芸大学写真工学科卒、同画像工学専攻修了。キヤノン株式会社とグループの研究所より生まれた英国・Criterion Software にて世界初の産業用ゲームエンジン「RenderWare」の普及開発に参加、その後、東京工業大学知能システム科学専攻に復学。博士学位後、NHK エンジニアリングサービス・次世代コンテント研究室、フランスに渡り ENSAM 客員研究員、国際公募展 Laval Virtual ReVolution の立ち上げ、日本科学未来館科学コミュニケーター。多重化隠蔽技術「ExPixel」、「2x3D」、「MangaGenerator」などの先進的な UX を学生とともに開発。神奈川工科大学准教授を経て、2018 年よりデジタルハリウッド大学 大学院客員教授 およびグリー株式会社 GREE VR Studio Laboratory Director。スマートフォン向けメタバース「REALITY」を開発・運用する REALITY 株式会社の立ち上げを通して、Virtual YouTuber など XR ライブエンタメ技術の R&D、国際発信など、メタバースエンタテイメントの未来開発や知財創出を中心に、自らエンタテイメントのライブプレイヤーとして世界に向けた開発・発信活動方法論化。2023 年よりデジタルハリウッド大学発米国スタートアップ企業「AICU Inc.」CEO。生成 AI 時代に「つくる人をつくる」をビジョンにクリエイティブと生成 AI による産業やメディアサービスを開発している。日本バーチャルリアリティ学会 IVRC 実行委員会委員。芸術科学会副会長。著書に『WiiRemote プログラミング』（オーム社）、『白井博士の未来のゲームデザイン - エンターテインメントシステムの科学 -』（ワークスコーポレーション）、『AI とコラボして神絵師になる　論文から読み解く Stable Diffusion』（インプレス R&D）他。

アシスタントクリエイター **知山ことね**（X アカウント：@chiyamaKotone）

デジタルイラストレーション、テクニカルライター、チャットボット開発、Web メディア開発を担当する AICU Inc. 所属のクリエイター。AICU Inc. の AI 社員「koto」キャラクターデザインを担当している。小学校時代に自由帳に執筆していた手描きの雑誌「ザ・コトネ」「ことまが friends」の LoRA が本誌に掲載された。

QA 担当 **Lucas.Whitewell**（https://irukashiro.github.io/sd/）

AICU インターンの高専生。ふだんはデジタルイラストレーションを描いています。今回のお仕事で初めて画像生成 AI に触れましたが、画像生成 AI について正しい知見を得ることができ、とても良い経験になりました。短い時間でめちゃ勉強になりました！

■ **本書のサポートページ**

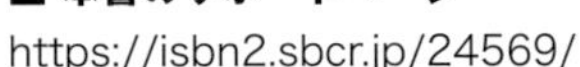

https://isbn2.sbcr.jp/24569/

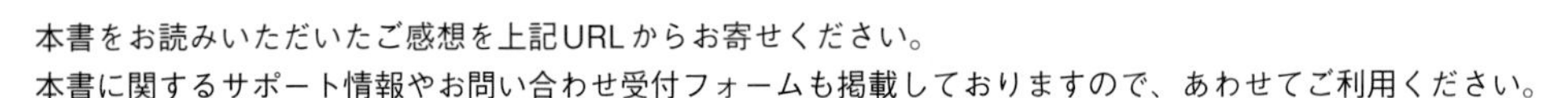

本書をお読みいただいたご感想を上記URLからお寄せください。
本書に関するサポート情報やお問い合わせ受付フォームも掲載しておりますので、あわせてご利用ください。

■ **著者紹介**

白井 暁彦

エンタメ・メタバース技術の研究開発に関わる研究者、ホワイトハッカー作家、米国スタートアップ「AICU Inc.」「Hidden Pixel Technology Inc.」のCEO。東京工芸大学写真工学科卒、同画像工学専攻修了。キヤノン株式会社とグループの研究所より生まれた英国・Criterion Softwareにて世界初の産業用ゲームエンジン「RenderWare」の普及開発に参加、その後、東京工業大学知能システム科学専攻に復学。博士学位後、NHKエンジニアリングサービス・次世代コンテント研究室、フランスに渡りENSAM客員研究員、国際公募展Laval Virtual ReVolutionの立ち上げ、日本科学未来館科学コミュニケーター。多重化隠蔽技術「ExPixel」、「2x3D」、「MangaGenerator」などの先進的なUXを学生とともに開発。神奈川工科大学准教授を経て、2018年よりデジタルハリウッド大学 大学院 客員教授 およびグリー株式会社GREE VR Studio Laboratory Director。スマートフォン向けメタバース「REALITY」を開発・運用するREALITY株式会社の立ち上げを通して、Virtual YouTuberなどXRライブエンタメ技術のR&D、国際発信など、メタバースエンタテイメントの未来開発や知財創出を中心に、自らエンタテイメントのライブプレイヤーとして世界に向けた開発・発信活動方法論化。2023年よりデジタルハリウッド大学発米国スタートアップ企業「AICU Inc.」CEO。生成AI時代に「つくる人をつくる」をビジョンにクリエイティブと生成AIによる産業やメディアサービスを開発している。日本バーチャルリアリティ学会IVRC実行委員会委員。芸術科学会副会長。著書に『WiiRemoteプログラミング』(オーム社)、『白井博士の未来のゲームデザイン -エンターテインメントシステムの科学-』(ワークスコーポレーション)、『AIとコラボして神絵師になる　論文から読み解くStable Diffusion』(インプレスR&D)他。

AICU media 編集部

デジタルハリウッド大学発の米国スタートアップ企業であるAICU Inc.が運営する、生成AI時代に「つくる人をつくる」をビジョンに活動する総合AI情報メディア。(note.com/aicu)

制作協力	画像制作/解説	生成AIに関する法律解説
知山 ことね	フィナス	阿部・井窪・片山法律事務所
Lucas Whitewell	らけしで	柴山 吉報
		柴崎 拓

画像生成AI(がぞうせいせい) Stable Diffusion スタートガイド

2024年 3月31日　初版第1刷発行
2024年11月22日　初版第3刷発行

著　者 ………… 白井 暁彦、AICU media 編集部
発行者 ………… 出井 貴完
発行所 ………… SBクリエイティブ株式会社
〒105-0001 東京都港区虎ノ門2-2-1
https://www.sbcr.jp/
印　刷 ………… 株式会社シナノ

カバーデザイン ………… 宮下 裕一 [imagecabinet]
本文デザイン ………… 清水 かな(クニメディア)
制　作 ………… クニメディア株式会社

落丁本、乱丁本は小社営業部にてお取り替えいたします。
定価はカバーに記載されております。

Printed in Japan　ISBN978-4-8156-2456-9